普通高等教育"十一五"系列教材

C++程序设计教程
（第二版）

编　著　张丽静　潘卫华　王　红
　　　　张锋奇　余晓晔
主　审　王振旗

中国电力出版社
CHINA ELECTRIC POWER PRESS

内 容 提 要

本书为普通高等教育"十一五"系列教材。

本书由基础篇、提高篇、实用篇三部分组成，基础篇主要内容为 C++语言基础知识及面向过程的程序设计；提高篇主要内容为数组、指针、结构、联合等复合数据类型及其应用；实用篇主要内容为面向对象程序设计的概念以及基于 MFC 的 Windows 应用程序设计。本书强调通过实例学编程，案例驱动的思想贯穿全书，通过大量的示例引导学生逐步熟悉程序设计。精选有趣、实用的例题讲解程序设计及调试方法，激发学生的编程兴趣，引导学生进入面向对象程序设计的大门。

本书可作为普通高等学校相关专业的教材，也可供程序设计人员阅读、参考。

图书在版编目（CIP）数据

C++程序设计教程 / 张丽静等编著. —2 版. —北京：中国电力出版社，2010.2（2021.5 重印）

普通高等教育"十一五"规划教材

ISBN 978-7-5083-9936-2

Ⅰ. ①C… Ⅱ. ①张… Ⅲ. ①C 语言－程序设计－高等学校－教材 Ⅳ. TP312

中国版本图书馆 CIP 数据核字（2009）第 239997 号

中国电力出版社出版、发行

（北京市东城区北京站西街 19 号　100005　http://jc.cepp.com.cn）

三河市航远印刷有限公司印刷

各地新华书店经售

*

2009 年 1 月第一版

2010 年 2 月第二版　　2021 年 5 月北京第十四次印刷

787 毫米×1092 毫米　16 开本　19 印张　464 千字

定价 **55.00** 元

前　言

　　程序设计课程是高校非计算机专业计算机基础教学体系中的核心课程，通过该课程的学习，不仅培养了学生独立思考的习惯和利用计算机解决实际问题的能力，还为后续计算机课程的学习以及以后的工作打下良好的基础。随着社会和科学的发展，大学对该课程的教学质量、教学内容、教学模式及相应的教学环境、教材建设均提出了更高的要求。

　　《C++程序设计教程》第一版出版后，得到了读者的支持与肯定，同时也收到了大量的读者反馈。根据读者的意见和建议以及本书使用中的经验，我们在《C++程序设计教程》第一版的基础上，对内容进行了增加和调整，以使本书的结构更加合理、内容更加充实、例题更加丰富。本教材保持了第一版不以讲解高深难懂的理论为重点，而是强调通过实例学习编程的风格，案例驱动的思想贯穿全书，通过大量的示例引导学生逐步熟悉程序设计。精选有趣、实用的例题讲解程序设计及调试方法，激发学生的编程兴趣，引导学生进入面向对象程序设计的大门，使用浅显易懂的示例讲解 Windows 环境下面向对象的可视化编程。本书不仅是一本适合课堂教学的教材，也不失为一本难得的自学参考书。

　　本教材由基础篇、提高篇、实用篇三部分组成，基础篇主要内容为 C++语言基础知识及面向过程的程序设计，包括第 1 章～第 6 章；提高篇主要内容为数组、指针、结构、联合等复合数据类型及其应用，包括第 8 章～第 10 章；实用篇主要内容为面向对象程序设计的概念以及基于 MFC 的 Windows 应用程序设计，包括第 11 章、第 12 章。其中第 1 章～第 3 章、第 5 章由张丽静编写；第 4 章由张丽静、张锋奇编写；第 6 章由张锋奇编写；第 7 章、第 9 章由王红编写；第 8 章由余晓晔编写；第 10 章由潘卫华编写；第 11 章、第 12 章由张丽静、潘卫华编写。全书由张丽静教授任主编、潘卫华副教授任副主编，王振旗教授任主审。本书的编写也得到了教研室其他老师的支持，在此一并表示感谢。

　　由于作者的知识和写作水平有限，书中难免有不妥之处，恳请读者批评指导。

作　者

2009 年 11 月

第一版前言

为贯彻落实教育部《关于进一步加强高等学校本科教学工作的若干意见》和《教育部关于以就业为导向深化高等职业教育改革的若干意见》的精神，加强教材建设，确保教材质量，中国电力教育协会组织制订了普通高等教育"十一五"系列教材。该系列教材强调适应不同层次、不同类型院校，满足学科发展和人才培养的需求，坚持专业基础课教材与教育急需的专业教材并重、新编与修订相结合。本书为新编教材。

程序设计课程是高校非计算机专业计算机基础教学体系中的核心课程。通过该课程的学习，学生不仅能养成独立思考的习惯，更能提高利用计算机解决实际问题的能力，还为后续计算机课程的学习以及以后的工作打下良好的基础。随着社会和科学技术的发展，大学对该课程的教学质量、教学内容、教学模式及相应的教学环境、教材建设均提出了更高的要求。

结合软件开发技术的发展，以及计算机基础教育改革的要求，我们精心组织编写了《C++程序设计教程》一书，本书的编写人员都是教学一线的教师，从事程序设计教学多年，具有丰富的教学经验。针对学生普遍认为程序设计难学的特点，本教材不以讲解高深难懂的理论为重点，而是强调通过实例学编程，案例驱动的思想贯穿全书，通过大量的示例引导学生逐步熟悉程序设计。精选有趣、实用的例题讲解程序设计及调试方法，激发学生的编程兴趣，引导学生进入面向对象程序设计的大门。使用浅显易懂的示例讲解 Windows 环境下面向对象的可视化编程，使得本书不仅是一本适合课堂教学的教材，也不失为一本难得的自学参考书。

本教材由基础篇、提高篇和实用篇三部分组成。基础篇主要内容为 C++语言基础知识及面向过程的程序设计，包括第 1～6 章；提高篇主要内容为数组、指针、结构、联合等复合数据类型及其应用，包括第 7～9 章；实用篇主要内容为面向对象程序设计的概念以及基于 MFC 的 Windows 应用程序设计，包括第 10 章、第 11 章。

本书第 1～3 章、第 5 章由张丽静编写；第 4 章由张丽静、张锋奇编写；第 6 章由张锋奇编写；第 7 章由余晓晔、王红编写；第 8 章由王红编写；第 9 章由潘卫华编写；第 10 章、第 11 章由张丽静、潘卫华编写。全书由张丽静教授任主编、潘卫华副教授任副主编，王振旗教授任主审。本书的编写得到了学校和教研室其他老师的支持，在此一并表示感谢。

由于作者的知识和写作水平有限，书中难免有不妥之处，恳请广大读者批评指导。

作　者

2008 年 10 月

目 录

第二篇 提 高 篇

第三篇 实 用 篇

第一篇 基 础 篇

第1章 概 述

有着良好工作习惯的人，在每天早晨睁开眼睛的时候，都会首先想想这一天需要做的事情，这些事情需要怎样做才能更好地得到解决。如果这些事情都可以交给计算机去完成，那我们的生活将会发生多么巨大的变化。事实上，我们的生活正朝着这个方向飞速前进，计算机在我们工作、生活的方方面面发挥着越来越重要的作用，帮助我们完成各种各样的工作。这里有一个问题：计算机是不是能像人一样自主地工作呢？答案是否定的。目前，计算机是按照人们预先规定的操作来进行工作的。

1.1 计 算 机 的 程 序

要使计算机能够完成人们预定的工作，就必须把要完成工作的具体步骤编写成计算机能够识别和执行的一条条指令。计算机执行这个指令序列后，就能完成指定的功能，这样的指令序列就是程序。编写这个指令序列的过程，就是程序设计。

1.2 程 序 设 计 语 言

在过去的几十年里，大量的程序设计语言被发明、被取代、被修改或组合在一起，到目前为止已经出现了超过 2500 种的编程语言，其中 50 多种为主流的编程语言，按照出现和被使用的时间先后，我们可以将程序设计语言分为机器语言、汇编语言、高级语言等。

1.2.1 机器语言

机器语言是计算机可以理解的唯一语言。这种语言包含特定计算机处理器的指令，这些指令以二进制编码表示，计算机能够直接识别和执行机器语言编写的程序。机器语言程序执行速度快、效率高，但是用机器语言编写程序是一件非常令人头疼的工作，二进制的编码指令难于记忆，而且不同的计算机使用的指令编码各不相同，无法编制通用的程序。所以，大多数程序是使用其他语言进行编写并转换为机器语言的。

1.2.2 汇编语言

在汇编语言中，所有的指令不再使用二进制编码的形式，而是以英文助记符的形式出现。系统可以借助于语言翻译程序将这些助记符转换为机器语言代码。虽然这些助记符比机器语言便于记忆和使用，而且程序执行的效率比较高，但是使用汇编语言编写程序和机器语言一样也有很强的硬件针对性，功能的实现需要使用基本指令编制复杂的程序，因此编写汇编语言的程序掌握起来比较困难，汇编语言的程序也不容易维护和修改。

1.2.3 高级语言

高级语言的出现进一步减轻了编程人员的工作强度，编写程序所需的命令已经接近自然语言和日常习惯。比如，使两个数相加，在机器语言中，需要执行多个步骤才能在存储器单元、运算器之间传递信息来完成加法操作，而使用高级语言则可直接表示为 a+b，很像数学中使用的代数公式。使用高级语言编写程序与机器语言不同的是，编程人员不用过多地考虑该程序将在何种内部结构的机器上使用，换句话说，就是用高级语言编写的程序具有通用性。但是，要想让计算机执行用高级语言编写的程序，就必须遵循一定的规则将程序准确地翻译为机器语言程序，"a+b"经过翻译，相加两个数所必需的一组指令将以机器语言的形式给出并存入存储器中。任何一种高级语言都有和其对应的翻译程序，简单地讲，翻译程序的作用就是将高级语言编写的程序翻译成机器语言程序。

高级语言可以分为以下 4 类。

（1）过程化语言。

（2）函数式语言。

（3）声明式语言。

（4）面向对象语言。

表 1.1 是对高级语言分类的归纳，从表中可以知道，C++是一种面向对象的语言，C 是一种过程化语言。C 语言可以看成是 C++语言的一个子集，使用 C++语言既可以编写面向过程的程序又可以编写面向对象的程序。

表 1.1 一些高级语言的小结

语 言 的 名 称	语 言 的 类 型	何 时 产 生
Fortran	过程化语言	20 世纪 50 年代中期
Basic	过程化语言	20 世纪 60 年代中期
Lisp	函数式语言	20 世纪 50 年代后期
Prolog	声明性语言	20 世纪 70 年代早期
Pascal	过程化语言	20 世纪 70 年代早期
C	过程化语言	20 世纪 70 年代中期
Java	面向对象的语言	20 世纪 90 年代中期
C++	面向对象的语言	20 世纪 80 年代中期

学习 C++，既要会利用 C++进行面向过程的结构化程序设计，也要会利用 C++进行面向对象的程序设计。所以，本书既介绍如何用 C++设计面向过程的程序，也介绍如何用 C++设计面向对象的程序。

1.3 结 构 化 程 序 设 计

随着程序复杂度的提高和程序规模的增加，人们发现"随心所欲"的编程方法将会导致程序容易出错、程序结构杂乱无章、程序难以理解和修改等诸多问题。随着软件技术的发展，荷兰学者 Dijkstra 提出了"结构化程序设计"的思想，它规定了一套方法，使程序具有合理的结构，以保证和验证程序的正确性。这种方法要求程序设计者不能随心所欲地编写程序，而要按照一定的结构形式来设计和编写程序。它的一个重要目的是使程序具有良好的结构，使程序易于设计、易于理解、易于调试修改，以提高设计和维护程序工作的效率。结构化程序设计可以归纳为"程序＝算法＋数据结构"，将程序定义为处理数据的一系列过程。这种设计方法的着眼点是面向过程的，特点是数据与程序分离。

结构化程序设计的核心是算法设计，基本思想是采用自顶向下、逐步细化的设计方法和单入单出的控制结构。自顶向下、逐步细化是指将一个复杂的任务按照功能进行拆分，形成由若干模块组成的树状层次结构，逐步细化到便于理解和描述的程度，各模块尽可能相对独立。而单入单出的控制结构是指每个模块的内部均用顺序、选择和循环 3 种基本结构来描述。

1.3.1　算法的概念

为解决一个问题而采取的方法和步骤，就称为"算法"。我们可以这样来描述什么是算法：算法是一系列解决问题的清晰指令，也就是说，能够对一定规范的输入，在有限时间内获得所要求的输出。

算法常常含有重复的步骤和一些比较或逻辑判断。如果一个算法有缺陷，或不适合于某个问题，执行这个算法将不会解决这个问题。不同的算法可能用不同的时间、空间或效率来完成同样的任务。

一个算法应该具有以下 5 个重要的特征：

（1）有穷性。一个算法必须保证执行有限步之后结束。

（2）确切性。算法的每一步骤必须有确切的定义。

（3）输入。一个算法有 0 个或多个输入，以刻画运算对象的初始情况。所谓 0 个输入是指算法本身要求的输入，但不包括初始条件。

（4）输出。一个算法有 1 个或多个输出，以反映对输入数据加工后的结果。没有输出的算法是毫无意义的。

（5）可行性。算法原则上能够精确地运行，而且人们用笔和纸做有限次运算后即可完成。

1.3.2　算法的表示

算法的表示方法有很多种，常用的有：自然语言、图形化表示的传统流程图或结构化流程图、伪代码和计算机语言。

1. 自然语言

用中文或英文等自然语言描述算法。用自然语言表示通俗易懂，但容易出现歧义性，在程序设计中一般不用自然语言表示算法。

2. 流程图

用图的形式表示一个算法，直观形象，易于理解，但不易于修改。如图 1.1 所示为常用的流程图符号。

起止框　　判断框　　输入/输出框　　处理框　　流程线　　连接点

图 1.1　常用流程图符号

3. 伪代码

伪代码是用介于自然语言和计算机语言之间的文字和符号来描述算法。用伪代码写算法时没有固定的、严格的语法规则，而且不用图形符号，因此书写方便、格式紧凑、易于修改，便于向计算机语言描述的算法（即程序）过渡。

4．计算机语言

用某种计算机语言来描述算法，这就是计算机程序。

1.3.3　程序的基本结构

程序的流程可以用 3 种基本结构来表示，即顺序结构、选择结构和循环结构。对于一个算法，可以认为，无论其多么简单或多么复杂，都可由这 3 种基本结构组合构造而成。如图 1.2 所示为 3 种基本结构的程序执行流程。

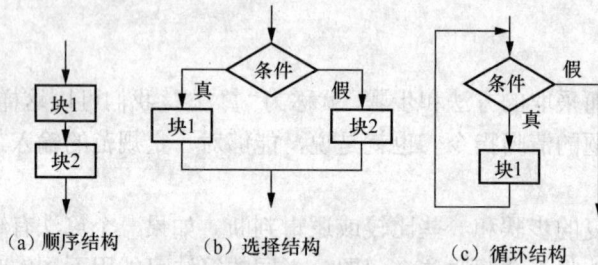

图 1.2　程序的 3 种基本结构

（a）顺序结构；（b）选择结构；（c）循环结构

注意："块"在程序和算法中表现为一条指令或用"{"和"}"括起来的一组指令。一个块对外呈现一条指令的作用，其中的指令序列成为一个整体，要么一起执行，要么均不执行。后面将详细介绍这 3 种结构的程序设计。

1.4　面向对象的程序设计

面向过程程序设计的缺点根源在于数据与数据的处理相分离，而面向对象程序设计（Object Oriented Programming，OOP）方法正是克服这个缺点，同时吸收结构化程序设计思想的合理部分而发展起来的，这两种设计思想并非对立关系。面向对象程序设计思想模拟自然界认识和处理事物的方法，将数据和对数据的操作方法放在一起，形成一个相对独立的整体——对象（Object），对同类型对象抽象出共性，形成类（Class）。任何一个类中的数据都只能用本类自有的方法进行处理，并通过简单的接口与外部联系。对初学者的编程经历而言，理解构成 OOP 核心的类和对象可能会非常困难。有关面向对象的一些概念将在后面的章节中叙述。

1.5　C++ 语言的发展

C++语言于 20 世纪 80 年代由 Bjarne Stroustrup 在 Bell 实验室开发而成。该语言是作为对 C 语言的改进而开发的，C 语言也是在 Bell 实验室产生的。最初，C 语言是作为编写系统软件的程序设计语言设计出来的。例如，UNIX 操作系统就是使用 C 语言编写的。由于 UNIX 是一个非常成功的操作系统，被移植到许多计算机系统中，得到了广泛的应用。这样 C 语言也随着 UNIX 的发展而为更多的人所熟悉，现在大量的应用软件是使用 C 语言编写的。C++ 语言与 C 语言完全兼容，很多用 C 语言编写的应用程序都可以为 C++ 语言所用，这使得 C++

语言和面向对象技术很快得到推广。而由于 C++语言面向对象的特性使其比 C 语言更加强大。由于 C++语言与 C 语言的兼容，使它既支持面向对象程序设计，也支持面向过程程序设计，大家在学习当中应当注意面向对象和面向过程相结合来进行程序设计。

　　C++语言的开发环境有许多版本，国内较为流行的有 Microsoft 公司的 Visual C++、Borland 公司的 C++ Builder 等，本书所使用的是 Visual C++ 6.0。

1.6　C++ 的 数 据 类 型

　　数据是程序的必要组成部分，也是程序处理的对象。C++语言规定，程序中所使用的每个数据都属于某一种类型，在程序中用到的所有数据必须指定数据类型。数据类型是对程序所处理数据的一种"抽象"，通过类型对数据赋予一些约束，以便进行高效处理和语法检查。这些约束包括以下 3 个方面。

　　1. 取值范围

　　每种数据类型对应于不同的取值范围，即数据类型是数值的一个集合。

　　2. 存储空间大小

　　每种数据类型对应于不同规格的字节空间。

　　3. 运算方式

　　数据类型确定了该类数据的运算特性。

　　C++语言的数据类型极为丰富，包括基本类型、构造类型和指针等类型。图 1.3 给出了 C++数据类型的基本框架。

　　本节只介绍基本数据类型，其他类型将在后叙章节中陆续介绍。

图 1.3　C++数据类型

　　C++语言的基本数据类型有 4 种，整型、实型、字符型和布尔型。整型分为基本整型、短整型和长整型，整型和字符型又可分为有符号型和无符号型；其中无符号型是指存储单元中全部二进制位都用来存放数的本身，而不包括符号位；实型分为单精度、双精度和长双精度。

　　C++的基本数据类型见表 1.2。

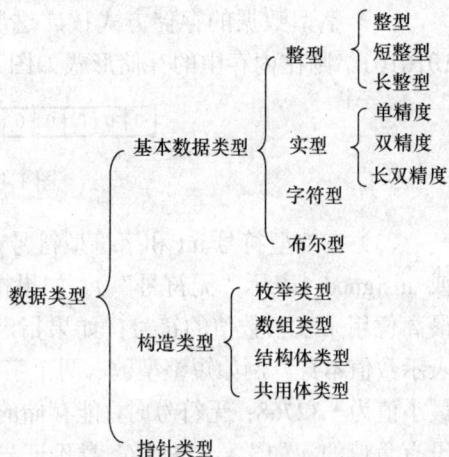

表 1.2　　　　　　　　　　　　C++的基本数据类型

类　　型	类 型 标 识 符	字节	位数	取　值　范　围
整型	[signed] int	4	32	$-2147483648 \sim +2147483647$
短整型	short [int]	2	16	$-32768 \sim +32767$
长整型	long [int]	4	32	$-2147483648 \sim +2147483647$
无符号整型	unsigned [int]	4	32	$0 \sim 4294967295$
无符号短整型	unsigned short [int]	2	16	$0 \sim 65535$
无符号长整型	unsigned long [int]	4	32	$0 \sim 4294967295$
单精度型	float	4	32	$-3.4 \times 10^{38} \sim +3.4 \times 10^{38}$

类　　型	类 型 标 识 符	字节	位数	取 值 范 围
双精度型	double	8	64	$-1.7\times10^{308}\sim+1.7\times10^{308}$
长双精度型	long double	16	128	$-3.4\times10^{-308}\sim+3.4\times10^{308}$
字符型	[signed] char	1	8	$-128\sim+127$
无符号字符型	unsigned char	1	8	$0\sim255$

说明：

（1）整型数据分为整型（int）、短整型（shor int）和长整型（long int）。在 int 前面加 long 和 short 分别表示长整型和短整型。C++每种类型的数据所占的字节数是一定的，一般在 16 位系统中，短整型和整型占两个字节，长整型占 4 个字节。在 32 位系统中，短整型占两个字节，整型和长整型占 4 个字节。

（2）整型数据的存储方式按二进制数形式存储。例如，十进制数 85 的二进制形式为 1010101，则在内存中的存储形式如图 1.4 所示。

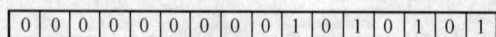

```
┌─┬─┬─┬─┬─┬─┬─┬─┬─┬─┬─┬─┬─┬─┬─┬─┐
│0│0│0│0│0│0│0│0│0│1│0│1│0│1│0│1│
└─┴─┴─┴─┴─┴─┴─┴─┴─┴─┴─┴─┴─┴─┴─┴─┘
```

图 1.4　整数存储形式示意图

（3）在整型符号 int 和字符型符号 char 的前面，可以加修饰符 signed（表示"有符号"）或 unsigned（表示"无符号"）。如果指定为 signed，则数值以补码形式存放，存储单元中的最高位用来表示数值的符号；如果指定为 unsigned，则数值没有符号，全部二进制位都用来表示数值本身。例如短整型数占两个字节，有符号时，能存储的最大值为 $2^{15}-1$，即 32767，最小值为-32768；无符号时，能存储的最大值为 $2^{16}-1$，即 65535，最小值为 0。有些数据是没有负值的（如学号、货号、身份证号），可以使用 unsigned 类型，它存储正数的范围比用 signed 类型大一倍。

（4）实型（又称浮点型）数据分为单精度（float）、双精度（double）和长精度（long double）3 种。在 Visual C++ 6.0 中，从数据精度的角度来看，float 类型提供 6 位有效数字，double 类型则提供 15 位有效数字，两者的数值范围不同。从数据存储的角度看，float 类型分配 4 个字节，double 和 long double 则分配 8 个字节。

（5）表 1.2 中"类型标识符"一栏中，方括号 [ ] 包含的内容可以省略，如 short 和 short int 等效，unsigned int 和 unsigned 等效。

第 2 章 程序设计入门——程序的结构、屏幕输出和注释

学习编程的唯一方法就是自己编写程序。随着学习的深入，大家会发现，编程是听不会、看不会，而只能练会的。只有通过大量的上机训练，才能真正掌握程序设计。本章通过几个程序示例来说明 C++程序结构，讲述如何编写简单的文本输出程序和在程序中加入文字说明（注释的形式），介绍如何运行 C++的程序。

2.1 C++ 程 序 构 成

C++程序由若干程序行组成，每个程序行由 C++的一条或多条语句组成。下面通过例题说明 C++程序的构成。这里说的程序是指源程序，也叫"源代码"，"代码"来自于英文单词 Code 的直译，"代码"和"程序"在多数情况下含义相同，只是代码更倾向于表示程序片段。

【例 2.1】 编写程序，在屏幕上显示"Hello,this is my first C++ program."。

源程序：

```
#include <iostream>                              //输入输出包含头文件
using namespace std;                             //命名空间
void main( )                                     //main 函数，程序入口
 {                                               //函数体开始
   cout <<"Hello,this is my first C++ program."; //函数体。功能为在屏幕上输出字符串
 }                                               //函数体结束
```

源代码编译、连接并运行后，在屏幕上显示：

```
Hello,this is my first C++ program.
```

下面分析程序代码。

1. 头文件

在 C++语言中，每一个程序单位叫做一个函数，一个 C++程序往往由若干个函数组成。这个程序首先用到了库函数。C++语言的设计者，将常用的一些功能模块编写成函数，并放在函数库中以供选用，用户设计程序时，就可以直接调用这些库函数。由于例 2.1 中用到输入/输出函数库中的函数，因此，程序中需要使用语句

```
#include <iostream>
```

该语句可使 C++预处理器从 iostream 函数库文件中读取代码,并将其与程序组合在一起，所有的代码（包括源代码和 iostream 库文件的代码）被编译成一个单独的二进制指令包。正是由于使用了这个特别的语句，程序才具有 C++系统的输入/输出功能。所以，该语句的作用是允许我们在程序中使用 cout 函数在屏幕上显示。以后凡在程序中用到输入/输出函数，都应当在程序中使用#include<iostream>语句。本书附录 B 中列出了一些常用库函数，如果需要更多的库函数，可以参考 C++库函数的相关书籍。

2. using namespace std;命名空间

在 C++中，名称（name）可以是符号常量、变量、宏、函数、结构、枚举、类和对象等。在大规模程序设计中，程序员在使用各种各样的 C++库时，标识符的命名难免发生冲突，就好像学校中遇到同名学生：A 班中有张三，B 班中也有张三，当 A、B 班一起上课时，就有名冲突问题。解决的简单办法就是两个张三分别命名为："A 班张三"，"B 班张三"。C++也是这样解决问题的。为了防止程序员自己又命名一个 cout 而造成冲突，则在每次使用 cout 时，就必须指明 cout 要参考的命名空间，即使用下面这种形式的语句（以本节的程序为例）：

```
std::cout<<"Hello,this is my first C++ program.";
```

该语句显式的指明使用标准库中 cout。一般程序都要多次用到 cout，只要在程序开始处使用语句 using namepace std;，std 在每次使用 cout 时就不需要用 "std::" 显式地说明了，语句可简写成：

```
cout<<"Hello, this is my first C++ program.";
```

关于语句 using namepace std;，您只需要知道以上这些内容，不必详细深入地去了解命名空间。

还要说明的是，如果您在程序中没有使用标准的命名空间，即在程序开始没有写 "using namepace std;" 语句，区别是所使用的库函数不同，以本节程序为例，包含函数应写成如下形式：

```
#include<iostream.h>
```

3. main( )函数

在 C++中不仅允许使用库函数，而且允许自己编写函数。main 函数就是自己编写的函数，我们称它为主函数。每个 C++程序必须有一个以 main 命名的主函数，一个 C++的程序可以由若干个函数组成，但是，程序的执行都是从 main 函数开始的。

每一个函数至少有一对花括号。因此，C++程序的结构如下所示：

```
void main( )
{
  …
}
```

在第一行中 main 是函数名；void 是一个关键字，表明 main 函数执行结束时对操作系统没有返回值（由操作系统来调用 main 函数）。main 函数的小括号中为空，这表明操作系统没有传递给 main 函数任何信息。在此不详细讨论这一点。现在，读者应该记住该代码行的形式，因为以后所有的程序中都要用到它。

一对花括号中的是函数体，可以说函数从左 "{" 开始，到右 "}" 结束。函数体包含了 C++的声明和语句。

4. cout<<"Hello,this is my first C++ program.";

这是函数体。由程序的运行结果知道，这行代码的作用是在屏幕显示：

```
Hello,this is my first C++ program.
```

即在屏幕上输出一串字符。C++没有专门的输出语句，用系统提供的 cout 函数实现输出，使用 cout 和插入运算符 "<<" 将双引号之间的字符输出到屏幕。如果将双引号中的字符修改为 "This is C++.", 则程序的运行结果是在屏幕显示:

```
This is C++.
```

所以,修改该行可以输出想输出的任何字符串。有关 cout 的具体使用将在后面详细讲述。

另外,程序行的右边都有以 "//" 开始的文字串,是对这一行程序的说明,称为 C++ 的注释,有关注释的内容在 2.3 节叙述。

2.2 C++ 的 语 法

编写 C++ 程序有一系列的规定,这些规定称为语法规则。编程人员必须严格遵守这些规则,程序编译时多数的语法错误都会被检测到。本书后面将详细介绍如何修改 C++ 语法错误,这里只讨论部分语法规则。随着课程的深入,我们将逐步学习更多的 C++ 语法规则。

1. 分号

例 2.1 中的程序行: cout<<"Hello,this is my first C++ program.";是 C++ 的可执行语句,它必须以分号结束。也就是说,分号是 C++ 语句的组成部分,它表明语句的结束。

2. 区分大小写

程序中 cout 和 COUT、Cout 或 CoUt 彼此的含义都是不同的。也就是说,C++ 程序区分字母的大小写。在例 2.1 中,除了双引号之间的字母外,其他字母都必须是小写。

3. 空格

C++ 程序中有许多标识符。标识符是 C++ 编译器不能拆分的最小元素。C++ 标识符可以是函数名(如 main)、C++ 的关键字(如 void)。所有的 C++ 的单词都应该连续书写。例如,语句行:

```
void ma in( )
```

是非法的,因为 main 中的字母 a 和 i 之间不允许有空格。也就是说,不允许在标识符中插入空格。但是,可以在标识符与标识符之间插入一个以上的空格,例如,语句:

```
void main( )
```

等价于

```
void   main( )
```

4. 间隔

在编译 C++ 程序时,C++ 编译器不受标识符之间多余空格的影响。因此,编写 C++ 代码的格式非常自由,在一行中可以写一条语句,也可以写多条语句;一条语句可以写在一行上,也可以在两行或两行以上。例 2.1 可以写成如下的两种形式。

形式 1:

```
#include <iostream.h>   void main( ) { cout <<"Hello,this is my first C++
program."; }
```

形式 2:

```
#include <iostream.h>  void
 main( ) {
cout <<
"Hello,this is my first C++ program."; }
```

显然，这种程序编写风格使程序变得很难理解，最好不要使用。

程序中空格的形式没有特别的要求，但编写格式一般要遵守一些特定的标准。本节的例题就说明了这个标准风格，就是采用缩进、在程序行中插入空格或在行与行之间插入空格。

总之，为了提高程序的可读性，通常编写代码时要做到一条语句占一行，程序中的花括号要对齐，代码指令中的自然中断也要加上空格或空行。要记住程序的可读性是很重要的，因为我们需要不断地修改程序。简洁而有组织的程序结构可使程序的可读性更好，从而易于维护与改进，这样的程序出错的可能性也会减小。

2.3　编　写　注　释

为什么程序中要有注释？因为具有丰富编程经验的人员，有时也不容易读懂一段程序或一个模块的功能，甚至很可能连自己编写的程序也很难读懂，或许别人要使用您编写的程序，但却很难读懂您的代码。还好，C++允许在程序代码中添加注释。注释的结构、注释在程序中的位置以及编写注释的风格是这一节中主要讲述的问题。

注释就是对程序模块的功能及其如何实现进行描述的文字说明。程序中的注释是非常重要的附加信息，它可以传递代码本身难以传递的信息。好的注释能减少错误发生的可能性，因为编程人员在修改程序时可以通过注释来读懂程序是如何工作的。

以下的程序说明注释的结构，该程序和例 2.1 功能相同，都是在屏幕上输出一行字符串。

【例 2.2】　说明注释结构的程序。

源程序：

```
//This is a single line comment.
#include <iostream.h>
void main( )
 {  /* This is a multiline
       comment */
   cout <<"Comment structure lesson.";       //End of line comment.
 }
//A comment can be written at the end of a program.
```

程序运行结果：

```
Comment structure lesson.
```

下面对这段程序中的注释进行说明。

（1）单行注释结构。如例题所示，单行的注释以"//"开始，两斜杠之间不允许留有空格，所有的注释必须在同一行，注释不执行任何操作，只是对程序的功能或该行代码的说明。

注释不必单独占一行。它可以放在 C++语句的后面，例如：

```
cout <<"Comment structure lesson.";     //在屏幕上输出一串字符
```

注意不能将注释放到 cout 语句的前面，如果这样，cout 语句将被认为是注释的一部分，从而 cout 语句不能被执行，如下所示：

```
//在屏幕上输出一串字符。  cout <<"Comment structure lesson.";
```

（2）多行注释结构。如例题所示，多行注释结构以"/*"开始，以"*/"结束，"/"和"*"之间不允许有空格，符号"/*"和"*/"必须成对出现，但可以不在同一行。注释文本可以是文字、数字、字符和符号。

（3）注释的位置。从例 2.2 可以看出，注释行可以放在程序的第一行、最末行或程序中间。C++编译器将注释视为空字符，因此，注释可以放在程序中允许空格符出现的任何地方，即注释可以放在程序中的任一行。注释可以放在 C++标识符之间，但不允许插入到标识符中。

（4）注释的用法。如何使用程序注释？记住重要的一点，注释用于帮助提高程序的可读性，所以注释要做到醒目和整洁。清晰的注释风格需要通过一定的编程锻炼才能获得，因此，希望在初学编程时就注意对自己的程序编写注释。

编写注释没有一定的标准，建议读者避免将注释与其他的 C++程序代码放在同一行，也不要将注释放在 C++语句之间，注释部分尽量突出，这样的注释才能有助于自己和他人读懂程序代码。

可以将例 2.2 加上如下所示的注释。

```
//------------------------------------------------
//Name: liti2.2
//Purpose: 学习在 C++程序中如何写注释
//Date: 2007-2-23
//Author: Pwh
//Reference: None
//------------------------------------------------
#include <iostream.h>
void main( )
 {
   cout <<"Comment structure lesson.";
 }
```

这些注释说明了程序的名称、目的、日期、作者以及使用的参数等信息。显然，编写注释是需要一些时间的，因此，一些初学者往往忽略程序的注释。在这里提醒读者，千万不要让这种编程风格持续时间过长，在每次编程时留出编写注释的时间，长期下来，您会发现虽然在编写注释上花费了时间，但这样可节省调试程序和查找错误的时间。通过这样的编程练习，才能成为一个优秀的编程人员。

第3章　顺序结构程序设计

从第 1 章图 1.2 所示的流程图可以看到，顺序结构程序是从上到下顺序执行的，即从程序的开始，按照程序语句的书写顺序，一直执行到结束。

下面通过例题说明顺序结构程序的设计方法。

【例 3.1】　如图 3.1 所示，已知三角形的两边 a、b 及夹角 α，求第三边 c。

根据余弦定理，得到如下的计算公式

$$\cos\alpha = \frac{a^2+b^2-c^2}{2ab}$$

$$c = \sqrt{a^2+b^2-2ab\cos\alpha}$$

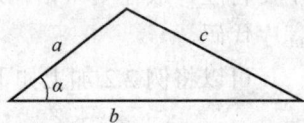

图 3.1　三角形示例

设 $a=1.0$，$b=2.0$，$\alpha=0.2$ 弧度。下面就可以把解题步骤即程序写出来。

解题步骤：

$a=1.0$

$b=2.0$

$\alpha=0.2$

$$c = \sqrt{a^2+b^2-2ab\cos\alpha}$$

按题意及计算公式，上面书写没有任何错误，但它不是正确的 C++程序，正确的 C++程序如下：

```
//---求三角形的边--
#include "math.h"
void main( )
  {
    float a,b,alf,c;
    a=1.0;
    b=2.0;
    alf=0.2;
    c=sqrt(a*a+b*b-2*a*b*cos(alf));
  }
```

分析：程序的第一行是注释，这在第 2 章中已经有过介绍。C++的源程序由若干个程序行组成，而每一个程序行由 C++的语句组成，在这个例子中，每一行都是用同样的语句组成，即类似于数学中的等式，"等号"左边是一个符号，右边是一个表达式，这样的语句是 C++的赋值语句。什么是赋值语句？还有为什么将 α 改为 alf？为什么将程序的最后一行等号右边的表达式书写改成这样呢？下面将陆续介绍。

3.1　赋　值　语　句

格式：变量＝表达式；
注意语句末尾的分号是语句的一部分，是不可以省略的。"＝"为赋值号。

功能：将表达式的值计算出来，赋给赋值号左边的变量。

什么是变量？变量又如何使用？这些问题先忽略，只要知道变量的实质是代表某一个存储单元。赋值语句的功能就是将数据存放到某个存储单元中，如图 3.2 所示。

图 3.2 给变量赋值的过程

特点："新来旧去，取之不尽"。在内存某个单元存放数据时，如果其中有数据，那么旧的数据将会被"抹除"，换为新数据。只要不往某个单元中存放新数据，原来的数据是不会因为使用过而消失的。

注意："形同意不同"。数学中"＝"和赋值语句中"＝"形式相同，但意义不同。数学中的"＝"表示相等的关系，而在 C++中则表示将"＝"右边的内容存放在左边的变量中，例如，在数学中不可以写 c＝c＋1，而在 C++的赋值语句中可以写 c＝c＋1，这表明将 c 代表的存储单元中的内容（如 20）加上 1（值为 21）后再存放到这个单元中。

例如：

```
void main( )
{    …
    a=5;
    b=4;
    b=a+b;
    …
}
```

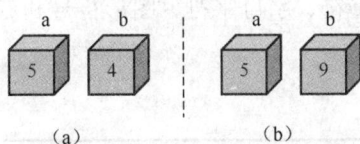

图 3.3 内存中变量 a、b 示例

(a) 执行 b＝a＋b 之前；(b) 执行之后

在执行 b＝a＋b 语句之前，a、b 变量的值如图 3.3（a）所示，执行完加法操作并赋值后，变量 b 所代表的存储单元中则存放了相加后的结果 9，如图 3.3（b）所示。

赋值语句还有另外一个格式：

变量 运算符＝表达式；

相当于：变量＝变量 运算符(表达式)；

例如：a+=2*3;即为 a=a+(2*3);，这种形式称为复合赋值。

上面多次提到了变量，那么什么是变量？说到变量，有人会这样说："一旦你学会了如何在程序中使用变量，那么你就掌握了程序设计的精华。"变量真有这么重要？随着课程的深入，大家会逐渐认识到变量的重要性。

3.2 常量和变量

3.2.1 常量

常量是指在整个程序运行过程中，其值不发生变化的量。在 C++中常量常用符号常量来表示。按数据类型来分，常量有 4 种。

1. 整型常量

整型常量有 3 种表示形式：十进制、八进制和十六进制。

（1）十进制整数，无前导符号的整数形式，如 12、0、−345。

（2）八进制整数，以 0 开头的整数形式，如 012、−011。

（3）十六进制整数，以 0x 或 0X 开头的整数形式，如 0x12、−0x11。

当一个整型常量后面加 L 或 l，则该常量被认为是 long int 型常量，如 123L、23l；一个整型常量后面加 U 或 u，则该常量被认为是 unsigned int 型常量，如 234u、34U；一个整型常量后面加 U（或 u）和 L（或 l）（字母顺序及大小写不限），则该常量被认为是 unsigned long 型常量，如 456ul、456lu、456Lu、456Ul 等。

2. 实型常量

实数又称浮点数，只能用十进制表示，有两种表示形式。

（1）小数形式，由整数和小数组成，如 1.2，5.0，0.3 等。

（2）指数形式，常用来表示很大或很小的数，如 123.456 用指数形式表示为 1.23456e＋002 或 1.23456E＋002，其中 E 或 e 表示指数，e 之前必须有数字，e 之后必须为整数，而且可正可负。

一个实型常量后面加 F（或 f），则该常量被认为是 float 型常量，此处的 F（或 f）通常被省略，如 3.4E2f；一个实型常量后面加 L（或 l），则该常量被认为是 long double 常量，如 4.7e6L。

3. 字符常量

C++字符常量是用单撇号括起来的字符，它在内存中占用一个字节，有两种字符常量。

（1）单个字符常量，用一对单撇号括起来的一个字符，该字符在机器内的编码值即 ASCII 码值，如：'A'、'a'、'b'、'␣'、'#'等，其中'A'的 ASCII 码值为 65，'a'的 ASCII 码值为 97。单个字符以其 ASCII 码值的二进制形式存放在存储器中。

（2）转义字符常量，以 "\" 开头的字符序列，表示控制字符、字母字符、图形符号和专用字符。常用的转义字符见表 3.1。

表 3.1　　　　　　　　　　　　常 用 转 义 字 符

字　　符	含　　义
\n	回车换行（光标移到下一行开头）
\r	回车不换行（光标移到本行开头）
\t	横向跳格（即跳到下一个输出区的第一列）
\b	退格（光标移到前一列）
\f	走纸换页（光标移到下一页开头）
\a	响铃报警（嘟）
\\	反斜杠字符
\"	双引号（双撇号）字符
\'	单引号（单撇号）字符
\0	空字符（字符串结束标志）
\ddd	1～3 位八进制数所代表的字符
\xhh	1～2 位十六进制数所代表的字符

表中最后两行是用 ASCII 码（八进制或十六进制）表示的一个字符。如'\101'代表字符'A'，'\376'代表图形字符'■'。

在这里特别强调，单个字符的存储方式与整型数据是一样的，因此单个字符可以参加算术运算，字符型数据和整型数据也可以互相赋值。

4. 字符串常量

字符串常量是用双引号（双撇号）括起来的字符或字符序列，在内存中占用多个字节。如"program"在实际内存中的存放形式如图 3.4 所示。

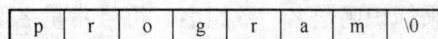

p	r	o	g	r	a	m	\0

图 3.4 字符串存放示意图

其长度为 8 个字节而不是 7 个字节，其中'\0'是系统自动加上的，C++规定字符'\0'是字符串的结束标志，其 ASCII 码值为 0，表示空操作，不起任何控制作用，只表示字符串结束。

这时我们就可以区分'a'和"a"了。'a'仅占用 1 个字节，用来存放 a 的 ASCII 码值；而"a"需要占用两个字节，一个用来存放'a'的 ASCII 码值，另一个用来存放字符串结束符'\0'的 ASCII 码值。

5. 符号常量

以上介绍的是直接使用的常量，C++规定常量可以用符号常量来表示。使用符号常量既可以增加可读性，又可以增加可维护性和可移植性。如某常量在程序中多处出现，若想修改该常量的值，则需要一个不漏地全部修改，人工修改可能会出错或有遗漏现象，而使用符号常量，则只需要修改一处即可。

使用预处理命令定义符号常量，其定义形式为：

#define 符号常量　常量

例如：

```
#define  PI  3.14159
void main()
{ float r,are;
   r=10;
   are=PI*r*r;
   …
}
```

其中的 PI 就是一个符号常量，它的值是 3.141 59，程序执行后，变量 are 的值是 314.159 000。由上例可知用 define 定义符号常量时，define 命令放在 main( )函数的前面。习惯上，符号常量名用大写，变量名用小写，以示区别。

注意某个符号一旦被定义成了符号常量就不能再接受任何形式的赋值，比如，符号 PI 已经定义为符号常量，如有下面赋值语句就是错误的：

PI=40;

3.2.2 变量

1. 什么是变量

在程序执行过程中，大量需要处理的数据都是变量。程序编译运行时，每个变量占用一定的存储单元，并且变量名和单元地址之间存在一个映射关系，当引用一个变量时，计算机通过变量名寻址，从而访问其中的数据。因此，可以说变量是在程序执行过程中，其值能改变的量，其实质就是代表一个存储单元。

变量必须用变量名进行标识。

2. 变量名的组成

变量名只能使用英文字母、数字和下划线，而且必须以字母或下划线开头。如 sum、n_4、

_123 是合法的变量名，#av、α 是不合法的。

变量名也可叫做标识符。标识符就是一个名字，它不但可以标识一个变量名，也可以用来标识函数名、数组名、符号常量名等。现在要问，什么样的符号可以用来作为 C++ 语言中符号常量、函数名和数组名？您清楚了吧！

注意，大写字母和小写字母被认为是两个不同的字符。num 和 NUM、Total 和 total 是两个不同的变量。一般的，变量名用小写字母。在程序设计中，为变量命名时采用的原则是"见名知意"，比如，num 表示人数、name 表示姓名等，这样可增加程序的可读性。变量名不能与 C++ 的关键字、函数名和类名相同。变量名的长度（字符的个数）C++ 没有规定，但是各个具体的 C++ 编译系统都有自己的规定，所以，在编写程序时应了解所用系统对标识符长度的规定。

变量有类型之分，如整型、实型（浮点型）和字符型等。整型变量用来存放整型数据，实型变量用来存放实型数据，字符型变量用来存放字符型数据。任何类型的变量都必须先说明后使用，说明一个变量即确定了它的 4 个属性：名字、数据类型、允许的取值及合法操作。这样做有两个好处。

（1）便于编译程序为变量预先分配存储空间。不同类型的变量所占用内存单元数不同，编译程序要根据变量的类型分配相应的存储空间。

（2）便于在编译期间进行语法检查。不同类型的变量有其对应的合法操作，编译程序可以根据变量的类型对其操作的合法性进行检查。

3. 定义变量

使用类型标识符：int 整型、float 实型、double 双精度型、char 字符型来对变量进行定义。

格式：类型标识符　变量 1[,变量 2][,变量 3]…[,变量 n];

变量定义有时也称为变量声明。

【例 3.2】

```
void main()
{ int a,b;
  int p=10;
    a=90;
    b=a+p;
}
```

【例 3.3】

```
void main()
{ float x,y;
    char c='a';
    x=5.4;
    y=x+c;
}
```

例 3.2 中变量 a、b 定义成了整型，变量 p 也定义为整型，定义 p 时同时给 p 赋了初值 10。定义变量时赋值，称为对变量的初始化。在例 3.3 中，x、y 两个变量定义为实型，变量 c 定义为字符型，同时赋一个初值'a'。应该注意的是：如果定义一个变量，而这个变量没有任何形式的赋值，那么，它的值是一个随机数。

到此，在例 3.1 中，您一定知道了为什么 α 改为 alf，也知道了 float 的作用了。α 改为其他名字可以吗，如 faa 或 bee？当然可以，只要是合法的变量名都可以。

C++中对变量的定义可以放在程序的任何位置，只要是使用该变量之前就可以，例如：

```
int a;              //定义变量 a
a=4;                //使用变量,对 a 赋值
float b;            //定义变量 b
b=3.8;              //使用变量,对 b 赋值
```

4. 常变量

在定义变量时，如果加上关键字 const，则变量的值在程序运行期间不能改变，这种变量就称为常变量。例如：

```
const int a=5;
```

注意，在定义常变量时必须同时对它初始化，此后它的值不能再改变，即：某个变量一旦定义成常变量，它就不能再出现在赋值号的左边。例如，上一行不能写成：

```
const int a;
a=5;                //常变量不能被赋值
```

读者或许会提出这样的问题：变量的值应该是可以变化的,怎么值固定的量也称变量呢？的确，从字面上看，常变量的名称本身包含着矛盾，我们知道，变量的实质是代表存储单元，在一般情况下，存储单元的内容是可以变化的。对常变量来说，是在此变量的基础上加上一个限定：存储单元中的值不允许变化，因此常变量又称为只读变量。

常变量的概念是从应用需要的角度提出的，例如，有时要求某些变量的值不允许改变，这时就用 const 加以限定。除了常变量以外，以后还要介绍常指针、常对象等。

请区别用#define 命令定义的符号常量和用 const 定义的常变量。符号常量只是用一个符号代替一个字符串，在预编译时把所有符号常量替换为所指定的字符串，它没有类型，在内存中没有以符号常量命名的存储单元。而常变量具有类型，在内存中有以它命名的存储单元，与一般的变量唯一的不同的是指定变量的值不能改变。

3.3 算术运算符和算术表达式

3.3.1 算术运算符

算术运算符如下所述。

＋（加法运算符，或正值运算符，如 8＋5、＋4）；

－（减法运算符，或负值运算符，如 8－4、－3）；

＊（乘法运算符，如 8*3）；

／（除法运算符，如 8/3）；

％（模运算符，或求余运算符，%两侧应为整型数据，如 9%4 的值为 1）；

++、--（自加、自减运算符）。

自加或自减运算符的作用为使变量的值增 1 或减 1，如：

++k（--k）   （在使用 k 之前，先使 k 的值加（减）1）

k++（k--）   （在使用 k 之后，使 k 的值加（减）1）

3.3.2 算术表达式

用算术运算符和括号将运算对象连接起来的符合 C++语法规则的式子，称为 C++算术表达式。运算对象包括常量、变量、函数等。下面就是合法的 C++算术表达式：

① a*a−2*a*b*cos（alf）；② (a+b) / (c+v)；③ b*b−4*a*c；④ a+b/1.5+'a'

1. 表达式求值运算的优先次序

表达式求值时，按照括号→函数→*、/、%→＋、－的顺序，优先级逐渐降低，优先级相同时从左向右运算。

2. 表达式类型的转换

常量、变量有类型，因此表达式也有类型。如果组成表达式的对象类型相同，则不用类型转换，表达式的类型与运算对象的类型相同。比如，5+3*9 所有的对象都是整型，所以表达式的值也是整型 32。如果组成表达式的对象类型不同，则存在类型转换问题，转换的规则是将低级数据类型转换为高级数据类型，一边转换一边计算。表 3.2 说明了各种数据类型的级别。

表 3.2 数 据 类 型 的 级 别

级 别	类 型	范 围	规 则
低 ↓ 高	char	−128〜127	由低到高进行转换
	int	−2 147 483 648〜+2 147 483 647	
	float	−3.4×10^{38}〜3.4×10^{38}	

比如，5+3*9.0，先将整数 3 转换成实型 3.0，计算 3.0*9.0 结果为 27.0，然后计算 5+27.0，同样先将 5 转换为 5.0，计算 5.0+27.0 结果为 32.0。注意，转换是自动进行的。

【例 3.4】 有这样的说明：int c=1; char b='a'; 计算表达式 1/2*c+b 的值。

按运算的优先次序先计算 1/2，数据类型相同无需转换，得到和运算符 "/" 两边数据类型一样的整数 0 而不是实数 0.5，接着计算 0*c，c 定义为整型变量且初值是 1，不用转换结果是 0，所以表达式最终的结果是 97。从上述转换过程可以看出，自动转换是随算随转换的，而不是将所有数据都转换为同一类型后再进行运算。

注意：在做除法时，当组成表达式的对象都是整型，计算的结果也是整型，即把小数点后面的数据直接舍去，不按四舍五入的原则进行操作。另外，表达式中的字符型数据按整型数据对待，其值为该字符的 ASCII 码值，如上例中变量 b 被定义为字符型的，且初值为'a'，因为字符 a 的 ASCII 码值为 97，所以表达式最终的结果为 97。

表达式 1.0/2*c+b 的结果为 97.5。

表达式 1/(2*c+2.0)的结果为 0.25。

3. 强制类型转换

可以利用强制类型转换将一个表达式转换成所需要的类型。例如：

(float)x （将 x 转换成 float 类型）

(int)(x+y) （将 x+y 的值转换成整型）

(float)(5%2) （将 5%2 的值转换成 float 类型）

其一般形式为：

(类型名)(表达式)

注意，表达式应该用括号括起来。如果写成

(int)x+y

则只将 x 转换成整型，然后与 y 相加。

在强制转换时，得到一个所需类型的中间变量，原来变量的类型并未改变。例如：

```
void main( )
{ float  a =102.6 ;
    int  c=1,d;  char b='a';
    d=(int)a*c+b ;
}
```

经过程序的运算，变量 d 和 a 值是多少呢？显而易见，a 的值被强制转换为 102，所以，d 的值是 199，而变量 a 的类型仍为 float 型，其值仍为 102.6。

4. 求值次序与副作用

在符合优先级和结合性的前提下，C++语言的标准对表达式中各操作数的求值次序没有做统一规定。编译器在求表达式时，首先要将表达式分解，将所有的操作符和操作数分别放入符号栈和操作数栈两个堆栈中。入栈时根据优先级和结合性对操作数的访问次序进行调整。此外，编译器为提高代码质量，在不影响优先级和结合性的前提下也要对操作数的访问次序进行调整。在安排顺序时，如果某个操作数经历了求值运算，那么求值可能影响到其他操作数的值，这时就会产生副作用。例如，设有 int a=2,b=5,c;，对表达式 c=a*b+(++a)+(b=10)，3 个同级运算中，是先算 a*b，还是++a，还是 b=10，其次再算哪个？显然求值次序不同将导致结果不同。不同的编译器会规定各自的求值次序，对于 Visual C++，是按照从前向后的顺序进行，即结果是 23。而对有的 C++编译器，则是从后向前进行，结果是 43。这种情况下，在求表达式 b=10 时就改变了变量 b 的值，影响到表达式 a*b 的值，这就是所谓的副作用。由于编译器有求值次序，因此对于上例这样的复合表达式，交换律不一定成立。

求值次序带来副作用的主要原因是使用复合表达式，如果将复合表达式分开写成若干个简单表达式，就可以有效地消除副作用。例如，将上式按照从前向后的次序可以写成：

c=a*b;++a;b=10;c=c+a+b;

按照从后向前的次序可以写成：

++a;b=10;c=a*b+a+b;

5. 算术赋值语句的类型

常量、变量和表达式都有类型，所以，在赋值语句中也存在类型转换问题。

如果赋值号两边的类型一致，则不存在类型转换问题。如果赋值号两边的类型不一致，则存在类型转换问题。下面由例 3.5 和例 3.6 加以说明。

【例 3.5】　赋值语句的类型转换。

```
void main( )
{int i,j;
  float a,b;
   i=3.6;
   a=3.8;
   b=4;
}
```

【例3.6】　赋值语句的类型转换。

```
void main( )
{int iy;
 iy=1.2*2.5/2;
 }
```

在例 3.5 带下划线的两条语句中，等号两边的类型不一致，存在着类型转换，转换时以赋值号左边的变量类型为准，所以，变量 i 的值是 3，变量 b 的值是 4.0。

再看例 3.6，iy 变量被定义为整型变量，将 1.2*2.5/2 的值赋给它。首先计算表达式的值，1.2*2.5 两个运算量类型一致不用转换直接计算，结果为 3.0，再计算 3.0/2，将 2 转换为 2.0，计算 3.0/2.0 结果为 1.5，然后将其转换成变量的类型，最后赋给变量，所以，iy 值是 1。

赋值语句的执行次序是：先计算，后转换，最后赋值。

现在再看一下例 3.1 的程序：

```
/*---求三角形的边--*/
#include <math.h>
void main( )
{ float a,b,alf,c;
    a=1.0;
    b=2.0;
    alf=0.2;
    c=sqrt(a*a+b*b-2*a*b*cos(alf));
}
```

从程序的结构，到程序中使用的语句，我们都有了一个较为透彻的理解，由程序的功能知道 sqrt 是求平方根、cos 是求余弦，这些是 C++库函数中的数学函数。数学函数的头函数是 math.h，因此，在程序的开始有：#include <math.h>。在这里顺便说一句，为什么库函数又被称为头函数呢？那是因为库函数的包含命令总是放在程序的开头。

这个题目的计算结果是多少？程序执行后能看得到吗？大家上机一试便知分晓。从程序中，可以看到结果放到了变量 c 中，而变量的实质是表示某个存储单元，所以计算结果是在内存中，内存中的数据我们是看不到的，要将其从内存中"搬到"外部输出设备（如屏幕、打印机），这就是输出数据，称为输出。因此，从外部设备接收信息的操作称为输入，向外部设备发送信息的操作称为输出。

3.4　逗号运算符和逗号表达式

C++提供一种特殊的运算符——逗号运算符。用它将两个表达式连接起来，例如：

```
5+3,6+8
```

逗号运算符又称为"顺序取值运算符"。用逗号运算符连接起来的表达式称为逗号表达式。其一般形式为：

```
表达式 1,表达式 2
```

逗号表达式的求解过程是：先求解表达式 1，再求解表达式 2。整个逗号表达式的值是表达式 2 的值。例如，逗号表达式 "5+3,6+8" 的值是 14；再如，逗号表达式：

```
a=3*5,a*2
```

相当于：（a=3*5），a*2，即 "a=3*5" 是一个赋值表达式，"a*2" 是另一个表达式，二者用逗号相连，构成表达式。C++语言中赋值号也是运算符，它的优先级高于逗号运算符，因此应先求解 a=3*5（也就是把 "a=3*5" 作为一个表达式）。经计算和赋值后得到 a 的值为 15，然后求解 a*2，得 30。整个逗号表达式的值为 30。

一个逗号表达式又可以与另一个表达式组成一个新的逗号表达式，例如：

```
(a=3*5,a*2),a+5
```

先执行 a=3*5，计算出 a 的值是 15，再进行 a*2 的运算得 30（a 的值未变，仍为 15），然后进行 a+5 得 20，即整个表达式的值为 20。

逗号表达式一般形式可以扩展为：

表达式 1,表达式 2,表达式 3,表达式 4,…,表达式 n

它的值为表达式 n 的值。

3.5　C++的输入/输出

C++本身不提供输入/输出语句，输入/输出操作的一种方法是通过系统提供的输入/输出流类来实现，即在程序中通过调用输入/输出流类库中的对象 cin 和 cout 进行输入和输出；另一种方法是通过使用 C++提供的输入/输出函数来实现，即在程序中通过调用输入/输出函数 scanf 和 printf 进行输入和输出。另外，C++的函数库中还提供了专门输入/输出字符数据的函数：putchar（输出字符）、getchar（输入字符）、puts（输出字符串）、gets（输入字符串）。

iostream 是 C++的输入/输出库文件，因此，使用上述任何一种方式进行输入、输出时，在程序的开始必须使用编译预处理命令#include，将有关的库文件包括到用户的源文件中。如前所述：

```
#include <iostream>
```

说明：为了叙述方便，常常把 cin、scanf 称为输入语句，cout、printf 称为输出语句。

3.5.1　输入流与输出流

1. cout 输出

（1）cout 语句的一般格式为：

cout<<表达式 1<<表达式 2…<<表达式 n;

其中 "<<" 称为插入运算符，它将紧跟其后的表达式的值输出到显示器当前光标的位置。其中的 "表达式" 还可以是常量或变量。

（2）功能为在显示器上显示表达式的值或变量的值。

例如：cout<<a<<b<<a+b+5;在屏幕上显示变量 a 的值、变量 b 的值和 a+b+5 的值。

【例 3.7】　如果变量 a 定义为整型，值为 3，变量 b 定义为 float 型，值为 123.456，变量 c 定义为 char 型，值为 a，写出下列输出数据的结果。

① cout<<a<<b<<c;

结果为：

```
3123.456a
```

② cout<<a<<"□□"<<b<<"□□"<<c;

结果为：

3□□123.456□□a

其中□表示空格，如果要输出某些字符，可将字符用双引号括起来，如例 2.1 所述。

如果输出结果为：a=3b=123.456c=a，那么 cout 语句如何写？应为：

cout<<"a="<<a<<"b="<<b<<"c="<<c;

③cout<<"a="<<a<<endl<<"b="<<b<<endl<<"c="<<c;

结果为：

a=3
b=123.456
c=a

字符 endl 的作用是使输出换行。

一个 cout 语句可以多行。如：

cout<<"a="<<a<<"b="<<b<<"c="<<c;

可以写成

```
cout<<"a="<<a                    //注意行末尾没有分号
<<"b="<<b
<<"c="<<c;                       //语句最后有分号
```

也可以写成多个 cout 语句

```
cout<<"a="<<a;
cout<<"b="<<b;
cout<<"c="<<c;
```

以上三种情况的输出结果均为：

a=3b=123.456c=a

由以上例子可以看到，在用 cout 输出时，用户不必通知计算机按什么类型输出，系统会自动判别输出数据的类型，使输出的数据按系统相对应类型隐含指定的格式输出。

给例 3.1 程序添加输出语句，程序如下：

```
/*---求三角形的边--*/
#include "iostream.h"
#include "math.h"
void main( )
{ float a,b,alf,c;
    a=1.0;
    b=2.0;
    alf=0.2;
    c=sqrt(a*a+b*b-2*a*b*cos(alf));
  cout<<"a="<<a<<"b="<<b<<endl<<"c="<<c;
}
```

至此，该例题就完整了。

【例 3.8】 有一个直流电路，如图 3.5 所示。已知 $R_0=100\Omega$，$R_1=20\Omega$，$R_2=50\Omega$，$U=100\text{V}$。求等效电阻 R 和总电流 I。

计算公式为

$$R_{12} = \frac{R_1 R_2}{R_1 + R_2}$$

$$R = R_{12} + R_0$$

$$I = U/R$$

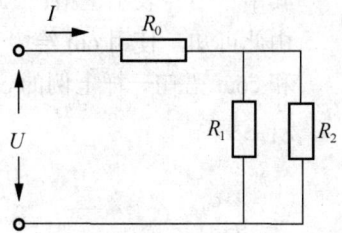

图 3.5   电路图

程序如下：

```
#include<iostream.h>
void main()
{ float r0,r1,r2,r,u,i;
  r0=100.0;
  r1=20.0;
  r2=50.0;
  u=100.0;
  r=r0+r1*r2/ (r1+r2);
  i=u/r;
  cout<<"r="<<r<<endl;
  cout<<"i="<<i<<endl;
}
```

运行结果：

```
r=114.286
i=0.875
```

如果题目要求当 R_0，U 不变，分别计算

$R_1 = 40$，$R_2 = 50$

$R_1 = 70$，$R_2 = 100$

$R_1 = 90$，$R_2 = 50$

...

各组值时的 R 和 I。怎么办？打开源程序修改 r1、r2 的值，然后再运行，……直到完成所有的计算。很明显，这样的做法并没有发挥计算机工作的优点，因此，我们希望不用修改程序，只要在运行时给变量赋不同的值，就能得到不同的多组值的结果，这就要使用另外一种给变量赋值的方式，即在程序运行时给变量赋值，此任务的实现就需要 cin 的帮助了。

2. cin 输入

cin 语句的一般格式为：

cin>>变量 1>>变量 2>>变量 3>>…>>变量 n；

其中 "＞＞" 称为提取运算符，它将暂停程序执行，等待从键盘上输入相应数据，直到所列出的变量均获得值后，程序才继续执行。

【例 3.9】 如果使用如下所示的 cin 语句给变量 a、b、c、d 分别赋 1、2、3、4，则下面三种输入数据的形式都是正确的。

cin>>a>>b>>c>>d;

① 1□2□3 □4↙

② 1□□2□□□3□□4↙

③ 1（按 Tab 键）2↙3↙4↙

其中"□"表示空格;"✓"表示回车(下同)。

由此可知,使用 cin 给多个变量输入数据时,数据之间用空格或回车符分隔。

和 cout 语句一样上例的 cin 语句也可以分写成若干行。如:

```
cin>>a
    >>b
    >>c
    >>d;
```

也可以写成:

```
cin>>a;
cin>>b;
cin>>c;
cin>>d;
```

在用 cin 输入时,系统会根据变量的类型从输入流中提取相应长度的字节赋给相应的变量。如对于下面程序:

```
char c1,c2;
int a;
float b;
cin>>c1>>c2>>a>>b;
```

如果输入

1234□56.78 ✓

系统会取第一个字符"1"给字符变量 c1,取第二个字符"2"给字符变量 c2,再取 34 给整型变量 a,最后取 56.78 给实型变量 b。注意:34 后面应该有空格以便和 56.78 分隔,也可以按下面格式输入

1□2□34□56.78 ✓

在从输入流中提取了字符"1"赋给 c1 后,遇到第 2 个字符,是一个空格,系统把空格作为数据间的分隔符,不予提取,而提取后面的一个字符"2"赋给 c2,然后再分别提取 34 和 56.78 给 a 和 b。由此可知:用 cin 语句键盘输入数据时,数据之间是用空格或回车符分隔的,即不能用 cin 语句把空格字符或回车符作为数据输入给字符变量,如果想将空格字符或回车符输入给字符变量,可以用下面介绍的 getchar 函数实现。

【例 3.10】 设 a=2,b=3,c='a',写出执行下面的语句时,数据输入的形式,并观察结果。

```
#include<iostream.h>
void main()
{ int a,b;char c;
  cin>>a>>b>>c;
  cout<<"a="<<a<<"b="<<b<<"c="<<c;
}
```

数据输入为:

2□3□a✓

运行结果为:

a=2b=3c=a

若数据输入为：

2□3.0□a✓

运行结果为：

a=2b=3c=.

若数据输入为：

23□a✓

运行结果为：

a=23b=0c=藥

对比以上 3 次程序数据输入形式和输出的结果，可以明显看出，后两次运行时的结果是不正确的（错误原因请读者根据前面的知识进行分析）。由此，在组织输入数据时，要仔细分析 cin 语句中变量的类型，按照相应的格式输入，否则容易导致错误结果。

上面例 3.8 的程序改写为如下形式，只要将程序多运行几遍（每次运行时给 r1、r2 赋不同的值），就可得到多组值，而不用修改程序。

改写后的程序：

```cpp
#include<iostream.h>
void main()
{ float r0,r1,r2,r,u,i;
  r0=100.0;
  u=100.0;
  cin>>r1>>r2;
  r=r0+r1*r2/ (r1+r2);
  i=u/r;
  cout<<"r="<<r<<endl;
  cout<<"i="<<i<<endl;
}
```

输入/输出格式控制

上面介绍的是使用 cout 和 cin 时的默认格式（系统隐含指定的）。但有时人们在输入输出时有一些特殊的要求，如在输出实型数据时规定字段宽度、保留两位小数、数据向左或向右对齐等。

（1）不同进制数据的输入/输出。缺省状态下，输入/输出的数据是十进制的，如果要求按八进制或十六进制输入/输出，在 cin 或 cout 中必须指明相应的数据形式，oct 为八进制、hex 为十六进制、dec 为十进制。例如：

```cpp
#include"iostream.h"
void main()
{int i,j,k,l;
cout<<"Input i(oct),j(hex),l(doc): "<<endl;
cin>>oct>>i;                //输入为八进制
cin>>hex>>j;                //输入为十六进制
cin>>k;                     //输入为十六进制
```

```
cin>>dec>>l;                        //输入为十进制
cout<<"hex:"<<"i="<<hex<<i <<endc;
cout<<"dec:"<<"j="<<dec<<j<<"t"<<"k="<<k<<endl;
cout<<"oct:"<<"l="<<oct<<l;
cout<<dec<<endl;}
```

运行程序输出：

```
Input i(oct),j(hex),l(doc):
```

此时输入数据为：

```
011 ↙
0x9 ↙
0xa ↙
9 ↙
hex:i=9
dec:j=9 k=10
oct:l=11
```

关于输入/输出非十进制，还需说明以下几点：

1）由于已经在 cin 中指明数制，因此从键盘输入时，八进制和十六进制数可以省略其开头的 0 和 0x 标志。

2）只适用于整型变量，不适用于实型和字符型变量。

3）输入数据的格式、个数和类型必须与 cin 中的变量一一对应，否则，不仅会使输入数据错误，而且会影响后面其他数据的正确输入。

4）在 cin 和 cout 中指明数制后，该数制一直有效，直到重新指明其他数制。

（2）设置数据间隔。缺省状态下数据是无间隔的。为了使数据间隔开，除了用输出空格或回车换行的方法外，还可以用 C++提供的函数 setw( )。setw( )用来指定输出数据项的宽度。例如：

```
#include"iostream.h"
#include"iomanip.h"
void main()
{int i=5,j=8;
float a=2.5,b=2.78;
cout<<setw(6)<<i<<setw(10)<<j<<endl;
cout<<setw(10)<<i*j<<endl;
cout<<setw(8)<<a<<setw(8)<<b<<endl;
}
```

运行结果为：

```
□□□□□5□□□□□□□□□8
□□□□□□□□40
□□□□□2.5□□□□2.78
```

其中□表示空格。显然，当实际位数小于设置的字段宽度时，在数据的左边加空格。如果数据的实际位数大于设置的字段宽度时，就按数据的实际位数输出。

setw( )括号中可以是表达式，但其值必须是正整数。该设置仅对紧跟其后的一个数据起作用，指明该数据项的输出宽度为其括号中的数值，输出后即回到缺省输出方式。因此如果用指定宽度的方式，那么每个输出数据都必须指定。

（3）补位填充函数。补位填充函数 setfill( )常与输出宽度设置函数一起使用，其作用是使用指定的字符填充由宽度设置函数 setw( )造成的空格。

【例 3.11】　写出下列程序的运行结果。

程序 1

```
#include<iostream.h>
#include<iomanip.h>
void main()
{
int a=0,b=0;
a=1;
b=2;
cout<<a<<setw(5)<<b<<endl;
b=30;
cout<<a<<setw(5)<<b<<endl;
cout<<"abcedfg"<<endl;
}
```

输出结果：

```
1□□□□2
1□□□30
abcedfg
```

程序 2

```
#include<iostream.h>
#include<iomanip.h>
void main()
{
int a=1,b=2;
cout<<a<<setw(5)<<setfill('*')<<b<<endl;
b=30;
cout<<a<<setw(5)<<b<<endl;
cout<<a<<setw(5)<<setfill('#')<<b<<endl;
}
```

输出结果：

```
1****2
1***30
1###30
```

程序 1 输出的是空格，而程序 2 中输出的是指定的字符"*"和"#"。填充函数 setfill( )中的参数使其后面的所有由 setw( )函数指定变量宽度都使用。

（4）输出精度设置函数。输出精度设置函数为 setprecision（精度参数），其作用是使用指定的精度参数来控制所要输出的浮点数。例如：

```
#include<iostream.h>
```

```
#include<iomanip.h>
void main()
{
float a=3.1415926;
cout<<setprecision(5)<<a<<endl;                         //输出语句1
cout<<setiosflags(ios::fixed)<<setprecision(5)<<a<<endl;  //输出语句2
a=130.130029;
cout<<setprecision(5)<<a<<endl;                         //输出语句3
cout<<setiosflags(ios::fixed)<<setprecision(5)<<a<<endl;  //输出语句4
}
```

输出结果：

```
3.1416
3.14159
130.13004
130.13004
```

输出语句 1 中 setprecision(5)控制的是变量 a 的有效数字的位数，第 6 位采用四舍五入；输出语句 2 输出结果中精度参数控制的是其后面语句小数部分的位数；输出语句 3 与输出语句 4 的功能相同，需要注意的是输出语句 4 中函数 setiosflags(ios::fixed)是完全没必要的，因为在语句 2 中已经声明过。

（5）输出数据状态设置函数

输出数据状态设置函数主要有 left，right，showpoint，showpos，fixed，scientific 等关键字形式。

通过下面的例子说明这些输出数据状态设置函数的应用。

【例 3.12】 写出下列程序的运行结果

程序 1：

```
#include<iostream.h>
#include<iomanip.h>
void main()
{
float a=3.1415926;
cout<<setiosflags(ios::left)<<setw(10)<<a<<endl;
cout<<resetiosflags(ios::left);
cout<<setiosflags(ios::right);
cout<<setw(10)<<a<<a<<endl;
}
```

输出结果：

```
3.14159
   3.141593.14159
Press any key to continue
```

通过输出结果可知，关键字 left 的作用是使指定输出流中的数据以左对齐方式输出；关键字 right 的作用是使指定输出流中的数据以右对齐方式输出。右对齐方式也是默认的方式。

值得注意的是，当设置了左对齐后，再设置右对齐时，得先取消左对齐的设置，程序中：cout<<resetiosflags(ios::left);的作用就是取消左对齐。

程序 2：

```
#include<iostream.h>
#include<iomanip.h>
void main()
{
float a=3.140000;
cout<<setiosflags(ios::showpoint)<<a<<endl;
cout<<resetiosflags(ios::showpoint);
cout<<setiosflags(ios::showpos)<<a<<endl;
cout<<resetiosflags(ios::showpos);
cout<<setiosflags(ios::fixed)<<a<<endl;
cout<<resetiosflags(ios::fixed);
cout<<setiosflags(ios::scientific)<<a<<endl;
}
```

输出结果：

```
3.14000
+3.14
3.140000
3.140000e+000
Press any key to continue
```

通过输出结果可知，以上关键字的作用如下：

（1）关键字 showpoint 的作用：使输出的浮点数据强制带有小数点后面无效数字 0。

（2）关键字 showpos 的作用：如果所要输出的数据为正数，那么在其前面加上正数的标识符"＋"。

（3）关键字 fixed 的作用：设置浮点数以固定位数显示。

（4）关键字 scientific 的作用：如果所要输出的数据为浮点数，那么就按科学表示法输出。

注意：如果在程序中使用输入、输出格式控制函数，必须在程序开始增加：#include<iomanip.h>，这是因为这些格式控制函数原型在 iomanip.h 文件中。

表 3.3 列出了 C++提供的常用的输入输出流格式控制符。

表 3.3   输入输出流格式控制符

控 制 符	作 用
dec	设置数值的基数为 10
hex	设置数值的基数为 16
oct	设置数值的基数为 8
setfill(c)	设置填充字符 c，c 可以是字符常量或字符变量
setprecision(n)	设置浮点数的精度为 n 位。一般在以十进制形式输出时，n 代表有效数字；在以 fixed（固定小数位数）形式和 scientific（指数）形式输出时，n 为小数位数
setw(n)	设置字段宽度为 n 位
setiosflags(ios::fixed)	设置浮点数以固定的小数位数显示
setiosflags(ios::scientific)	设置浮点数以科学记数法（即指数形式）显示

续表

控 制 符	作 用
setiosflags(ios::left)	输出数据左对齐
setiosflags(ios::right)	输出数据右对齐
setiosflags(ios::skipws)	忽略前导的空格
setiosflags(ios:: showpoint)	使输出的浮点数据强制带有小数点后面无效数字 0
setiosflags(ios::uppercase)	数据以十六进制形式输出时字母以大写表示
setiosflags(ios::lowercase)	数据以十六进制形式输出时字母以小写表示
setiosflags(ios::showpos)	输出正数时给出"＋"号

3.5.2 用 scanf 和 printf 函数进行输入和输出

1. printf 函数

（1）printf 函数的一般格式为

```
printf(格式控制,输出表列);
```

括号内包括两部分内容。

1)"格式控制"是用双引号括起来的字符串,包括格式说明符、普通字符。

格式说明由"%"和格式字符组成,如%d、%f 等。它的作用是将输出的数据按指定的格式输出。"普通字符"是需要原样输出的字符。

2)"输出表列"是需要输出的数据。可以是变量名、表达式或函数。

在函数末尾加上分号,就可以作为 C++的语句使用了。

（2）功能。在指定设备上,按"格式控制"提供的格式,显示变量或表达式的值。系统默认的输出设备为显示器。例如:

```
printf("%d%d",a,b);
```

在显示器上,按%d 说明的格式显示变量 a、b 的值。

（3）格式说明符的使用。类型不同的数据使用不同的格式说明符。下面是一些常用的格式说明符。

1)d 格式符,输出十进制整数。一般形式为:

① %d,按整型数据的实际位数输出;② %md,m 为指定的输出字段宽度。如果数据位数小于 m,则在左端加空格,若大于 m,则按数据的实际位数输出。

【例 3.13】 如果 a＝3,b＝3,写出下列输出数据的结果。

① `printf("%d%d",a,b);`

结果为:

33

② `printf("%d%3d",a,b);`

结果为:

3□□3

其中□表示空格。因为输出变量 b 值要求数据宽度为 3 列,而数据本身只有 1 位,此时在数据的左边补空格,使数据宽度达到要求。

如果 a＝3，b＝1234，由于变量 b 的值本身为 4 列，超出了指定的数据宽度，就按实际的位数输出，所以结果为：31234。从这个结果中很难看出变量 a、b 的值各是多少。为了使输出的数据更加清晰和易懂，经常在"格式控制"中加一些普通字符，看下面的例子。

③　printf("%d□%d",a,b);

结果为：

3□3

④　printf("a=%d,b=%d",a,b);

结果为：

a=3,b=3

③中的"□"，④中的"a="、"b="就是普通字符，普通字符是照原样输出的。

2）f 格式符，输出实型数据的小数形式。一般形式为① %f，按系统隐含指定的格式输出，即整数部分全部输出，小数输出 6 位。如果数据的小数部分少于 6 位数，则在数据的右端补足数据（随机）；如果多于 6 位数，则产生截断，截断时按四舍五入的原则。② %m.nf，m 为指定的输出字段宽度，其中 n 为小数的位数。如果数据长度小于 m，则在左端加空格，若大于 m，则按数据的实际位数输出。

【例 3.14】　写出下列程序运行的结果。

```
float  x=123.456;
printf("%f%10.2f",x,x);
```

结果为：

123.456994□□□123.46

使用 f 格式符输出数据时，小数点也占一位。输出实型数据除了可以用 f 格式符外，也可以用 e 格式符，e 格式符输出的实型数据是指数形式。

（3）c 格式符，输出一个字符。一般形式为：① %c；② %mc，m 作用同%md，用来指定输出宽度。

【例 3.15】　写出下列程序的结果。

```
#include<stdio.h>
void main( )
{
    char c1='a';
    int i=97;
    printf("%c,%d\n",c1,c1);
    printf("%3c,%d\n",i,i);
}
```

结果为：

a,97

□□a,97

其中"\n"是转义字符，作用是换行。从此例中可以看到字符型变量和整型变量可以用"%c"格式符说明，也可以用"%d"说明。

以上介绍了几种常用的格式符，其归纳见表 3.4。

表 3.4　　　　　　　　　　　　　　　格 式 说 明 符

格式说明符	一般形式	意　　义	数 据 宽 度
d	%d	按十进制输出整数	系统决定（按实际位数）
	%md		占 m 位
o	%o	按八进制输出整数	系统决定（按实际位数）
x、X	%x、%X	按十六进制输出整数	系统决定（按实际位数）
c	%c	以字符形式输出，只输出一个字符	系统决定（一位）
	%mc		占 m 位
f	%f	按小数形式输出实数	系统决定（小数占 6 位）
	%m.nf		m 数据总宽度，n 小数位
e、E	%e、%E	按指数形式输出实数	
转义字符	\n	使输出换行	

注意：使用 printf 函数输出时，格式说明符的个数要与输出表列中输出项相等；格式说明的类型要与输出项类型一致。

2. scanf 函数

输入数据也可使用 scanf 函数。

（1）格式为

scanf(格式控制,地址表列);

其中"格式控制"的含义与 printf 函数相同，"地址表列"是由若干个地址组成的表列。

（2）功能为从键盘上接收一系列数据赋给相应的变量。例如：

scanf("%d%d",&a,&b);

地址表列&a,&b，&是地址符，&a、&b 分别表示变量 a、b 的地址。

格式控制"%d%d"，指定数据输入的格式。如果有普通字符，输入时照原样输入。

例如，如果给变量 a、b、c、d 分别赋值 1、2、3、4，则下面 3 种输入数据的形式都正确。

```
scanf("%d%d%d%d", &a,&b,&c,&d);
```
①1□2□3 □4✓
②1□□2□□□3□□4 ✓
③1（按 Tab 键）2 ✓
3 ✓
4 ✓

其中"✓"表示回车。显然，如果格式控制中没有普通字符，输入数据时，数据之间用空格分隔，而且空格可以是一个或者多个；一个输入语句可以用多行的数据完成对所有变量的赋值，如上面的第三种形式。

【例 3.16】 设 a=2，b=2.5，写出执行下面的语句时，数据输入的形式。

①　 scanf("%d%f",&a,&b);

2□2.5 ✓

②　 scanf("a=%d,b=%f",&a,&b);

```
a=2,b=2.5✓
③    scanf("%d,%f",&a,&b);
2,2.5✓
```

格式控制中的逗号、"a="、"b="都是普通字符，在输入数据时照原样输入。

说明：

（1）常用格式符%d、%f、%s、%c。

（2）输入数据不能指定精度。即在 scanf 函数中不能使用%m.nf 格式符。

例如：scanf("%7.2f",&a); 是错误的。但下面是正确的。

```
scanf("%3d%2d",&a,&b);
```

如果输入数据为 12345，则赋给变量 a 的值是 123，赋给变量 b 的值是 45。

（3）格式控制部分出现非格式符，在输入数据时必须输入相应符号，如前例。

（4）%c 输入字符，空格、转义字符均为有效输入。例如：

```
scanf("%c%c",&c1,&c2);
a□b ✓
```

本意是想将字符 a、字符 b 分别赋给变量 c1 和 c2，但实际上 c1 是字符 a，而 c2 是空格。

3.5.3　用 getchar 和 putchar 函数进行字符的输入和输出

1. putchar 函数（字符输出函数）

（1）格式为 putchar(c);。

（2）功能为输出一个字符。

其中 c 是一个字符型变量或整型变量，还可以是字符型常量或整型常量。

【例 3.17】　写出下列程序的运行结果。

```
#include<stdio.h>
void main( )
  {char  a,b,c;
  a='Y';b='e';c='s';
  putchar(a);putchar(b); putchar(c); putchar('\n');
  putchar(89); putchar(101); putchar(115); putchar(10);}
```

运行结果：

```
Yes
Yes
```

可以看到用 putchar 可以输出转义字符，putchar('\n')的作用是输出一个换行符，使输出的当前位置移到下一行的开头。putchar(89)的作用是将 89 作为 ASCII 码转换为字符输出，89是字母 Y 的 ASCII 码，所以 putchar(89)输出字母 Y。其余类似。换行符'\n'对应的 ASCII 码是10，因此 putchar(10)输出一个换行符，作用与 putchar('\n')相同。

2. getchar 函数（字符输入函数）

（1）格式为 getchar( );。

（2）功能为在运行程序时输入一个字符。注意，只能接收一个字符。

【例 3.18】　输入数据为字符 as，写出下列程序的运行结果。

```
#include "stdio.h"
```

```
void main( )
{ char  c;
   c=getchar( );
   putchar(c);
   putchar(c-32);
   printf("%c",getchar( ));
}
```

运行结果：

as ✓   (输入数据)

aAs

getchar 函数得到的字符可以赋给一个字符变量或整型变量，也可以不赋给任何变量，作为表达式的一部分，例如，putchar(c-32);，c 得到的值是'a'，'a'-32 是大写字母 A 的 ASCII 码，因此输出一个大写的 A。由上例可以看到，当给多个 getchar 函数输入数据时，数据间不用任何间隔符。

3.6 程 序 举 例

【例 3.19】 改正下列程序中的错误（在错处画横线并改正）。

程序 1：

```
#include<stdio.h>
void main();
float r,s;
r=5.0;
s=3.14159*r*r;
printf("%d\n",s)
```

改正后的程序 1：

```
#include<stdio.h>
 void main()
{  float r,s;
  r=5.0;
  s=3.14159*r*r;
  printf("%f\n",s);
}
```

改错说明：① main 是函数名，所以在其末尾不应有分号。② 在 C 函数中至少有一对花括号。③ 格式说明符要和输出项类型一致；语句以分号结束。

程序 2：

```
#include<stdio.h>
void main()
{ float a,b,c,v=90;
  s=a+b+c+v;
  a=20; b=30;
  scanf("%f",c)
printf("%f\n",s);
 }
```

改正后的程序 2：

```
#include<stdio.h>
void main()
{ float a,b,c,v=90;
 float s;
scanf("%f",&c);
 a=20; b=30;
s=a+b+c+v;
printf("%f\n",s); }
```

改错说明：① 任何变量必须先说明。变量 s 要说明。② 按题意是将变量 a、b、c、v 的和放到变量 s 中，要先给变量 a、b、c 赋值，后使用。③ 在输入函数中，输入项是地址表，所以在输入的变量前加地址符&。

【例 3.20】 编写程序，将两个变量中值互换。

分析：设 a=1，b=2，使 a=2，b=1。其图示如图 3.6 所示。

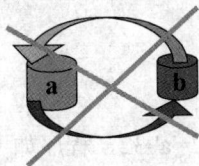

图 3.6 方法一图示

```
方法 1:
 #include<iostream.h>
 void main()
{int a=1,b=2;
 a=b;b=a;
 cout<<a<<b;}
```

赋值语句的特点之一"新来旧去"，a、b 直接赋值，不能实现两个变量中值的互换。

假设有两个瓶子，一个装满了橘子汁，一个装满了香油，现在让你把装橘子汁的瓶子装香油，装香油的瓶子装橘子汁，你怎么办？需要一个空瓶子，先将香油倒入空瓶子，然后将橘子汁倒入原来放香油的瓶子，最后将香油倒入原来放橘子汁的瓶子。这个空瓶子相当于一个中间变量，中间变量的类型与原变量一致。程序如下，如图 3.7 所示为执行过程示意图。

```
方法 2:
 #include<iostream.h>
 void main()
{ int a=1,b=2,c;
   c=a;
   a=b;
   b=c;
   cout<<a<<b;}
```

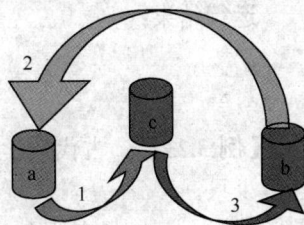

图 3.7 方法二图示

【例 3.21】 编写程序，输入三角形三边长，求三角形面积。计算公式为 $area=\text{sqrt}(s*(s-a)*(s-b)*(s-c))$。

其中，a、b、c 是三个边长，s 是边长和的一半，即 $s=1/2*(a+b+c)$。程序如下，流程图如图 3.8 所示。

程序：

```
#include<stdio.h>
#include <math.h>
void main()
{ float a,b,c,area,s;
    printf("Please input a,b,c:\n");
    scanf("%f,%f,%f",&a,&b,&c);
    s=1/2*(a+b+c);
    area=sqrt(s*(s-a)*(s-b)*(s-c));
    printf("a=%f,b=%f,c=%f\n",a,b,c);
    printf("area=%f\n",area);
}
```

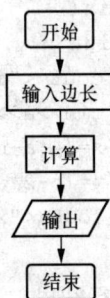

图 3.8 例 3.21 流程图

分析程序，没有语法错，但结果不正确，原因是：计算 $s=1/2*(a+b+c)$ 时，1/2 的值是 0，所以，无论 a、b、c 的值是多少，s 的值都为 0，因而导致错误的结果。只要将 1/2 改为 1.0/2 就可以了。

运行结果：

```
Please input a,b,c:
3.0,4.0,5.0 ✓
```

```
a=3.000000,b=4.000000,c=5.000000
area=6.000000
```

【例 3.22】 将从键盘输入的小写字母以大写输出。

分析：大、小写字母的 ASCII 值相差 32，即'a'='A'+32，'A'='a'-32，程序如下。如图 3.9 所示为流程图。

程序：

```
#include<stdio.h>
void main()
{ char ch1,ch2;
  scanf("%c",&ch1);
  ch2=ch1-32;
  pintf("%c,%c\n",ch1,ch2);}
```

运行结果：

```
a ↙
a,A
```

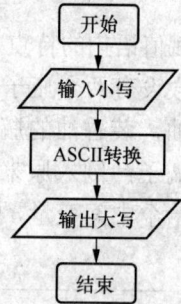

图 3.9 例 3.22 流程图

【例 3.23】 古代数学问题"鸡兔同笼"。鸡与兔共 a 只，鸡与兔的总脚数为 b，问鸡兔各多少只。

分析：已知量有两个，一个是鸡与兔和的数量 a，另一个是鸡与兔的总脚数 b。

设有 x 只鸡，y 只兔子。由题意可得到如下的等式，从而得到计算 x，y 的计算公式。

$$\begin{cases} x+y=a \\ 2x+4y=b \end{cases} \longrightarrow \begin{cases} x=(4a-b)/2 \\ y=(b-2a)/2 \end{cases}$$

程序：

```
#include<iostream.h>
main()
{ int x,y,a,b;
  cout<<"input a,b"<<endl;
  cin>>a>>b;
  x=(4*a-b)/2;
  y=(b-2*a)/2;
  cout<<"x="<<x<<"y="<<y;
}
```

图 3.10 例 3.23 流程图

运行结果：

```
input a,b
3,8 ↙
x=2y=1
```

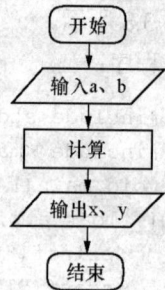

通过上述程序设计实例，总结程序设计的方法如下。

（1）根据实际问题找出计算公式（数学模型）。

（2）计算方法（确定算法）。

（3）画出流程图。

（4）程序实现（用某种语言编程，本书用 C++语言）。

3.7 C++程序的运行过程

设计好一个 C++源程序后，就可以在计算机上运行程序了。现在一般采用集成环境（Integrated Development Environment，IDE），把程序的编辑、编译、连接和运行集中在一个界面中进行，操作方便，直观易学。有多种 C++编译系统可以使用，本书只介绍 Visual C++ 6.0。Visual C++ 6.0 是美国微软公司开发的 C++集成开发环境，它集源程序的编写、编译、连接、调试、运行，以及应用程序的文件管理于一体，是当前 PC 机上最流行的 C++程序开发环境。本书的程序实例均用 Visual C++ 6.0 调试通过，下面对这一开发环境作简单介绍。Visual C++ 6.0 的功能较多，这里仅仅介绍一些常用的功能。在以后的学习中，要多用、多试、多思考，才能够熟练地掌握它的用法。

同其他高级语言一样，要想得到可以执行的 C++程序，必须对 C++源程序进行编译和连接，该过程如图 3.11 所示。

源程序 → 编译器 → 目标程序 → 连接程序 → 可执行程序

图 3.11 C++程序的运行过程

对于 C++语言，这一过程的一般描述如下。使用文本编辑工具编写 C++程序，其文件后缀为.cpp，这种形式的程序称为源代码（Source Code）；然后用编译器将源代码转换成二进制形式，文件后缀为.obj，这种形式的程序称为目标代码（Objective Code）；最后，将若干目标代码和现有的二进制代码库经过连接器连接，产生可执行代码（Executable Code），文件后缀为.exe，只有.exe 文件才能运行。

3.7.1 Visual C++ 6.0 的安装和启动

如果用户所使用的计算机未安装 Visual C++ 6.0，则应先安装 Visual C++ 6.0。Visual C++ 是 Visual Studio 的一部分，因此需要找到 Visual Studio 的安装光盘，执行其中的 setup.exe 文件，并按屏幕上的提示进行安装即可。

安装结束后，在 Windows"开始"菜单的"程序"子菜单中就会出现 Microsoft Visual Studio 6.0 子菜单。

要启动 Visual C++ 6.0，可执行如下命令：

"开始"→"程序"→Microsoft Visual Studio 6.0→Microsoft Visual C++ 6.0。

此时会弹出 Visual C++ 6.0 主窗口。Visual C++ 6.0 集成开发环境被划分成 4 个主要区域：菜单和工具栏、工作区窗口、代码编辑窗口和输出窗口，如图 3.12 所示。Visual C++的主菜单中包含 9 个菜单项：File（文件）、Edit（编辑）、View（查看）、Insert（插入）、Project（项目）、Build（构建）、Tools（工具）、Window（窗口）、Help（帮助）。括号中是 Visual C++ 6.0 中文版中菜单的中文显示。工作区窗口用来显示所设定的工作区信息，代码编辑窗口用来输入和编辑源程序，输出窗口用来显示编译、连接、调试等信息。

3.7.2 输入和编辑 C++源程序

在 Visual C++ 6.0 主菜单栏中执行 File→New 命令（如图 3.13 所示），打开 New 对话框，如图 3.14 所示。

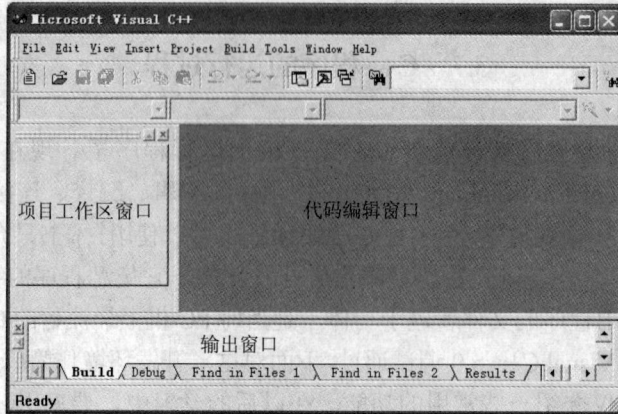

图 3.12 Visual C++ 6.0 窗口

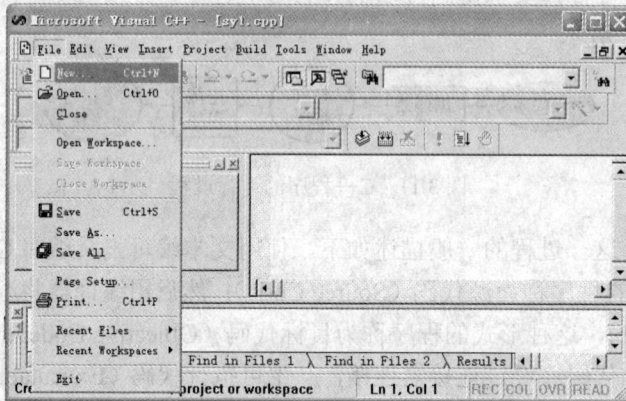

图 3.13 执行 New 命令

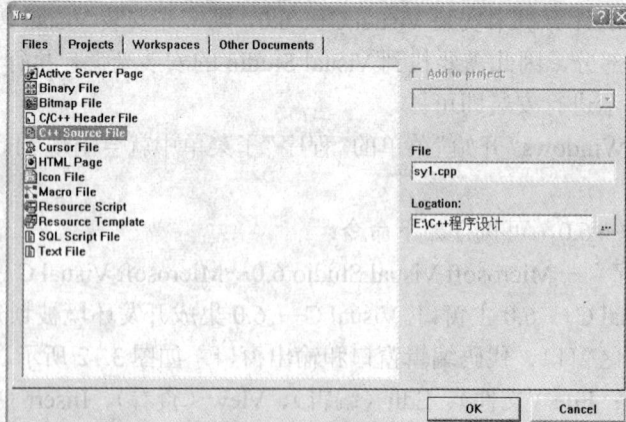

图 3.14 New 对话框

　　在 New 对话框中单击 File 标签，在选项卡中选择 C++ Source File 选项，表示要建立新的 C++源文件，然后在对话框右半部分的 Location（位置）文本框中输入准备编辑的源程序文件的存储路径（现假设为"E:\C++程序设计"）。在其上方的 File 文本框中输入准备编辑的源程序文件的名字（如 sy1.cpp），单击 OK 按钮，就可以在编辑窗口中输入源程序了。输入下面的程序代码，如图 3.15 所示。

```
//Program Name:Sy1.cpp          //注释行，C++的注释以"//"开始
#include <iostream.h>           //输入输出包含头文件
void main()                     //main 函数，程序入口
{                               //程序体开始
    cout<<"Hello,this is my first c++ program.."<<endl;
                                //在屏幕上输出字符串并换行
}                               //程序体结束
//Program End
```

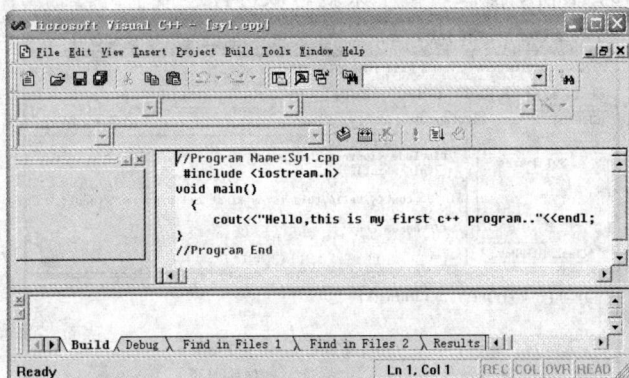

图 3.15　Visual C++窗口

接下来将程序存储到计算机中。

执行 File 菜单下的 Save 或 Save As 命令，Visual C++将弹出"保存为"对话框，如图 3.16 所示。

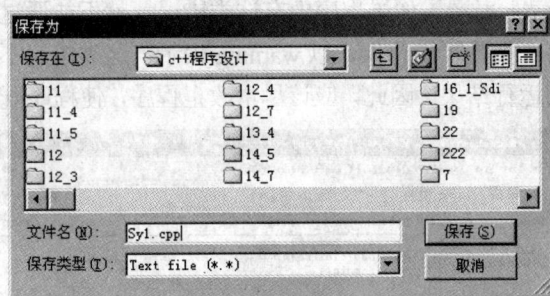

图 3.16　"保存为"对话框

以 Sy1.cpp 为文件名存入："E:\C++程序设计"子文件夹中。

3.7.3　编译并连接 Sy1.cpp

1. 编译 Sy1.cpp

执行 Build→Compile Sy1.cpp 命令（或按 Ctrl＋F7 键），屏幕上弹出一个对话框，内容是 "This build command requires an active project workspace.Would you like to create a default project workspace?"（此编译命令要求一个有效的项目工作区。你是否同意建立一个默认的项目工作区），如图 3.17 所示。单击"是"按钮，表示同意由系统建立默认的项目工作区，然后即开始编译。

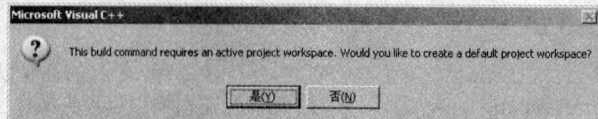

图 3.17 执行 Build 命令弹出的对话框

在进行编译时，编译系统检查源程序中有无语法错误，然后在主窗口下部的输出窗口输出编译的信息，如图 3.18 所示。如果输入的程序代码正确，将显示"0 error(s),0 warning(s)"信息，此时称该窗口为 Happy 窗口，接下来就可以进行连接了。

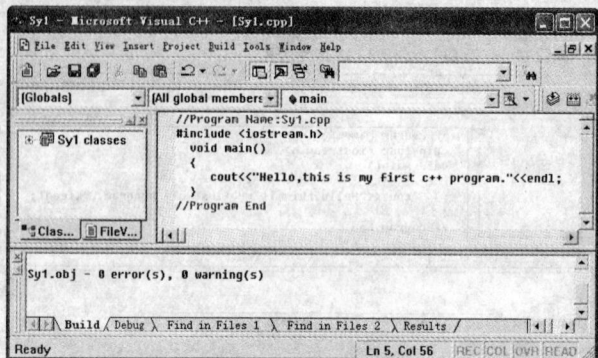

图 3.18 编译结果输出窗口（一）

如果输入的程序代码有错误，比如：

```
cout<<"Hello,this is my first c++ program."<<endl
```

最后的分号漏写了，编译系统就能检查出程序中语法错误，如图 3.19 所示。语法错误分为两类：一类是致命的错误，以 error 表示，如果程序中有这类错误，就不能通过编译，无法形成目标程序，更谈不上运行了；另一类是轻微错误，以 warning 表示，这类错误不影响生成目标程序和可执行程序，但有可能影响运行结果。因此，应该尽量改正程序，使程序既无 error，又无 warning。

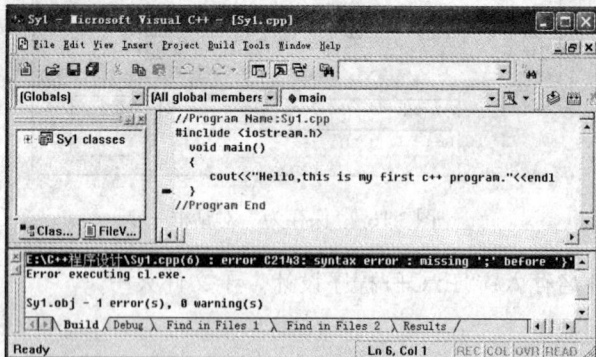

图 3.19 编译结果输出窗口（二）

在图 3.19 中调试信息输出窗口中可以看到编译的信息，指出第 6 行有一个 error，错误的种类是：在"}"之前遗漏了";"。查看图 3.19 中的程序代码，果然第 5 行末尾漏掉了分号。本来是程序的第 5 行有错，为什么在报错时说成是第 6 行呢？这是因为 C++允许将一个语句分写成多行，因此检查完第 5 行末尾无分号时还不能判定该语句有错，必须再检查下一行，直到发现第 6 行的"}"前都没有";"，才能判定出错，所以在第 6 行报错。修改程序，在 cout 语句末尾加上";"，再次编译，就会出现图 3.18 所示的"0 error(s),0 warning(s)"信息。

2. 连接 Sy1.obj

编译成功后就得到了目标程序，此时就可以对程序进行连接了。

执行 Build→Build Sy1.exe 命令（或按 F7 键），输出窗口会显示连接时的信息，没有发现错误，生成一个可执行文件 Sy1.exe，如图 3.20 所示。

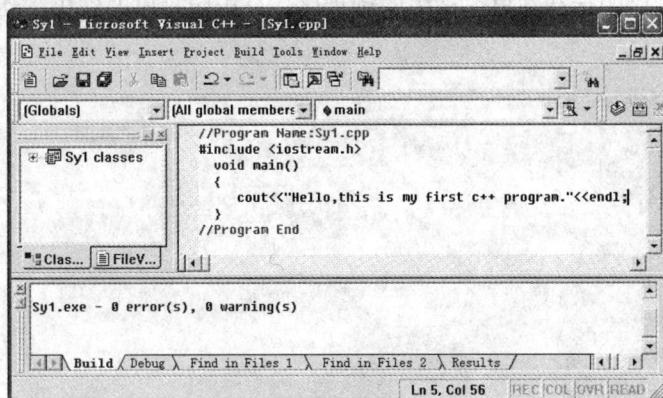

图 3.20 连接结果输出窗口

以上分别介绍了程序的编译和连接，也可以执行 Build→Build 命令（或按 F7 键）一次性完成编译与连接。对于初学者来说，还是提倡分别进行程序的编译和连接，因为程序出错的机会较多，最好等到上一步完全正确后再进行下一步。对于有经验的程序员来说，在对程序比较有把握时，可以一步完成编译与连接。

3.7.4 运行 Sy1.exe

执行 Build→Execute Sy1.exe 命令（或按 Ctrl＋F5 键），或单击工具栏上的 ! 按钮。

如图 3.21 所示即为该程序的运行结果。

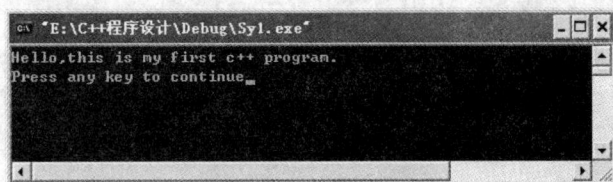

图 3.21 运行结果

输出结果的窗口中第一行是程序的输出：

```
Heoll,this is my first c++ program.
```

第二行的 Press any key to continue 并非程序所指定的输出，而是 Visual C++在输出完运行结果后由 Visual C++ 6.0 系统自动加上的一行信息，通知用户"按任意键继续"。当按任何一键后，输出窗口消失，返回到 Visual C++的主窗口，可以继续对源程序进行修改补充或进行其他操作。

完成对一个程序的操作后，执行 File→Close Workspace 命令，关闭工作空间，以结束对该程序的操作。

习　　题

1. 写出 C++基本程序的结构，说出程序的结构各有什么特点。
2. 什么是算法？
3. 写出下列程序的运行结果。请先阅读程序，分析应输出的结果，然后上机验证。

（1）程序

```cpp
#include<iostream.h>
void main()
{float d=3.2; int x,y;
x=1.2; y=(x+3.8)/5.0;
cout<< d*y;
}
```

（2）程序

```cpp
#include<iostream.h>
#include<iomanip.h>
void main()
{double f,d; long l; int i;
 i=20/3; f=20/3; l=20/3; d=20/3;
 cout<<setiosflags(ios::fixed)<<setprecision(2);
 cout<<"i="<<i<<"l="<<l<<endl<<"f="<<f<<"d="<<d;
}
```

（3）程序

```cpp
#include<iostream.h>
void main()
{int c1=1,c2=2,c3;
c3=1.0/c2*c1;
cout<<"c3="<<c3;
}
```

（4）程序

```cpp
#include<iostream.h>
void main()
{ int a=1, b=2;
a=a+b; b=a-b; a=a-b;
cout<<a<<","<<b;}
```

（5）程序

```cpp
#include<iostream.h>
void main()
{
int i,j,m,n;
i=8;
```

```
j=10;
m=++i;
n=j++;
cout<<i<<","<<j<<","<<m<<","<<n<<endl;
}
```

（6）程序

```
#include"iostream.h"
void main()
{char c1='a',c2='b',c3='c',c4='\101',c5='\116';
cout<<c1<<c2<<c3<<"\n";
cout<<"\tb"<<c4<<'\t'<<c5<<endl;
}
```

（7）程序

```
#include"iostream.h"
void main()
{char c1='C',c2='+',c3='+';
cout<<"I say:\""<<c1<<c2<<c3<<'\"';
cout<<"\t\t"<<"He says:\"C++ is very interesting!\""<<endl;
}
```

4. 下列程序的输出结果是 16.00，请填空。

```
#include<iostream.h>
#include<iomanip.h>
void main()
{int a=9, b=2;
float x= ___ , y=1.1,z;
  z=a/2+b*x/y+1/2;
cout<<setiosflags(ios::fixed)<<setprecision(2);
cout<<z <<"\n"; }
```

5. 要将 China 译成密码，密码规律是：用原字母后面第 4 个字母代替原来的字母。例如，字母 A 后面第 4 个字母是 E，用 E 代替 A。因此，China 应译为 Glmre。请编写一个程序，用赋初值的方法使 c1、c2、c3、c4、c5 5 个变量的值分别为 C、h、i、n、a，经过运算，使 c1、c2、c3、c4、c5 的值分别变为 G、l、m、r、e，并输出。

6. 若 a=3，b=4，c=5，x=1.2，y=2.4，z=−3.6，u=51274，n=128765，c1='a'，c2='b'，想得到以下的输出格式和结果，请写出程序（包括定义变量类型和设计输出）。要求输出的结果如下：

```
a= 3  b= 4  c= 5
x=1.200000,y=2.400000,z=-3.600000
x+y= 3.60  y+z=-1.20  z+x=-2.4
u= 51274  n=   128765
c1='a' or 97(ASCII)
c2='b' or 98(ASCII)
```

7. 设圆半径 $r=1.5$，圆柱高 $h=3$，求圆周长、圆面积、圆球表面积、圆柱体积。用键盘输入数据，输出计算结果，输出时要求有文字说明，取小数点后 2 位数字。请编写程序。

8. 输入一个华氏温度，要求输出摄氏温度。公式为

$$c=5/9*(F-32)$$

输出要有文字说明，取 2 位小数。

第4章 选择结构程序设计

顺序结构的程序是按照书写顺序来执行的，即从语句的第一条依次执行到最后一条，前面所列举的程序都是这样执行的。在继续学习编程的过程中，我们发现有时候需要程序自己决定该执行哪一种计算。比如，求一元二次方程解的过程中，要根据判别式的值是大于或等于零还是小于零来决定解是实数还是复数。这类问题需要使用选择结构程序来解决。选择结构程序，也称分支程序，如图 4.1 所示。此结构中必须包含一个判断框，根据给定的条件是否成立而选择执行块 1 或块 2。

值得注意的是，无论条件是否成立，只能执行块 1 或块 2 之一，不可能既执行块 1 又执行块 2。无论走哪一条路径，执行完块 1 或块 2 之后，流程都要到 d 点，然后脱离本选择结构。块 1 或块 2 两个框中可以有一个是空的，即不执行任何操作，如图 4.2 所示。

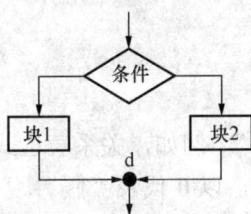

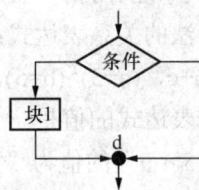

图 4.1 选择结构　　　　　　　　图 4.2 块 2 为空的选择结构

选择结构中的条件如何表达？用什么语句实现选择结构程序的设计？这些问题就是本章要讲述的内容。

4.1 关系运算和关系表达式

上面说的"条件"在程序中要用一个式子来表示，比如：a>b+2、c<8、b*b-4*a*c>0 等。这种式子显然不是算术表达式，它包括了">"和"<"比较符号；这些式子的值也不是数值，而是一个逻辑值（"真"或"假"）。因此"关系运算"实际上是"比较运算"，用来进行比较的符号称为关系运算符，上面这些式子称为关系表达式。

4.1.1 关系运算符及其优先次序

C++提供 6 种关系运算符，见表 4.1。

表 4.1　　　　　　　　　　　　　　　　关 系 运 算 符

符　号	意　义	优　先　级
>	大于	优先级相同（高）
>=	大于或等于	优先级相同（高）
<	小于	优先级相同（高）
<=	小于或等于	优先级相同（高）
==	等于	优先级相同（低）
!=	不等于	优先级相同（低）

（1）前四种关系运算符（<，<=，>，>=）的优先级别相同，后两种也相同。前四种高于后两种。例如，">"优先于"=="而与"<"相同。

（2）关系运算符的优先级低于算术运算符。

（3）关系运算符的优先级高于赋值运算符。

例如，表 4.2 列出一些包含关系运算符的式子，从中可以看出优先级。

表 4.2　　　　　　　　　　　关系运算符的优先次序示例

关系表达式	等价关系表达式	解　　释
c>a+b	c>(a+b)	c 的值是否大于 a+b 的值
a= =b<c	a= =(b<c)	a 的值是否等于(b<c)的值
a=b>c	a=(b>c)	将(b>c)的值赋给 a

4.1.2　关系表达式

用关系运算符将两个表达式连接起来的式子，称为关系表达式。其一般形式为

表达式　　关系运算符　　表达式

下面都是合法的关系表达式：

a>b, a+b>b+c, (a=3)>(b=5), 'a'<'b', (a>b)>(a>c)

注意：关系表达式的值是一个逻辑值，即"真"或"假"。例如，关系表达式"5= =3"的值为"假"，"5>=0"的值为"真"。C++中以 1 代表"真"，以 0 代表"假"。

设 a=3，b=2，c=1，表 4.3 中列出了一些关系表达式的值。

表 4.3　　　　　　　　　　　关系表达式的值

关系表达式	值	原　　因
(a>b)= =c	1	a>b 的值为 1，等于 c 的值，表达式的值为 1
b+c<a	0	先计算 b+c 的值，然后和 a 值比较，b+c<a 不成立
a>b	1	a>b 成立，值为 1
a>b>c	0	先执行 a>b，值为 1，再执行关系运算 1>c，值为 0

4.2　逻辑运算和逻辑表达式

关系表达式表示一个简单的条件，在实际问题中往往需要复杂的条件，即两个或两个以上的条件，例如，数学公式 0<x≤100 在 C++中表示为

x>0 && x<=100

这就是一个逻辑表达式。它的含义是：x>0 和 x≤100 同时满足，或者说 x>0 和 x≤100 同时为真。&&是 C++中表示"与"的逻辑运算符。

4.2.1　逻辑运算符

C++提供 3 种逻辑运算符，其意义和规则见表 4.4。

表 4.4   逻辑运算符及其意义

运算符	名 称	示 例	意 义
&&	逻辑与	a && b	若 a、b 同时为真，则 a && b 为真
||	逻辑或	a || b	若 a、b 之一为真，则 a || b 为真
！	逻辑非	!a	若 a 为真，则！a 为假；若 a 为假，则！a 为真

注意："&&"和"||"是二目运算符，要求有两个运算量（操作数），如(a>b) && (x>y)、(a>b)|| (x<y)等，而"！"是一目运算符，只要求有一个运算量，如!(a>b)。

表 4.5 为各种逻辑运算符的"真值表"，表示 a 和 b 为不同组合时，各种逻辑运算得到的值。

表 4.5   逻辑运算的真值表

a	b	! a	! b	a && b	a || b
真	真	假	假	真	真
真	假	假	真	假	真
假	真	真	假	假	真
假	假	真	真	假	假

4.2.2 逻辑表达式

用逻辑运算符把两个表达式连接的式子，就是逻辑表达式。如(a<b) && (c<d)，逻辑表达式的值是一个逻辑量"真"或"假"。C++编译系统在给出逻辑运算结果时，以数值 1 代表"真"，以 0 代表"假"，但在判断一个量是否为"真"时，以 0 为"假"，以非 0 为"真"。也就是说，在判断时，对于所有非 0 的数值，其逻辑值均为"真"，如表 4.6 的示例。

表 4.6   逻 辑 运 算 的 示 例

前 提	逻辑表达式	值	原 因
a=2	! a	0	a 的值为非 0，被认作"真"，对它进行非运算，得"假"，"假"以 0 代表
a=4，b=5	a && b	1	a 和 b 的值均为非 0，被认为是"真"，因此，a && b 的值也为"真"，值为 1
a、b 的值同上	a || b	1	a 和 b 的值均为非 0，被认为是"真"，因此，a || b 的值也为"真"，值为 1
a、b 的值同上	!a || b	1	! a 的值为假，b 的值均为非 0，即"真"，! a || b 的值也为"真"，值为 1

通过这几个例子可以看出，由系统给出的逻辑运算结果不是 0 就是 1，不可能是其他数值，而在逻辑表达式中作为参加逻辑运算的运算对象（操作数）却可以是 0（"假"）或任何非 0 的数值（按"真"对待）。如果在一个表达式中不同位置上出现数值，应先区分哪些是作为数值或关系运算的对象，哪些是作为逻辑运算的对象。

4.2.3 逻辑表达式求值的优先次序

在一个逻辑表达式中，含有算术运算符、关系运算符和逻辑运算符，在求值时按照图 4.3 所示的优先次序运算。例如：

(a > b) && (x > y)等价于 a > b && x > y；

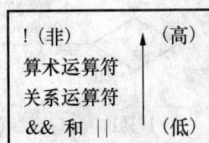

```
! （非）        （高）
算术运算符
关系运算符        ↑
&& 和 ||        （低）
```

图 4.3 运算的优先次序

((!a)+b)||(a>b) 等价于 !a+b|| a>b。

【例 4.1】 求下列表达式的值。

7>5 && 9< 5-!0

表达式自左至右扫描求解，方法如下：

首先处理"7>5"（因为关系运算符优先于&&）。关系运算符两侧的 7 和 5 作为数值参加关系运算，"7>5"的值为 1。再进行"1 && 9< 5-!0"的运算，9 的左侧为"&&"，右侧为"<"运算符，根据优先次序先进行"<"运算，即先进行"9< 5-!0"运算，由于！的级别最高，因此先进行"!0"的运算，得到结果 1。然后进行"5-1"的运算,得到结果为 4，再进行"9< 5"的运算，结果为 0，最后进行"1 && 0"的运算，结果为 0。

如果题目为：

5>7 && 9< 5-!0

当计算机从左到右扫描表达式时，首先按照运算优先级，计算 5>7 得到结果 0；按照运算优先级应该计算&&左边的表达式"9< 5-!0"的值，由于 0 和任何值进行与（&&）的运算，结果都为零，因此，&&左边的表达式"9< 5-!0"不再进行运算，整个表达式的值为 0（假）。

例如：设有如下定义：

int a=1，b=2，c=3，d=4，m=2，n=2；则执行表达式：（m=a>b）&&(n=c>d)后，n 的值不变，即仍为 2，而不是 0（c>d 的值）。

需要指出的是：逻辑运算两侧的运算对象不但可以是 0 和 1，或者是 0 和非 0 的整数，也可以是任何类型的数据，如字符型、实型等，最终以 0 和非 0 来判定它们属于"真"还是"假"。例如：

'c' && 'd'

的值为 1（因为'c'和'd'的 ASCII 码都不是 0，按"真"处理）。

综上所述，可将表 4.5 改写成表 4.7 的形式。

表 4.7 逻辑运算的真值表

a	b	!a	!b	a&&b	a‖b
非 0	非 0	0	0	1	1
非 0	0	0	1	0	1
0	非 0	1	0	0	1
0	0	1	1	0	0

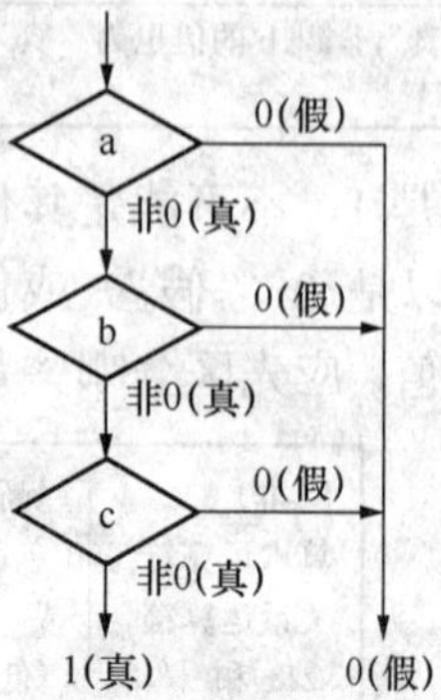

图 4.4 逻辑与的计算过程

注意：在逻辑表达式的计算中，并不是所有的逻辑运算符都被执行，只有在必须执行下一个逻辑运算符才能求出表达式的解时，才执行该运算符。例如：

（1）a &&b && c。只有 a 为"真"（非 0）时，才需要判别 b 的值，只有 a、b 都为"真"时才需要判别 c 的值。只要 a 为"假"，就不必判别 b 和 c 的值（此时整个表达式已确定为"假"）。如果 a 为"真"，b 为"假"，不判别 c，如图 4.4 所示。

（2）a‖b‖c。只要 a 为"真"（非 0），就不必判断 b 和 c；只有 a 为"假"，才判断 b；a 和 b 都为"假"才判别 c，如图 4.5 所示。

【例 4.2】 已知 a＝0.5，b＝2.0，c＝1.2，d＝7.5，x＝3.0，y＝5.0，L1＝6，求下列表达式的值。

a>3.6*b&&x==y || L1&&!(3.6-c)*2>=3*d/2.5

解 （1）求括号(3.6-c)值为 2.4。

（2）进行！2.4 运算，结果为 0。

（3）进行算术运算符的计算，从左到右计算，3.6*b 值为 7.2，0*2 值为 0，3*d/2.5 值为 9.0。

（4）进行关系运算符的计算，从左到右计算，a>7.2 结果为 0（"假"），（x==y 结果为 0，这个式子不用计算，这是因为 a>3.6*b 的结果已经是 0 了），0>=9.0 结果为 0（"假"）。

（5）进行逻辑运算符的计算，从左到右计算，0&&x==y 结果为 0，0||L1 结果为 1（"真"），1&&0 结果为 0（"假"）。

图 4.5 逻辑或的计算过程

熟练掌握 C++中的关系运算符和逻辑运算符后，可以巧妙地用一个逻辑表达式表示一些复杂的条件。

（1）a 或 b 大于 c，逻辑表达式为 a>c||b>c。

（2）a 是偶数，逻辑表达式为 a%2==0。

（3）判别某一年 year 是否为闰年。判断闰年的条件为下面两者之一：①能被 4 整除，但不能被 100 整除；②能被 4 整除，又能被 400 整除。用一个逻辑表达式表示如下：

(year%4==0 && year%100 != 0) || year%400 == 0

year 为某一整数值时，若上述表达式为真，则 year 为闰年，否则为非闰年。

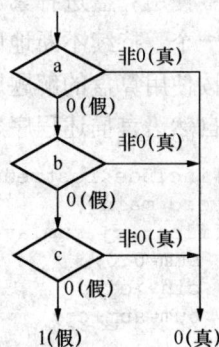

4.3 实现选择结构程序设计的语句

假设需要编写程序统计电气 07-1 班 C++程序设计课程的总成绩和平均成绩。

分析：用 a1，a2，…，a32（该班有 32 名学生）存放每人的成绩。

计算公式为①总成绩 sum＝a1＋a2＋…＋a31＋a32；②平均成绩 aver＝sum/32。

程序：

```
#include<iostream.h>
void main()
{float a1,a2,a3,…,a32,sum,aver;
a1=60;
a2=70;
a3=59;
…
a32=90;
sum=a1+a2+…+a32;
aver=sum/32;
cout<<sum<<aver;}
```

按题意分析，这样的思路和算法没有错误，但程序书写中是不允许使用省略号来代替语句的，如果把所有的语句都写出来，程序则会显得冗长。这个题目仅仅是统计一个班的成绩，如果要计算全校学生的平均成绩，按照这样的算法编写程序，显然就失去了编程计算的意义。

试想一下，其实这个题目的难点在于如何用少量的变量和语句实现多个数据的求和，可以借鉴使用算盘进行累加的方法,首先把算盘珠上下摆好归零,然后,读一个成绩就在算盘上加一个,持续不断地读入和累加,直到所有成绩全部加完,最后求出平均分。

按使用算盘的解题思路,修改程序。

自然语言描述程序 a:

```
#include<iostream.h>
void main()
{float cj,sum,aver;
  sum=0.0;
  cin>>cj;
  sum=sum+cj;
```

去读下一个人的成绩

```
aver=sum/32;
cout<<"sum="<<sum<<"aver="<<aver<<endl;}
```

C++程序 b:

```
    #include<iostream.h>
    void main()
    {float cj,sum,aver;
    sum=0.0;
p10: cin>>cj;
    sum=sum+cj;
    goto p10;
    aver=sum/32;
    cout<<"sum="<<sum<<"aver="<<aver<<endl;}
```

程序中用 cin>>cj;语句读入每个人的成绩,"去读下一个人的成绩",就是将流程转到 cin 语句处再次读入,"到…地方去",英文可以用 goto 来表示,上面的 C++程序 b 中,就是使用了 goto p10;将程序的流程转到 cin 处,目的是读入下一个人的成绩。

goto 语句是一个无条件转移语句。其格式为:

goto 语句标号;

其中,语句标号的命名服从 C++中标识符的命名规则,比如:goto loop_1;正确,goto 123;则不合法。

其功能为使程序的流程无条件地转移到语句标号所在的语句继续执行。

再看 C++程序 b,程序执行到 goto p10;时,流程就无条件地转移到标号为 p10 的语句去执行了,那就意味着,goto p10;后面的两条语句将永远得不到执行,而且程序也会陷入无穷的循环往复而无法停止,这在 C++程序设计中是不允许的,如何修改才能符合题意呢?

经过分析,我们发现需要统计成绩的人数是一个定值,是否可以在人数上做文章呢?因为根据题意,要计算一个班 32 个人的平均成绩,只需要规定当被计算的人数小于或等于 32 时,就继续读入成绩,并进行累加,否则,停止读入和累加,然后计算平均成绩并输出。这样,就需要一个计数器,每当一个成绩被读入并累加后,计数器就加 1,通过计数器的值和 32 的比较来判断,当计数器值大于 32,成绩读入和累加过程结束,程序转去求平均分并输出。用程序来实现,程序中用变量 i 进行计数,修改程序 a。

自然语言描述程序 aa:

```
#include<iostream.h>
void main()
```

```
{float cj,sum=0.0,aver;
 int i=0;
cin>>cj;
sum=sum+cj;
i=i+1;
如果 i<32 去读下一个人的成绩
aver=sum/32;
cout<<"sum="<<sum<<"aver="<<aver<<endl;}
```

程序 aa 中的"如果 i<32 去读下一个人的成绩"是自然语言的描述,如果用程序设计语言来编写,则可得到程序 bb。

C++程序 bb:

```
      #include<iostream.h>
      void main()
      {float cj,sum=0.0,aver;
      int i=0;
p10:  cin>>cj;
      sum=sum+cj;
      i=i+1;
      if(i<32)goto p10;
      aver=sum/32;
      cout<<"sum="<<sum<<"aver="<<aver<<endl;}
```

程序 aa 中的判断"如果 i<32(就是还没加完所有同学的成绩)去读下一个人的成绩",当条件不满足(就是已经加完了所有的成绩)时,程序将继续往下执行,通过 aver=sum/32;求得平均分,最后输出结果,程序结束。

"如果"一词,英文可以用 if 来表示,上面的程序 bb 中,就是使用了 if(i<32)goto p10;,当关系表达式 i<32 值为真时,程序的流程将转到 p10:cin>>cj;处,目的是读下一个人的成绩;条件不满足就不执行 goto 语句,继续往下执行求取平均分数,最后输出结果,程序结束。

if 语句是实现选择结构程序设计的必备语句,它的功能是判定所给定的条件是否满足,根据判定的结果决定执行给出的两种操作之一的控制语句。它有 3 种形式。下面将叙述各种形式的格式、执行过程及如何使用。

在讲述这些问题之前,先来讨论一下刚才的程序用到了哪些编程技巧和常用的算法。程序中:sum=sum+cj;是求和,意思是将 sum 的值加上 cj 的值再赋给 sum,第一次执行时 sum 的初值是 0,将 0+cj 赋予 sum,如果给 cj 输入 60,则 sum 就是 60;第二次执行时 sum 的值是 60,将 60+cj 赋予 sum,……从而实现累加。i=i+1;也是累加,但每次加的都是 1,所以也叫计数。变量 sum 是累加变量,i 是计数变量,使用前要先赋初值 0。

4.3.1 简单 if 语句

格式:if(表达式)语句

执行过程:如图 4.6 所示,当表达式的值为 1(非 0)时,执行后面的语句,然后执行 if 语句下面的语句;否则,直接执行 if 语句下面的语句。

【例 4.3】 计算一个数的绝对值。

分析:设输入的数为 x,绝对值为 y。输入 x 之后,先使 y=x,若 y 小于 0,则使其等于它的相反数。

算法如下。

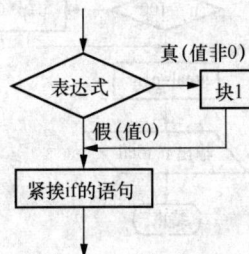

图 4.6 if 语句的执行过程

（1）输入 x。

（2）y＝x。

（3）如果 y<0，则 y＝－y，反之，保持原值。

（4）输出 y。

程序：

```
#include <iostream.h>
void main()
{
    int x,y;
    cout<<"Enter a integer:";
    cin>>x;
    y=x;
    if(x<0)y=-y;
    cout<<"integer: "<<x<<"→absolute value: "<<y<<endl;
}
```

运行程序，输入数据 5，结果如下：

```
Enter a integer: 5✓
Integer:5 →absolute value: 5
```

运行程序，输入数据－30，结果如下：

```
Enter a integer: -30✓
Integer:-30 →absolute value: 30
```

【例 4.4】 某货物单价 850 元，若买 100 个以上（包含 100）按九五折优惠。输入购买个数，求总款数。

分析：单价 p＝850，n 是购买个数，总款数 total。

由题意有

$$total = p*n, \quad p = \begin{cases} p & (n<100) \\ p*0.95 & (n \geqslant 100) \end{cases}$$

程序：

```
#include <iostream.h>
void main()
{
float p=850.0,total;
int n;
cin>>n;
if(n>=100) p=p*0.95;
total=p*n;
cout<<"n="<<n<<"total="<<total<<endl;
}
```

当购买的个数 n 是 100 以上，即 n>=100 的值为"真"，执行 p＝p*0.95，然后求总款数；否则，不执行 p＝p*0.95，直接求总款数。如图 4.7 所示为流程图。

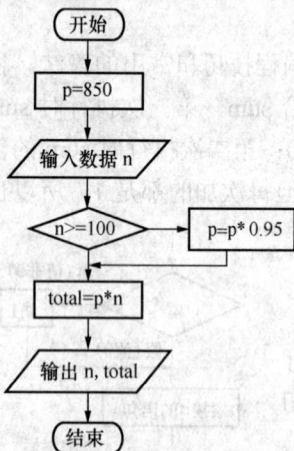

图 4.7 例 4.4 的流程图

【例 4.5】 输入两个整数，由大到小顺序输出这两个数。

分析：将这两个数存放到变量 a、b 中。

（1）输入 a、b。

（2）如果 a<b，则 a⇔b（表示交换 a、b 的值）。

（3）输出 a、b。

流程图如图 4.8 所示。

程序：

```
#include"iostream.h"
void main()
{ int a,b,t;
  cout<<"Enter a,b value: ";
  cin>>a>>b;
  if(a<b)
    {t=a;a=b;b=t;}
  cout<<"Resualt: "<<a<<","<<b; }
```

运行结果：

```
Enter a,b value:5,9✓
Resualt: 9,5
```

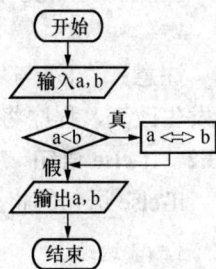

图 4.8　例 4.5 流程图

若要求在条件成立时执行一系列的语句，如上例，可用"{"与"}"把需要执行的一系列语句括起来，这里，"{"和"}"称为语句括号，由"{"和"}"括起来的内容称为"复合语句"。无论包括多少条语句，复合语句从逻辑上讲，被看成是一条语句。复合语句在分支结构、循环结构中，使用十分广泛。

【例 4.6】　求分段函数 $y＝f(x)$ 的值，$f(x)$ 的表达式如下

$$f(x)=\begin{cases} x^2-1 & (x \geqslant 0) \\ x^2+1 & (x<0) \end{cases}$$

编写程序如下：

```
#include <iostream.h>
void main()
{
    float x,y;
    cout<<"Pleace input x: ";
    cin>>x;
    if(x>=0)
        {
            y=x*x-1;
            cout<<"y="<<y<<endl;
        }
    if(x<0)
        {
            y=x*x+1;
            cout<<"y="<<y<<endl;
        }
}
```

运行结果为：

```
Pleace input x:5✓
y=24
```

```
Pleace input x:-1↙
y=2
```

注意："{"与"}"一定要加上，以限定不同语句之间的关系。否则程序运行的顺序就会发生改变，程序将不会按照预想输出结果（请读者上机比较一下两种情况的结果）。

4.3.2　if-else 语句

if-else 语句的格式为

```
if(表达式)
    {
      块1
    }
else
    {
      块2
    }
```

其中块 1、块 2 若只有一条语句，则"{"与"}"可以省略。

执行过程：如图 4.9 所示，它表示若条件成立，则执行块 1，否则执行块 2。执行完块 1 或块 2 之后将去执行 if 语句的后续语句。

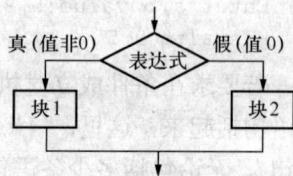

为叙述方便，我们称 if-else 为块 if，称块 1 为 if 块、块 2 为 else 块。

图 4.9　if-else 语句的执行过程

巧用块 if 可以简化程序的书写，前面的例 4.6 程序可以简写为：

```
#include <iostream.h>
void main()
{
    float x,y;
    cout<<"Pleace input x: ";
    cin>>x;
    if(x>=0)
        y=x*x-1;                 //if 块,只有一条语句,省略了花括号
    else
        y=x*x+1;                 //else 块,只有一条语句,省略了花括号
    cout<<"y="<<y<<endl;
}
```

运行结果同前。

这里顺便提一下程序书写的缩排问题，所谓缩排，就是下一行与上一行相比，行首向右缩进若干字符，如上例的 y=x*x−1;和 y=x*x+1;等。适当的缩排能使程序的结构层次清晰、一目了然，增强程序的易读性。因此，初学者应该从一开始就养成一个比较好的书写习惯，包括必要的注释、适当的空行以及缩排。

注意：else 语句要和 if 语句配对出现。

【例 4.7】　求一元二次方程式 $ax^2+bx+c=0$ 的根。

分析：当 $b^2-4ac \geqslant 0$ 时，有两个实根；当 $b^2-4ac<0$ 时，有两个虚根。

计算公式为 $d=b^2-4ac$，两个实根为 $x_{1,2}=(-b \pm \sqrt{d})/2a$，虚根为 $x_{1,2}=-b/2a \pm i\sqrt{-d}/2a$

流程图如图 4.10 所示。

程序：

```
#include"iostream.h"
#include"math.h"
void main()
{ float a,b,c,d,x1,x2,t;
 cin>>a>>b>>c;
 d=b*b-4*a*c;
 t=2*a;
 if(d>=0)                    //输出两个实根
 {x1=(-b+sqrt(d))/t;
 x2=(-b-sqrt(d))/t;
cout<<"x1="<<x1<<"x2="<<x2<<endl;
 }
else
   { cout<<"x1="<<-b/t<<"+"<<sqrt(-d)/t<<"i"<<endl;      //else 块
     cout<<"x1="<<-b/t<<"-"<<sqrt(-d)/t<<"i"<<endl;      //计算并输出两个虚根
   }
}
```

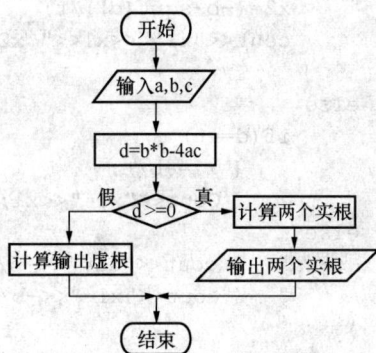

图 4.10 例 4.7 流程图

4.3.3 if 语句的嵌套

在例 4.7 中，如果对判别式 b^2-4ac 分为大于零、等于零和小于零 3 种情况进行处理，当其不大于零时，还要判断是等于零还是小于零，如图 4.11 所示为流程图。

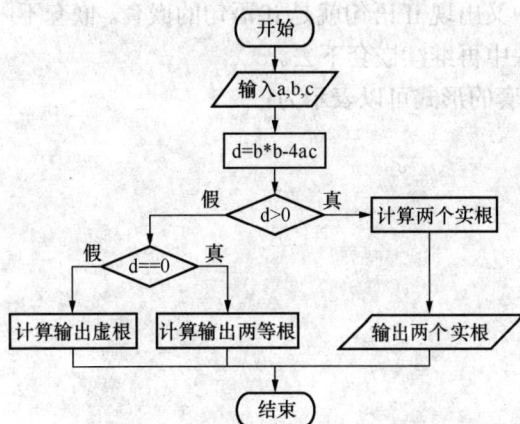

图 4.11 判别式大于零、等于零和小于零时的流程图

程序：

```
#include"iostream.h"
#include"math.h"
void main()
{
float a,b,c,d,x1,x2,t;
cin>>a>>b>>c;
d=b*b-4*a*c;
t=2*a;
if(d>0)
   { x1=(-b+sqrt(d))/t;
```

```
        x2=(-b-sqrt(d))/t;
        cout<<"x1="<<x1<<" x2="<<x2<<endl;
     }
else
     if(d==0)                          //else 块中嵌套块 if
         { x1=-b/t;
           Cout<<"x1="<<x1;}
else
         { cout<<"x1="<<-b/t<<"+"<<sqrt(-d)/t<<"i"<<endl;
           cout<<"x1="<<-b/t<<"-"<<sqrt(-d)/t<<"i"<<endl;}
}
```

运行结果：

```
2,4,1 ✓
x1=-0.29,x2=-1.71
1,2,1 ✓
x1=x2=-1.00
4,2,3 ✓
x1=-0.25+0.83i
x2=-0.25-0.83i
```

当 d>0 不成立时，不能断定 d 是等于零还是小于零，所以在 if 语句的 else 块中又要判断 d 是否等于 0，如果 d==0 成立，则计算两个相等的实根，否则，计算两个虚根。像这样在 if 语句的 if 块中或 else 块中又出现 if 语句就是 if 语句的嵌套。嵌套不限于两层，如果需要可以在第二层的 if 块或 else 块中再继续嵌套下去。

综上所述，if-else 嵌套的形式可以表示为：

```
if(条件表达式 1)
    if(条件表达式 2)
        if 块 2
    else
        else 块 2
else
    if(条件表达式 3)
        if 块 3
    else
        else 块 3
```

应注意 if 与 else 的配对关系。else 总是与它上面最近的 if 配对，例如写成：

```
if(条件表达式 1)
    if(条件表达式 2)
        if 块 1
else
    if(条件表达式 3)
        if 块 2
    else
        else 块 2
```

编程者把第一个 else 写在与第一个 if（外层 if）同一列上，企图使 else 与第一个 if 对应，但实际上 else 会与第二个 if 配对，因为它们相距最近。本例也说明了 C++中并不是以空格或书写格式来分隔不同的语句，切分不同语句要看语句的逻辑关系。

如果 if 与 else 的数目不等，为了使程序清晰、明确，也可以人为增加"{"和"}"来确定配对关系。例如：

```
if(条件表达式 1)
    {if(条件表达式 2)
        if 块 2
    }
else
    {if(条件表达式 3)
        if 块 3
    else
        else 块 3}
```

这时，"{"与"}"限定了 if 语句的范围，使得第一个 else 与第一个 if 配对。

【**例 4.8**】 征收税款，税率与收入有关，若规定收入 1000 以下按收入的 3%征收税款，1000~2000 元按 4%征收，2000~3000 元按 5%征收，3000 以上按 6%征收。要求：输入总收入，求出税款额。

分析：收入用变量 A 表示，税率用变量 r 表示，则税款 T 为 r*A。根据收入的多少，r 具有不同的值。

图 4.12 所示为流程图。

程序如下：

```
#include <iostream.h>
void main()
{ double A,r,T;
  cout<<"Enter A: ";
  cin>>A;
  if(A<1000)
    r=0.03;
  else
    if(A<2000)
      r=0.04;
    else
      if(A<3000)
        r=0.05;
      else
        r=0.06;
  T=A*r;
  cout<<"A="<<A<<"r="<<r;
  cout<<"T="<<T<<endl;
}
```

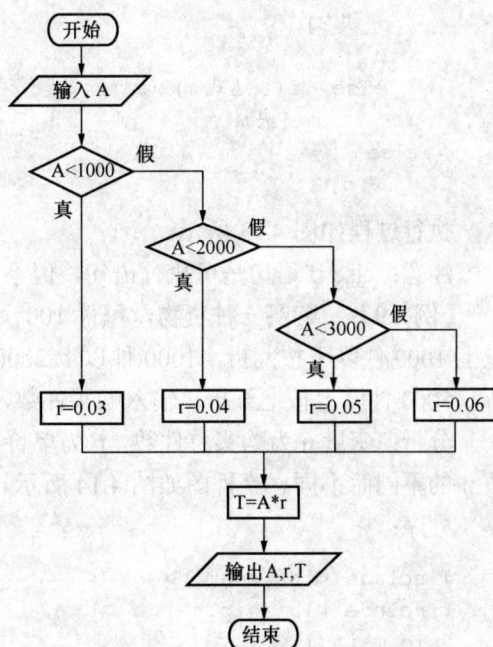

图 4.12 例 4.8 程序流程图

该例中在外层的 if-else 语句中嵌套了两层 if-else 语句，而且都是在 else 块中嵌套的，如果税率的档次分得再细，那么嵌套的层数就越多，像这样在 else 块中嵌套时，就可以使用 else if 语句，使程序更加简洁，程序如下所示：

```
#include <iostream.h>
void main()
```

```
{ double A,r,T;
 cout<<"Enter A: ";
 cin>>A;
 if(A<1000)
    r=0.03;
else  if(A<2000)
       r=0.04;
       else if(A<3000)
             r=0.05;
             else
             r=0.06;
T=A*r;
cout<<"A="<<A<<"r="<<r;
cout<<"T="<<T<<endl;
}
```

4.3.4　else if 语句

其格式为：

```
if(表达式 1)
   {块 1}
else if(表达式 2)
   {块 2}
   else if(表达式 3)
     { 块 3}
     …
       else if(表达式 m)
             {块 m}
     else
       {块 n}
```

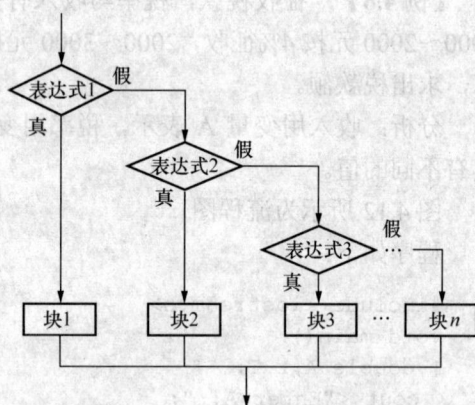

图 4.13　else if 语句执行过程

执行过程如图 4.13 所示。

注意：else if 语句是可执行语句，但不能单独使用，必须在 if 语句中使用。

【例 4.9】　购买一种货物，每件 100 元。购 100 件以上 500 件以下，按九五折，500 件以上 1000 件以下按九折，1000 件以上 2000 件以下按八五折，2000 件以上 5000 件以下按八折，5000 件以上按七五折。输入购买件数，求总款数。

分析：变量 n 为购买总件数，p 为单价，Total 为总款数。Total＝n*p，p 的值根据购买件数 n 的不同而不同。流程图如图 4.14 所示。

程序：

```
#include <iostream.h>
#include <iomanip.h>
void main()
{float Total,p=100.0;
int n;
cin>>n;
if(n>=5000)
  p=p*0.75;
else if(n>=2000)
     p=p*0.8;
```

```
        else if(n>=1000)
            p=p*0.85;
          else if(n>=500)
             p=p*0.9;
            else if(n>=100)
            p=p*0.95;
Total=n*p;
cout<<"n="<<n<<"p="<<p<<"\n";
cout<<setiosflags(ios::fixed)<<setprecision(2);
cout<<"Total="<<Total<<endl;
}
```

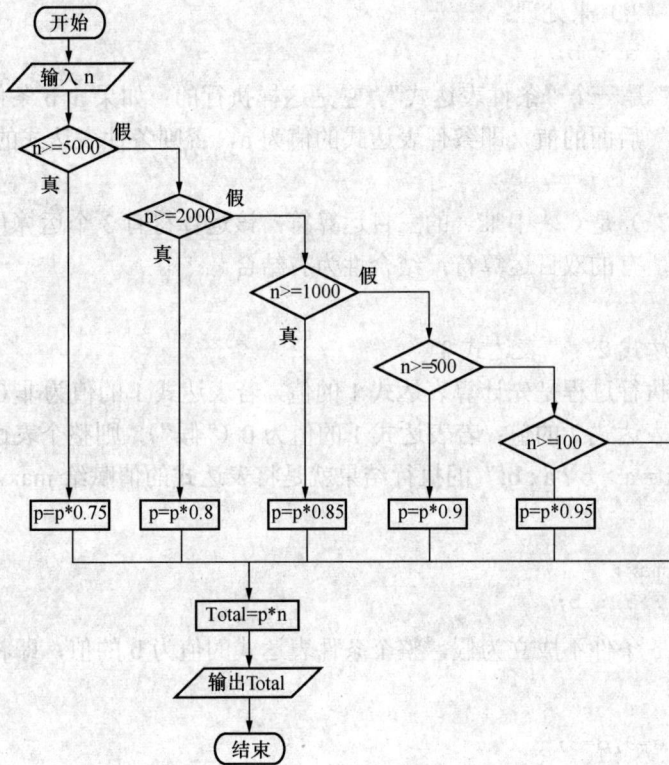

图 4.14 例 4.9 程序流程图

运行结果：

```
45 ✓
n=45p=100.00
Total=4500.00

105 ✓
n=105p=95.00
Total=9975.00

505 ✓
n=505p=90.00
Total=45450.00
```

```
5000 ✓
n=5000p=75.00
Total=375000.00
```

4.3.5 条件运算符及表达式

如果在 if 语句中，当被判别的表达式的值为"真"或"假"时，都执行一个赋值语句且给同一个变量赋值，就可以使用条件运算符来处理。例如，如果有 if 语句

```
if(a>b) max=a;
else   max=b;
```

可以用条件运算符（?:）来处理：

```
max = a > b ? a : b;
```

其中"a > b ? a : b;"是一个"条件表达式"。它是这样执行的：如果 a>b 条件为真，则条件表达式的值就取"?"后面的值，即条件表达式的值为 a，否则条件表达式的值为":"后面的值，即 b。

条件运算符（?:）是 C++中唯一的三目运算符，该运算符有 3 个运算量。它的优先级高于赋值运算符低于所有的双目运算符，结合性为右结合。

一般格式为：

表达式 1 ? 表达式 2 ： 表达式 3

条件运算符的执行过程是先计算表达式 1 的值，若表达式 1 的值为非 0（"真"），则整个表达式的结果值为表达式 2 的值；若表达式 1 的值为 0（"假"），则整个表达式的结果值为表达式 3 的值。"max = a > b ? a : b;"的执行结果就是将表达式的值赋给 max。

例如：

```
int a=5,b=7,max;
max = a > b ? a : b;
```

上述语句中 a>b 条件不成立为假，整个条件表达式的值为 b 的值，即将 7 赋给 max。

再如：

```
int a=5,b=7,c=9,d=3;
max = a > b ? a : c > d ? c : d ;
```

由于条件运算符的结合性为右结合，因此该语句等价于

```
max = a > b ? a :( c > d ? c : d );
```

首先求得括号中条件表达式的结果为 c 的值 9，再求赋值号右边的整个条件表达式的结果也为 9，最后将 9 赋给 max。

说明：条件表达式中，表达式 1 的类型可以与表达式 2 和表达式 3 的类型不同。如：

x? 'a': 'b'

如果定义 x 为整型变量，若 x=0，则条件表达式的值为字符 b 的 ASCII 码。表达式 2 和表达式 3 的类型也可以不一样，此时条件表达式的值的类型为两者中较高的类型。如：

x>y?1:1.5

如果 x>y 的值为"假"，则条件表达式的值为 1.5；如果 x>y 的值为"真"，则条件表达式的值应为 1。由于 C++把 1.5 按双精度数处理，双精度的类型比整型高，因此，将 1 转换

成双精度数，作为表达式的值。

4.3.6 switch 语句

前面介绍的 if 语句只有两个分支可供选择，而实际应用中常常遇到多个分支选择的问题。C++语言专门提供一个多分支语句 switch，也称为开关语句。它的一般形式为：

```
switch(表达式)
{ case  常量表达式 1: 语句块 1;break;
  case  常量表达式 2: 语句块 2;break;
  …
  case  常量表达式 n: 语句块 n;break;
  default:          语句块 n+1;
}
```

其中，switch、case、default 都是关键字；switch 后面圆括号内的"表达式"既可以是整型表达式或整型变量，也可以是字符型表达式或字符变量等；"常量表达式 1"、"常量表达式 2"、……"常量表达式 n"，它们和"表达式"值的类型相对应，可以是整型常量、字符型常量等；"语句块"可以是一段程序或一组语句。break 的作用是中止 switch 结构，流程转到 switch 语句的大花括号之外。

执行过程：先计算 switch 后面圆括号内表达式的值，将该值与常量表达式 1、常量表达式 2、……常量表达式 n 相比较，当表达式的值与某一个 case 后面常量表达式的值相等时，就执行该 case 后面的语句块；执行完语句块遇到 break 语句时，则退出 switch 结构，执行该结构后面的语句；如果执行完该语句块没有遇到 break 语句，则接着执行下一个语句块，直到遇到 break 语句，再退出 switch 结构；如果其后的语句块中都没有 break 语句，则依次执行其后的每一个语句块，直到 switch 结构的右花括号为止，退出 switch 结构，执行该结构后面的语句；若表达式的值与所有 case 后面常量表达式的值都不相等，就执行 default 后面的语句块，执行完该语句块遇到右花括号即退出 switch 结构。

【例 4.10】 给出一百分制成绩，要求输出成绩等级 A、B、C、D、E。90 分以上为 A，80～89 分为 B，70～79 分为 C，60～69 分为 D，60 分以下为 E。

程序 1：

```
#include <iostream.h>
void main()
{int g;
cin>>g;
switch (g/10)
{ case 10: cout<<"A"<<endl;
  case 9: cout<<"A"<<endl;
  case 8: cout<<"B"<<endl;
  case 7: cout<<"C"<<endl;
  case 6: cout<<"D"<<endl;
  default:cout<<"E"<<endl;
}
}
```

输入 100，结果为：

100 ✓

```
A
A
B
C
D
E
```

当输入成绩为 100 时，g/10 等于 10，和第一个 case 后面的常量相等，执行 cout<<"A"<<endl; 输出一个字符"A"，按 switch 的执行过程继续执行下面的语句，得到的运行结果显然不符合题意，应该在每个 case 的语句块后加上 break 语句，使流程退出 switch 结构，如程序 2 所示。

程序 2：

```
#include <iostream.h>
void main()
{ int x;
  cin>>x;
  switch(x/10)
  { case 10: cout<<'A'; break;
    case 9: cout<<'A'; break;
    case 8: cout<<'B'; break;
    case 7: cout<<'C'; break;
    case 6: cout<<'D'; break;
    default: cout<<'E'; break;
  }
  cout<<endl;
}
```

输入 100，结果为：

```
100 ✓
A
```

输入 45，结果为：

```
45 ✓
E
```

说明：

（1）每个 case 后面的常量表达式的值必须互不相同，且其位置任意。

（2）多个 case 可以共用一组语句块。例如，上面的例子前两个 case 可以改为：

```
case 10:
case 9: cout<<'A'; break;
```

习 题

1．C++语言中如何表示"真"和"假"？

2．写出下面各逻辑表达式的值。设 a=3，b=4，c=5。

（1）a+b>c && b==c

（2）a||b==c && b-c

（3）!(a>b) && ! c||1

（4）! (a+b)+c-1 && b+c/2

3．写出下列程序的运行结果。

（1）程序：

```cpp
#include<iostream.h>
void main()
{ int  a,b,c=246;
  a=c/100%9;
  b=(-1)&&(-1);
  cout<<a<<","<<b;
}
```

（2）程序：

```cpp
#include<iostream.h>
void main()
{ int m=5;
if(m++>5) cout<<m;
else  cout<<m--;}
```

（3）程序：

```cpp
#include<iostream.h>
void main()
{int a=1,b=3,c=5,d=4,x;
if(a<b)
    if(c<d) x=1;
    else
        if(a<c)
            if(b<d) x=2;
            else x=3;
        else x=6;
else x=7;
cout<<"x="<<x;}
```

（4）程序：

```cpp
#include<iostream.h>
void main()
{ float x=2.0,y;
 if(x<0.0) y=0.0;
 else if(x<10.0) y=1.0/x;
        else y=1.0;
 cout<<y;
 }
```

（5）程序：

```cpp
#include<iostream.h>
void main()
{ int a=4,b=5,c=0,d;
d=!a&&!b||!c;
cout<<d<<endl;
}
```

（6）程序：

```
#include<iostream.h>
void main()
{
    int x,y;
    cout<<"Enter x and y:";
    cin>>x>>y;
    if (x!=y)
        if (x>y)
            cout<<"x>y"<<endl;
        else
            cout<<"x<y"<<endl;
else
    cout<<"x=y"<<endl;
}
```

（7）程序：

```
#include <iostream.h>
void main(void)
{
 int day;
 cin >> day;
 switch (day)
 {
     case 0:    cout << "Sunday" << endl;  break;
     case 1:    cout << "Monday" << endl;  break;
     case 2:    cout << "Tuesday" << endl; break;
     case 3:    cout << "Wednesday" << endl;break;
     case 4:    cout << "Thursday" << endl;break;
     case 5:    cout << "Friday" << endl;  break;
     case 6:    cout << "Saturday" << endl;break;
   default:cout << "Day out of range Sunday .. Saturday" <<endl;break;
 }
    }
```

4. 在执行以下程序时，为了使输出结果为 t＝4，则给 a 和 b 输入的值应满足什么条件？

```
#include<iostream.h>
void main()
{ int s,t,a,b;
cin>>a>>b;
s=1; t=1;
if(a>0)s=s+1;
if(a>b)t=s+1;
else if(a= =b)t=5;
    else t=2*s;
cout<<"t="<<t<<endl;
}
```

5. 有一个函数

$$y=\begin{cases} x^2-1 & (x<1) \\ 2x-1 & (1\leqslant x<10) \\ 3x-11 & (x\geqslant10) \end{cases}$$

编写一个程序，输入 x 值，输出 y 值。

6．有 3 个数 a、b、c，由键盘输入，输出其中最大的数。

7．给定一个不多于 5 位的正整数，要求：①求它是几位数；②分别打印出每一位数字；③按逆序打印出各位数字。例如：原数为 321，应输出 123。

8．给出一百分制成绩，要求输出成绩等级 A、B、C、D、E。90 分以上为 A，80～89 分为 B，70～79 分为 C，60～69 分为 D，60 分以下为 E。

9．企业发放的奖金根据利润提成。利润 I 低于或者等于 10 万元时，奖金可提成 10%；利润高于 10 万，低于 20 万时（$100000<I\leqslant200000$），其中 10 万元按照 10% 提成，高于 10 万元的部分，可提成 7.5%；$200000<I\leqslant400000$ 时，其中 20 万元仍按上述办法提成（下同），高于 20 万元的部分按照 5% 提成；$400000<I\leqslant600000$ 时，高于 40 万元的部分按照 3% 提成；$600000<I\leqslant1000000$ 时，高于 60 万元的部分按照 1.5% 提成；$I>1000000$ 时，超过 100 万的部分按照 1% 提成，从键盘输入当月利润 I，求应发放奖金总数。

要求：①用 if 语句编写程序；②用 switch 语句编写程序。

第5章 循环结构程序设计

5.1 循 环 的 概 念

上一章已经编程实现了计算电气07-1班C++程序设计课程的总成绩和平均成绩的任务，让我们来回顾一下当时的实现方法：

```
#include<iostream.h>
void main()
{float cj,sum=0.0,aver;
int i=0;
p10: cin>>cj;
sum=sum+cj;
i=i+1;
if(i<32)goto p10;
aver=sum/32;
cout<<"sum="<<sum;
cout<<"aver="<<aver<<endl;}
```

（重复执行）

在很多实际问题中，存在着像上面题目中的"读入和累加"这样具有规律性的重复操作，因此在程序中就需要重复执行某些语句。像这样重复的执行就称为"循环"，一组被重复执行的语句叫做循环体。能否继续重复，取决于循环的终止条件。循环语句是由循环体及循环的终止条件两部分组成的。上述程序也可以写成以下形式：

```
#include<iostream.h>
void main()
{float cj,sum=0.0,aver;
int i=0;
p10: if(i<32)
{ cin>>cj;;
sum=sum+cj;
i=i+1;
goto p10;}
aver=sum/32;
cout<<"sum="<<sum;
cout<<"aver="<<aver<<endl;}
```

这两个程序中的第一个是先执行循环体，后判定条件是否满足，这样的循环称为直到型循环；第二个是先判定条件是否满足，如果条件满足，则执行循环体，这种循环称为当型循环。用goto语句构成循环的一般形式分为当型循环和直到型循环两类。

1. 当型循环

一般形式：

```
S1:if(表达式)
{ 语句
goto S1 }
```

执行过程如图 5.1 所示。

2. 直到型循环

一般形式：

```
S1: {
        语句  }
     if(表达式)goto S1
```

执行过程如图 5.2 所示。

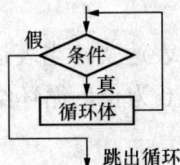

图 5.1　当型循环

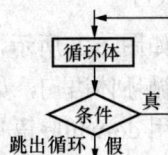

图 5.2　直到型循环

5.2　循环结构的实现

在上述例题中用 goto 语句实现了循环结构，然而结构化程序设计要求在程序中尽量避免使用 goto 语句，因此，C++提供了实现循环结构的各种语句，如 while、for 等语句。

5.2.1　用 while 语句构成当型循环

while 语句的一般形式：

```
while (表达式)
   { 语句 }
```

其执行过程如图 5.1 所示。当表达式为非 0 值时，执行 while 语句内嵌的语句即循环体；当表达式的值为 0 时，跳出 while 循环，执行 while 循环下面的语句。

【例 5.1】　编程序计算 $1+2+3+4+\cdots+100$ 的值。流程图如图 5.3 所示。

根据流程图写出程序：

```
#include<iostream.h>
void main( )
{ int i ;
  int sum = 0 ;
  i = 1;
  while ( i <= 100 )
  {  sum = sum + i;
     i ++;
  }
cout<<"sum="<<sum<<endl;
}
```

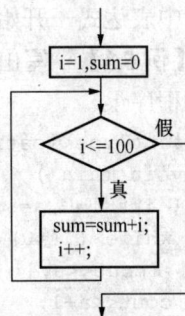

图 5.3　例 5.1 算法示意图

运行结果为：

```
sum=5050
```

注意：

（1）循环体中如果只包含一条语句，则花括号可以省略。

（2）循环体中必须有使循环趋于结束的语句。例如，本例中循环结束的条件是 i>100，因此在循环体中应该有使 i 值增加的语句，最终导致 i>100，使循环结束，本例用 i++;语句来达到此目的。如果无此语句，则 i 的值始终不变，循环永不结束，即为死循环。

5.2.2 用 do-while 语句构成直到型循环

do-while 语句的一般形式：

```
do
  { 语句 }
while(表达式);
```

其执行过程如图 5.2 所示，先执行一次循环体，然后判别表达式，当表达式的值为非 0 时，则返回执行循环体语句，如此反复，直到表达式的值等于 0 为止，循环结束。

【例 5.2】 用 do-while 语句设计例 5.1 的程序。

流程图见图 5.4。

根据流程图写出程序：

```
#include<iostream.h>
void main( )
{ int i ;
  int sum = 0 ;
  i = 1;
  do
    { sum = sum + i;
      i ++;
    }
  while ( i <= 100 );
  cout<<"sum="<<sum;
}
```

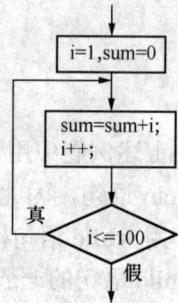

图 5.4 例 5.2 算法示意图

可以看到，对同一个问题可以用 while 语句处理，也可以用 do-while 语句处理，两者的结构可以相互转换。一般情况下，用 while 语句和 do-while 语句处理同一问题时，若两者的循环体部分是一样的，则它们的结果也是一样的。如例 5.1 和例 5.2 所示。但是，如果 while 语句中表达式一开始就为 0（"假"），两种循环的结果就不同了。请看下面的例子。

【例 5.3】 写出下面程序的运行结果。

程序 1：

```
#include<iostream.h>
void main()
{ int i=0,a=8;
 while (i!=0)
  {cout<<a;}
 cout<<a+1;
}
```

运行结果为：

9

程序 2：

```
#include<iostream.h>
void main()
{int i=0,a=8;
 do
  {cout<<a;}
  while(i!=0);
cout<<"  "<<a+1;}
```

运行结果为：

8 9

可以看到，由于 while 语句中的表达式为 0，程序 1 循环体中的语句 cout<<a;一次也没有执行；而程序 2 循环体中的语句 cout<<a;被执行了一次。因此可以说，当 while 语句中的表达式的值一开始为"真"（非 0）时，两种循环得到相同的结果，否则两者结果不相同（两者

具有相同循环体的情况下)。

结论: while 语句先判断再执行循环体,do-while 语句先执行循环体再判断;while 语句可一次也不执行循环体,do-while 语句至少执行一次循环体;两者的结构可以互换。

【例 5.4】　使一批正数相加。这批正数由键盘输入,当输入完所有需要累加的正数后,再输入一个 -1.0 作为"结束标志"。

分析:读入一个数 x,判断它是否大于 0,如果是则进行累加,否则就结束此过程。累加和放在 sum 中。流程图如图 5.5 所示。

程序:

```cpp
#include<iomanip.h>
#include<iostream.h>
void main()
{float sum=0.0,x;
 cin>>x;
 while(x>0)
  { sum=sum+x;
    cin>>x; }
cout<<setiosflags(ios::fixed)<<setprecision(2);
cout<<"sum="<<sum;}
```

运行结果为:

```
1 ✓
4 ✓
3 ✓
-1 ✓
sum=8.00
```

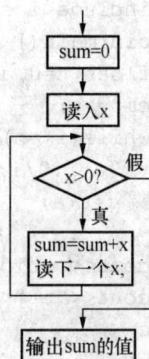

图 5.5　例 5.4 程序流程图

【例 5.5】　求 $t=1+2+2^2+2^3+\cdots+2^n+2^{n+1}$ 的值,直到 t 的值大于或等于 10 000 为止。

分析:用变量 t 存放各项的累加和,n 代表 2 的幂次。将 2^n 加到 t 中,然后 n 的值加 1,重复以上过程,直到 $t \geqslant 10000$ 时结束,打印 t、n 的值。其中 n 从 0 开始。如图 5.6 所示为程序流程图。

程序:

```cpp
#include<math.h>
#include<iomanip.h>
#include<iostream.h>
void main()
{float t=0.0; int n=0;
 do  {t=t+pow(2,n);
     n=n+1; }
while(t<10000);
cout<<"n="<<n<<endl;
cout<<setiosflags(ios::fixed)<<setprecision(2);
cout<<"t="<<t<<endl; }
```

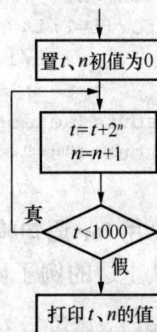

图 5.6　例 5.5 程序流程图

运行结果为:

```
n=14
t=16383.00
```

【例 5.6】　编程序计算：$T=1+\dfrac{1}{2}+\dfrac{1}{3}+\dfrac{1}{4}+\cdots+\dfrac{1}{n}$。

分析：通项式 $a_i=1/i$，求 $\sum\limits_{i=1}^{n}a_i$，给出 n 值，循环 n 次，每次循环时，累加一个 a_i 即可。

流程图如图 5.7 所示。

程序 a：

```
#include<iomanip.h>
#include<iostream.h>
void main()
{float t=0,a; int i=1,n;
 cin>>n;
 while(i<=n)
    {a=1.0/i;
    t=t+a;
    i++;  }
 cout<<setiosflags(ios::fixed)<<setprecision(2);
 cout<<"t="<<t<<endl;
}
```

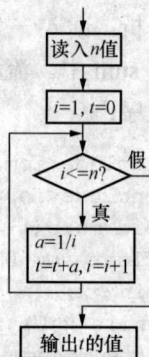

图 5.7　例 5.6 程序流程图

运行结果：

```
4 ✓
t=2.08
```

在此例中，如果 n 给定，在循环之前就知道循环的次数，此时就可以使用 for 循环，如下面的程序 b，使用 for 语句简单、方便。

程序 b：

```
#include<iomanip.h>
#include<iostream.h>
void main()
{float t=0,a; int i,n;
 cin>>n;
 for(i=1;i<=n;i++)
    {a=1.0/i;
     t=t+a;}
 cout<<setiosflags(ios::fixed)<<setprecision(2);
 cout<<"t="<<t<<endl;
}
```

5.2.3　用 for 语句构成循环

从上边的例子可以知道，使用 for 语句构成的是当型循环。其格式为：

for(表达式 1;表达式 2;表达式 3)
　　　　{ 语句 }

其中：表达式 1 为循环变量赋初值；表达式 2 为循环控制条件；表达式 3 为循环变量增值；表达式 1 等号左边的变量为循环变量。

执行过程如下。

（1）求解表达式 1。

（2）计算表达式 2，若其值为"真"（非 0），则执行循环体，然后执行下面第（3）步；否则，结束循环，转到第（5）步继续执行。

（3）执行循环体后，循环变量增值（执行表达式 3）。

（4）返回第（2）步继续执行。

（5）循环结束，执行 for 语句下面的一条语句。

如图 5.8 所示为 for 语句的执行过程。

用 for 语句实现例 5.1，程序为：

```
#include<iostream.h>
void main()
{ int i, sum = 0 ;
for(i=1; i <= 100;i++)
    {sum = sum + i;}
cout<<sum ) ;
}
```

它的执行过程与图 5.3 完全一样。

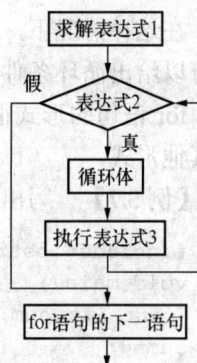

图 5.8　for 语句的执行过程

说明：

（1）for 语句非常灵活、简便，循环前不知道循环次数也可以使用。

（2）for 语句中的"表达式 1"可以省略，此时应在 for 语句之前给循环变量赋初值。注意省略表达式 1 时，其后的分号不能省略。如"for(;i<=100;i++) sum=sum+i;"执行时跳过求解表达式 1 这一步，其他不变。

（3）for 语句中的"表达式 2"也可以省略，此时认为表达式 2 始终为真。

例如：

```
for(i=1; ;i++) sum=sum+i;
```

相当于

```
i=1;
while(1)
 {sum=sum+i;
  i++;  }
```

流程图如图 5.9 所示。由于表达式 2 始终为真，循环将无休止地进行下去，即死循环。通过在循环体中合理使用 break 语句可以避免死循环。

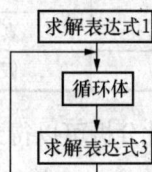

图 5.9　省略表达式 2 的流程图

（4）表达式 3 也可以省略，但此时应设法保证循环能正常结束。例如：

```
for(i=1; i<=100;)
    {sum=sum+i;
     i++; }
```

for 语句中只有表达式 1 和表达式 2，而没有表达式 3。i++的操作不放在 for 语句中表达式 3 的位置，而作为循环体的一部分，效果是一样的，也能达到使循环正常结束的效果。

（5）可以省略表达式 1 和表达式 3，只有表达式 2。例如：

```
for(; i<=100;)
    {sum=sum+i;
     i++; }
```

相当于

```
while( i<=100)
    {sum=sum+i;
     i++; }
```

在这种情况下，for 语句完全等同于 while 语句。可见 for 语句功能强大，用法灵活，除了可以给出循环条件，还可以给循环变量赋初值，使循环变量自动增值。

for 语句的形式很多，建议初学者熟练使用 for 语句的标准形式后，再尝试活用 for 语句的其他形式。

【例 5.7】 写出下列程序的运行结果。

```
#include<iostream.h>
void main()
{ int i,k,sum;
sum=0;
for(i=1;i<=3;i++)
{ k=i*i;
  cout<<"i="<<i<<"k="<<k;
  sum=sum+i;}
cout<<"\n"<<"i="<<i<<"sum="<<sum;
}
```

分析：循环变量的初值是 1，条件是小于或等于 3，增量是 1。循环体是程序中的斜体部分。程序执行过程中的变量变化见表 5.1。

表 5.1　　　　　　　　　　　程序执行过程中的变量变化

i 的值	i<=3	k 值	输出 i、k 的值	sum	i++
1	真	1	i=1, k=1	1	2
2	真	4	i=2, k=4	3	3
3	真	9	i=3, k=9	6	4
4	假		跳出循环，执行 for 下面语句		

由此分析可以得到运行结果为：

```
i=1k=1i=2k=4 i=3k=9
i=4sum=6
```

【例 5.8】 打印九九乘法表。

分析：要求打印出如下的形式。

```
                    j=1;j<=9;j++
        1 * 1=1   1 * 2=2   1 * 3=3 … 1 * 9=9
        2 * 1=2   2 * 2=4   2 * 3=6 … 2 * 9=18
i=1;i<=9;i++  3 * 1=3   3 * 2=6   3 * 3=9 … 3 * 9=27
                         …
        9 * 1=9   9 * 2=18   9 * 3=27…9 * 9=81
```

首先看第一行的输出形式，*运算符的左边都是 1，为常量，右边则为一个变化的量，分别为 1，2，…，9（加底纹的），这样的数据变化可以用 for(j=1;j<=9;j++)循环来表示，程序

片段如下：

```
for(j=1;j<=9;j++)
 cout<<1<<"*"<<j<<"="<<1*j<<"  ";
```

再看第二行的输出形式，除了*运算符左边的常量 1 变为常量 2 之外，其他部分都和第一行相同，可用类似的代码表示：

```
for(j=1;j<=9;j++)
 cout<<2<<"*"<<j<<"="<<2*j<<"  ";
```

以此类推，我们可以容易地得到这样的结论，第 i 行的输出循环可以写为：

```
for(j=1;j<=9;j++)
 cout<<i<<"*"<<j<<"="<<i*j<<"  ";
```

我们可以写出 9 个 for 语句来实现整个九九乘法表的输出。把第 i 行输出的 for 循环描述为一条语句"第 i 行输出"，则可以构造一个新的 for 循环如下：

```
for(i=1;i<=9;i++)
 第 i 行输出;
```

因此一个九九乘法表的程序代码可以写为：

```
for(i=1;i<=9;i++)
{for(j=1;j<=9;j++)
  {cj=i*j;
   cout<<i<<"*"<<j<<"="<<cj;
  }
cout<<endl;
}
```

i 为 1 时，执行 for(j=1;j<=9;j++)，输出第一行数据，这个循环结束后执行 cout<<endl;使输出换行，i 为 2 时，执行 for(j=1;j<=9;j++)，输出第二行数据，……，i 是 9 时，执行 for(j=1;j<=9;j++)，输出第九行数据。下面是完整的程序。

```
#include<iostream.h>
void main()
{ int i,j,cj;
for(i=1;i<=9;i++)
    {for(j=1;j<=9;j++)
       {cj=i*j;
        cout<<i<<"*"<<j<<"="<<cj<<"  ";
      }
   cout<<"\n";}
}
```

运行结果为：

```
1*1=1   1*2=2   1*3=3   1*4=4   1*5=5   1*6=6   1*7=7   1*8=8   1*9=9
2*1=2   2*2=4   2*3=6   2*4=8   2*5=10  2*6=12  2*7=14  2*8=16  2*9=18
3*1=3   3*2=6   3*3=9   3*4=12  3*5=15  3*6=18  3*7=21  3*8=24  3*9=27
4*1=4   4*2=8   4*3=12  4*4=16  4*5=20  4*6=24  4*7=28  4*8=32  4*9=36
5*1=5   5*2=10  5*3=15  5*4=20  5*5=25  5*6=30  5*7=35  5*8=40  5*9=45
6*1=6   6*2=12  6*3=18  6*4=24  6*5=30  6*6=36  6*7=42  6*8=48  6*9=54
```

```
7*1=7    7*2=14   7*3=21   7*4=28   7*5=35   7*6=42   7*7=49   7*8=56   7*9=63
8*1=8    8*2=16   8*3=24   8*4=32   8*5=40   8*6=48   8*7=56   8*8=64   8*9=72
9*1=9    9*2=18   9*3=27   9*4=36   9*5=45   9*6=54   9*7=63   9*8=72   9*9=81
```

分析以下结果不难看出，当 i 是 1 时输出一个数据，当 i 是 2 时输出两个数据，……，当 i 是 9 时输出九个数据。只要把 for(j=1;j<=9;j++)语句中的条件改为 j<=i;即可。

如何修改程序使其输出结果如下所示？

```
1*1=1
2*1=2    2*2=4
3*1=3    3*2=6    3*3=9
4*1=4    4*2=8    4*3=12   4*4=16
5*1=5    5*2=10   5*3=15   5*4=20   5*5=25
6*1=6    6*2=12   6*3=18   6*4=24   6*5=30   6*6=36
7*1=7    7*2=14   7*3=21   7*4=28   7*5=35   7*6=42   7*7=49
8*1=8    8*2=16   8*3=24   8*4=32   8*5=40   8*6=48   8*7=56   8*8=64
9*1=9    9*2=18   9*3=27   9*4=36   9*5=45   9*6=54   9*7=63   9*8=72   9*9=81
```

5.3 循 环 的 嵌 套

例 5.8 中使用了两个 for 语句，而且 for(j=1;j<=9;j++)循环被完整的包含在 for(i=1;i<=9;i++)循环体内，像这样一个循环体内又包含另一个完整的循环结构，称为循环的嵌套。内嵌的循环中还可以嵌套循环，这就是多层嵌套。

【例 5.9】 编程求 1！+3！+5！+7！。

分析：求一个数 m 的阶乘 m!=1*2*3*…*m-1*m，可以用下面的程序段实现。

```
…
cin>>m;
jc=1;
for(k=1;k<=m;k++)
 jc=jc*k;
 …
```

使用变量 jc 存放数 m 的阶乘，循环变量 k 从 1 到 m，重复执行 jc=jc*k;求得 m 的阶乘，值得注意的是：变量 jc 是累乘的，所以给其赋初值 1。

本例中求 1、3、5、7 阶乘之和，即 m 的值分别为 1、3、5、7，可以用一个循环来控制，如 for(m=1;m<=7;m=m+2)，循环变量的增量是 2。每求完一个数的阶乘还将其累加，用变量 sum 放阶乘的累加和，如 sum=sum+jc;。完整的程序如下：

```
#include<iostream.h>
#include<iomanip.h>
void main()
{ int jc,k,m;
  float sum=0.0;
  for(m=1;m<=7;m=m+2)
    { jc=1;
      for(k=1;k<=m;k++)
```

```
        jc=jc*k;
    sum=sum+jc;
    }
    cout<<setiosflags(ios::fixed)<<setprecision(2);
    cout<<"sum="<<sum;
}
```

运行结果为：

```
sum=5167.00
```

三种循环语句可以互相嵌套。下面几种都是合法的形式。

(1) while( )
```
    { …
        while( )
        { …  }
    }
```

(2) do
```
    { …
    do
    {…}
    while();
    }
    while();
```

(3) for(;;)
```
    {
    for(;;)
        {…}
    }
```

(4) while()
```
    { …
    do
    {…}
    while();
     …
    }
```

(5) for(;;)
```
    {
    while()
      {…}
    …
    }
```

(6) do
```
    { :
    for(;;)
    {…}
    }
    while();
```

5.4　循环辅助控制 break 语句和 continue 语句

1．break 语句

在 4.3 节中已经介绍过用 break 语句可以使流程跳出 switch 结构，继续执行 switch 语句下面的语句。break 语句也可以用于循环体内。

break 语句的格式为：

```
break;
```

作用为：

用于循环体中，使程序从当前循环中退出，如图 5.10 所示。

在循环体中遇到 break 语句，流程从循环体内跳出循环体，即提前结束循环，接着执行循环体下面的语句。

例如：

```cpp
#include<iostream.h>
void main()
{ int k,sum=0;
  for(k=1;k<=100;k++)
   {sum=sum+k;
    if(sum>200) break;
   }
  cout<<"sum="<<sum;
 }
```

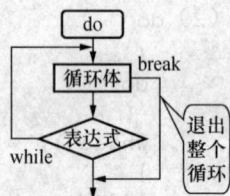

图 5.10　break 语句的作用

程序计算 1～100 的和，当和大于 200 时，就跳出循环，后面的就不再加了。跳出循环后输出 sum 的值。

运行结果为：

```
sum=210
```

值得注意的是 break 语句只能用于循环语句和 switch 语句内，不能单独使用或用于其他语句中。

2．continue 语句

continue 语句的格式为：

```
continue;
```

作用为：

用于循环体中，使程序从本次循环中退出，继续下一次循环，如图 5.11 所示。

【例 5.10】　写出下列程序的运行结果。

程序 a：

```cpp
#include<iostream.h>
void main()
{ int i;
 for(i=1;i<8;i++)
   {if(i%2==0)
     cout<<"$"<<i;
   else
```

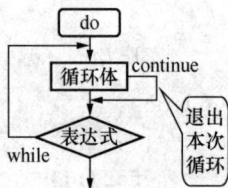

图 5.11　continue 语句的作用

```
        cout<<i;
  cout<<"**";
  }
 }
```

程序 a 的运行结果为：

1**$2**3**$4**5**$6**7**

程序 b：

```
#include<iostream.h>
void main()
{ int i;
  for(i=1;i<8;i++)
   {if(i%2==0)
        continue;
      else
        cout<<i;
      cout<<"**";
   }
}
```

程序 b 的运行结果为：

1**3**5**7**

在程序 b 中，当 i%2 为零时，执行 continue 语句，if 语句下面的 cout<<"**";语句不执行，即执行 i++运算，结束本次循环，进入下一次循环。程序 b 可以写成如下形式：

```
#include<iostream.h>
void main()
{ int i;
  for(i=1;i<8;i++)
   if(i%2!=0)
    {cout<<i;
     cout<<"**";
    }
}
```

习　　题

1. 写出下列程序的运行结果。

（1）程序：

```
#include<iostream.h>
void main()
{int num= 0;
 while(num<=2)
   {num++; cout<<num<<endl;}
}
```

（2）程序：

```cpp
#include<iostream.h>
void main()
{int i,j,x=0;
 for(i=0;i<2;i++)
   {x++;
    for(j=0;j<=3;j++)
      {if(j%2) continue;
       x++;}
   }
 cout<<"x="<<x<<"\n";
}
```

（3）程序：

```cpp
#include<iostream.h>
void main()
{int a,b;
 for(a=1, b=1; a<=100; a++)
   {
    if(b>=10) break;
    if(b%3==1) b+=3;
   }
cout<<a<<"\n";
}
```

（4）程序：

```cpp
#include<iostream.h>
void main()
{int i,sum=0;
 for(i=1;i<=3;i++,sum++) sum+=i;
 cout<<sum<<"\n";
}
```

（5）程序：

```cpp
#include <iostream.h>
void main(void)
{
 int n, right_digit, newnum = 0;
 cout << "Enter the number: ";
 cin >> n;
 cout << "The number in reverse order is  ";
 do
 {
    right_digit = n % 10;
    cout << right_digit;
    n /= 10;
 }
 while (n != 0);
 cout<<endl;
}
```

2. 要求以下程序的功能是计算：s＝1＋1/2＋1/3＋…＋1/10。

```
#include<iostream.h>
void main()
{int n;
 float s;
 s=1.0;
 for(n=10;n>1;n--)
   s=s+1/n;
 cout<<s<<"\n ";
}
```

程序运行后输出结果错误，导致错误结果的程序行是（　　　）

A）s=1.0;

B）for(n=10;n>1;n--);

C）s=s+1/n;

D）cout<<s<<"\n"。

3. 有以下程序

```
#include<iostream.h>
void main()
{int s=0,a=1,n;
 cin>>n;
 do
   {s+=1; a=a-2;}
 while(a!=n);
 cout<<s<<"\n";
}
```

若要使程序的输出值为2，则应该从键盘给 n 输入的值是（　　　）

A）-1;　　　　B）-3;　　　　C）-5;　　　　　D）0。

4. 以下程序的功能是：按顺序读入 10 名学生 4 门课程的成绩，计算出每位学生的平均分并输出。

```
#include<iostream.h>
void main()
{int n,k;
 float score,sum,ave;
 sum=0.0;
 for(n=1;n<=10;n++)
   {
   for(k=1;k<=4;k++)
     {cin>>score; sum+=score;}
   ave=sum/4.0;
   cout<<"NO: "<<n<<"平均分"<<ave<<"\n";
   }
}
```

上述程序运行后结果不正确，调试中发现有一条语句出现在程序中的位置不正确。这条语句是（　　　）

A）sum=0.0;

B）sum+=score;

C）ave=sum/4.0;

D）cout<<"NO:"<<n<<"平均分"<<ave<<"\n"

5. 设有以下程序:

```cpp
#include<iostream.h>
void main()
{ int n1,n2;
cin>>n2;
while(n2!=0)
 { n1=n2%10;
   n2=n2/10;
   cout<<n1;
 }
}
```

程序运行后, 如果从键盘上输入 1298, 则输出结果为 (　　　)。

6. 输入两个正整数 m 和 n, 编程序求其最大公约数和最小公倍数。

7. 打印出所有的 "水仙花数"。所谓 "水仙花数" 是指一个 3 位数, 其各位数字的立方和等于该数本身。例如, 153 是一个 "水仙花数", 因为 $153 = 1^3 + 5^3 + 3^3$。

8. 一个数恰好等于它的因子之和, 这个数就称为 "完数"。例如, 6 的因子为 1、2、3, 而 $6 = 1 + 2 + 3$, 因此 6 是 "完数"。编程序找出 1000 以内的所有 "完数"。

9. 有一个分数序列

$$\frac{2}{1}, \frac{3}{2}, \frac{5}{3}, \frac{8}{5}, \frac{13}{8}, \frac{21}{13}, \cdots$$

求出这个数列的前 20 项之和。

10. 一个球从 100 米高度自由落下, 每一次落地后反弹回原高度的一半, 再落下, 求它在第 10 次落地时, 共经过多少米? 第 10 次反弹多高?

第6章 函 数

编写较大的程序时，由于任务相对复杂，程序篇幅大，因此会给设计、调试、阅读带来困难。如果能将任务合理划分，对功能相对简单的子任务进行单独设计和调试，又能通过某种机制将这些子任务连接成完整的程序，将大大提高程序设计的效率。函数便体现了这样的设计思想。

要掌握函数的使用，必须理解函数调用时的内部调用机制，以及与此相关的内存分配机制、变量的生命周期和作用域。本章还将介绍递归算法、函数重载、内联函数、默认参数以及编译预处理和多文件组织等。

6.1 函数的定义和调用

6.1.1 函数概述

函数是 C++程序的基本模块。编程时往往将一些功能相对独立或经常使用的操作抽象出来，定义为函数。这些函数可以被重复使用，而且使用时只要考虑其功能和接口即可。

任何一个 C++程序都是由若干个函数组成的，其中有一个函数称为主函数，它是程序执行的入口函数，VC++的控制台变成由用户定义为 main( )函数，而 Windows 编程则由编译器定义为 WinMain( )函数。一般一个函数既可以调用其他函数，也可以被其他函数调用，但主函数只能调用其他函数，而不能被调用。如图 6.1 所示为函数调用的层次关系。

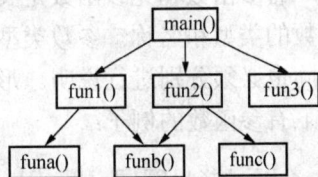

图 6.1 函数调用的层次关系

函数按其是否为系统预定义分为两类。一类是编译器预定义的，称库函数或标准函数，如一些常用的数学计算函数、字符串处理函数、图形处理函数、输入/输出标准函数等。这些库函数都是按功能分类的，集中说明在不同的头文件中，用户只需在自己的程序中包含某个头文件，就可以使用该文件中定义的函数。关于文件包含将在 6.10 节中介绍。另一类是用户自定义函数，用户可以根据需要将某个具有相对独立功能的程序定义为函数。函数按是否拥有参数可分为有参函数和无参函数。

6.1.2 函数的定义

一个函数包含函数头和函数体两部分，函数头定义函数功能和接口的全部要素，包括函数名、函数参数、函数返回值等内容；函数体则定义函数的算法实现。函数必须先定义后使用。

1. 无参函数

定义格式为：

```
<数据类型> 函数名([void])
{
函数体
}
```

其中，数据类型指函数返回值的类型，可以是任一种标准的或已经定义的数据类型，若省略则返回整型值（但新标准要求写明，不用省略形式）。有些函数只是完成某个操作而不是求一个值，则应将返回值类型定义为 void，表示没有返回值。函数名采用合法标识符表示。对于无参函数，参数中的 void 通常省略，但括号不能省略。函数体由一系列语句组成。函数体可以为空，成为空函数。空函数一般不具有实际意义，但在某种特殊场合可留待扩充时使用。看一个无参函数的例子：

```
void TableHead( )
{
    cout<<"***********************"<<endl;
    cout<<"        example        "<<endl;
    cout<<"***********************"<<endl;
}
```

该函数的功能是打印一个表头。

2. 有参函数

有参函数的定义格式为：

```
<数据类型> 函数名(数据类型 1 形式参数 1[,数据类型 2 形式参数 2,…])
{
函数体
}
```

有参函数和无参函数定义的区别仅在于参数表部分。有参函数的参数表中列出所有形式参数的类型和名称。参数类型可以是任一种标准类型或已定义的其他类型。各参数即使类型相同也必须分别进行说明。形式参数简称形参，只能是变量名，不允许是常量或表达式。看以下有参函数的例子：

```
int max(int a,int b)
{
    return(a>=b?a:b);
}
```

该函数的功能是返回两个整数中的较大数。

根据参数和返回值的情况，函数可以有以下 4 种形式：

（1）获取参数并返回值。如上例中的 max( )函数。

（2）获取参数但不返回值。例如：

```
void delay(long n)
{
    int i;
    for(i=0;i<n;i++);              //延时一段时间
}
```

（3）不获取参数但返回值。例如：

```
int input()                 //输入满足要求的数据
{   int n;
    cout<<"输入一个大于 5 的整数"<<endl;
    do
        cin>>n;
```

```
    while(n<=5);
    return n;
}
```

（4）不获取参数也不返回值。例如：

```
void PrintMessage()
{
cout<<"That's all!" <<endl;                //输出一条信息
}
```

使用函数首先要进行功能抽象，即确定函数头，尤其是确定需要哪些形参，其次再考虑函数的算法实现。进行功能抽象是将函数看作"黑匣子"，只关心做什么，即函数的加工对象是什么，函数结果是什么，加工对象必须列在形参表中，函数结果则体现为返回值类型，算法实现如果涉及更多变量，则这些变量应定义在函数体内。

【例 6.1】　定义一个函数，判断一个数是否为素数。

首先定义函数头。

函数名：prime

形式参数（也就是加工对象）：一个整数 m

函数值的类型（函数结果）：整型

那就写出函数头：

```
int prime(int m)
```

剩下的函数体就与在主函数里实现判断一个数是否为素数一样了，只不过是在自定义函数里一般不需要输入，因为原始数据从主调函数中拿来，而计算结果也要返回到主调函数中。

判断一个数是否为素数的函数如下：

```
int prime(int m)
{   int i, yes=1;
    for(i=2;i<=m/2;i++)
        if(m%i==0){yes=0;break;}
    return(yes);
}
```

【例 6.2】　写一个函数，求两个实数之和。

首先定义函数头。

函数名：sum。

形式参数（也就是加工对象）：两个实数 a，b。

函数值的类型（函数结果）：实型。

那就写出函数头及函数体：

```
float sum (float a, float b)
{
    return(a+b);
}
```

另外需要注意，C++中不允许函数的嵌套定义，即不允许在一个函数中定义另一个函数。如下面的定义是非法的：

```
void func1()
{
     func2(){…}
     …
}
```

6.1.3　函数的调用

除主函数外，其他任何函数都不能单独运行，函数功能的实现是通过被主函数直接或间接调用进行的。函数调用就是使函数转去执行函数体。

无参函数的调用形式为：

函数名()

有参函数的调用形式为：

函数名(实际参数表)

其中，实际参数简称实参，用来将实际的值传递给形参，因此可以是常量、有值的变量或表达式。

调用无返回值的函数实际上是完成某个功能操作，因此可以单独成为函数调用语句，即调用格式加分号；而调用有返回值的函数是将产生一个数据值，因此函数调用通常出现在表达式中，让返回值参与表达式运算，如赋值输出等。

【例 6.3】　输入两个实数，输出其中的较大数。其中，求两个实数中的较大数用函数完成。

首先定义函数头：

函数名：max.

形式参数：两个实数 x 和 y。

返回值：实数。

那函数首部就是：

```
float max(float x, float y)
```

而主函数的功能就相对简单了：

① 输入原始数据。

② 调用 max 函数。

③ 输出结果。

而本例还可将第二和第三部分结合起来，一边调用，一边就把结果打印出来。本例完整程序如下：

```
#include<iostream.h>
float max(float x,float y)
{
if(x>y)return x;
else return y;
}
void main()
{
    float x,y;
     cout<<"输入两个实数: "<<endl;
```

```
cin>>x>>y;
cout<<x<<"和"<<y<<"中的较大数为"<<max(x,y)<<endl;
}
```

运行结果为：

输入两个实数：
2.5 4.7↙
2.5 和 4.7 中的较大数为 4.7

该程序的执行过程可以如图 6.2 所示。程序由主函数开始执行，当执行到函数调用语句时，转去执行函数体语句。当执行到函数中的 return 语句或标志函数结束的"}"时，返回到调用处，继续执行调用语句之后的语句。

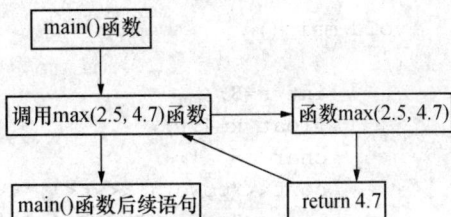

图 6.2 函数调用过程

请读者自己写一下例 6.1 和例 6.2 的主函数和完整程序。

6.2 函数的参数传递、返回值调用及函数声明

引入函数主要有两个目的，第一是降低问题的复杂度，把大任务划分成若干规模较小的任务便于各个击破；第二是减少重复代码的编写，将一些需要多次出现，功能相对独立的代码段作为一个函数，可以只编写一次，但多次调用，提高编程效率，同时也增加程序的可读性。

既然有了函数，主调函数和被调函数之间就存在着数据传递，首先是调用时主调函数应该将原始数据传递给被调函数，其次是当被调函数执行完毕之后，将计算结果传递给主调函数。

函数调用过程如下。

（1）给形参和局部变量分配存储单元。

（2）进行参数传递，若形参是简单变量，就将实参的值传给形参。

（3）执行被调函数。

（4）执行完被调函数之后，返回主调函数，分配一个临时变量存储返回值，同时释放被调函数的形参和局部变量所占用的内存单元。

6.2.1 函数的参数传递及传值调用

函数调用发生时首先将实参的值按位置传递给对应的形参变量。一般情况下，实参和形参的个数及排列顺序应该一一对应，并且对应参数类型应该匹配，即实参的类型应该转化为形参类型。而对应参数名则不要求相同。某些特殊情况下也允许参数不对应，这将在 6.8 节中讨论。

按照参数形式的不同，C++有两种调用方式：传值调用和引用调用。顾名思义，传值调用传递的是实参的值，关于引用调用将在后边介绍。

【例 6.4】 说明实参和形参对应关系的示例。

```
#include <iostream.h >
#include <math.h >
float power(double x,int n)                    //求 x 的 n 次幂
```

```
{       float pow=1;
        while(n--)
            pow*=x;
        return pow;
}
void main()
{
        int n=3;
        float x=4.6;
        char c='a';
        cout<<"power("<<x<<','<<n<<")="<<power(x,n)<<endl;
        cout<<"power("<<c<<','<<n<<")="<<power(c,n)<<endl;    //A
        cout<<"power("<<n<<','<<x<<")="<<power(n,x)<<endl;    //B
}
```

运行结果为：

```
power(4.6,3)=97.336
power(a,3)=912673
power(3, 4.6)=81
```

从结果可以看出，当实参和形参的类型不匹配时，编译器将实参转化为与形参一致的类型后再赋给形参。例如，程序 A 行取字符 a 的 ASCII 码值 97 赋给形参 x，B 行则将实参 x 截尾取整后赋给形参 x。如果形参和实参之间不能进行类型转换，或参数个数不一致，则编译时会提示错误。本例还说明，参数传递时实参和形参是按位置对应的，而不是按参数名对应的。

只要形参是简单变量，就采用传值调用。所谓传值调用，就是为形参重新分配一个存储单元，将实参的值复制一份给形参，在被调函数中参加运算的是形参，而实参不会发生任何改变。传值调用起到一种隔离作用，在调用时不会无意中修改实参的值，有效地避免了函数的副作用。例如：我有一本很好看的书，有人想借，但我既舍不得书，又不能不借，只好复印一份给他，那么他如何处理这个复制品，跟我的原书没有关系。

【例 6.5】 以下程序试图通过调用 swap 函数交换主函数中变量 x 和 y 中的数据。观察一下程序的输出结果。

```
#include <iostream.h>
void swap(int,int);
void main()
{
    int x=10,y=20;
    cout<<x<<','<<y<<endl;
    swap(x,y);
    cout<<x<<','<<y<<endl;
}
void swap(int x,int y)
{   int t;
    t=x;
    x=y;
    y=t;
}
```

运行结果：

```
10,20
10,20
```

程序执行时首先从主函数开始，输出两个变量 x 和 y 的值，然后开始调用 swap 函数。

（1）首先给形参的 x 和 y 分配存储单元。

（2）将主调函数中实参变量 x 和 y 的值传递给被调函数的形参变量 x 和 y，形参变量 x 得到 10，形参变量 y 得到 20。

（3）执行 swap 函数。将 x 的值存放到变量 t 中，x 得到 y 的值，y 再从 t 中得到 x 的值。

（4）返回到主函数中。但同时要释放掉 swap 中的形参和内部变量。

程序运行过程中形参和实参值的传递如图 6.3 所示。

由程序运行结果可以看到，主函数将 x 和 y 的值已传递给 swap 函数，在 swap 函数中 x、y 的值也确实进行了交换，但在返回到主函数的同

主函数	子函数（swap）		
	传递时	运行时	返回时
x [10]	→ [10] x	[20]	
y [20]	→ [20] y	[10]	
		t [10]	

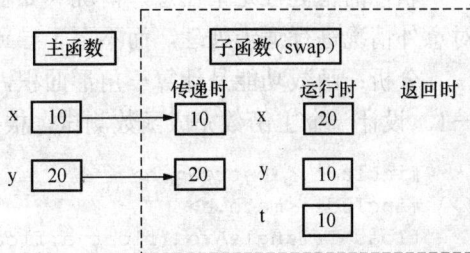

图 6.3　例 6.3 运行图示

时，swap 中使用过的形参变量 x、y 和局部变量 t 被释放掉了，也就是说它们在返回到主调函数时就不存在了，所以在主函数中，x 和 y 还是原来的值，通过调用 swap 函数交换 x 和 y 的值的目的没达到。由此可以看出，在 C++中，数据只能从实参单向传递给形参，形参数据的变化并不影响实参，因此在本程序中，不能通过调用 swap 函数将主函数中的 x 和 y 的值进行交换。如何通过调用 swap 函数来交换主函数中的两个数据将在以后的章节中介绍。

传值调用的要求与结果见表 6.1。

表 6.1　　　　　　　　　　　　　　传值调用的要求与结果

形参类型	要求实参的类型	传递的信息	通过调用能否改变实参的值
简单变量	简单变量、表达式、常量、数组元素	实参的值	不能

6.2.2　函数返回值

对于有返回值的函数，在函数的出口处必须用 return 语句将要返回的值返回给调用者。return 语句的一般格式为：

```
return 表达式；
```

其中，表达式的值即函数的返回值。执行该语句时，首先计算表达式的值，然后将其转化为返回值类型所规定的类型返回，同时结束函数的执行，返回到调用处继续执行。例如：

```
int  max(float x,float y)
{
    int n=3;
    return x>y?x:y;
}
```

执行 return 语句时，计算实数 x、y 中的较大数并转化为整型返回。

对于返回值为 void 的函数，函数体中可以不需要 return 语句，也可使用如下形式：

```
return；
```

函数一旦执行到 return 语句便会终止执行，返回调用单元。因此这种形式虽不返回值，但在需要提前终止函数时是必要的。

关于函数返回值需要做一点说明，即返回值是如何返回到调用处的。实际上，在函数执行期间，系统会在内存中建立一个临时变量，函数返回时将函数值保存在该临时变量中，然后由主调函数中包含调用的表达式语句从该临时变量中取值，表达式语句执行后撤销该变量。

【例 6.6】 设计函数，根据三角形的三边长求面积。如果不能构成三角形，则给出提示信息（提高稳健性）。

软件的稳健性是指在意外情况（如输入数据不合理）下，软件系统仍能正确地工作，并对意外情况进行适当处理，而不至于导致错误的结果。

分析：函数功能是计算三角形面积，一般三角形返回面积值，若不能构成三角形则返回－1。设计一个主函数完成函数测试，根据返回值的情况输出相应结果。

```
#include <iostream.h>
#include <math.h>
float TriangleArea(float a,float b,float c)
{
    if((a+b<=c)||(b+c<=a)||(a+c<=b)) return -1;
    float s;
    s=(a+b+c)/2;
    return sqrt(s*(s-a)*(s-b)*(s-c));
}
void main()
{
    float a,b,c,area;
    cout<<"输入三角形三边长a,b,c:"<<endl;
    cin>>a>>b>>c;
    area= TriangleArea(a,b,c);
    if(area==-1)
        cout<<'('<<a<<','<< b<<','<<c<<") 不构成三角形"<<endl;
    else
    cout<<"三角形 ("<<a<<','<< b<<','<<c<<") 的面积为:"<<area<<endl;
}
```

运行结果为：

```
输入三角形三边长a,b,c:
3 4 5↙
三角形(3,4,5)的面积为 6
```

6.2.3 函数声明

C++程序中，对函数之间的排列顺序没有固定要求，但要满足先定义后使用的原则。对于库函数，在程序开头用#include 指令将所需的头文件包含进来即可；而对于自定义函数，只要在调用之前做声明（function declaration），则无论函数放在什么位置，程序都能正确编译、运行。函数声明也称为函数原型（function propotype）。函数声明就是在函数头加上分号构成的一条语句。即：

<数据类型> 函数名 (<形参表>);

函数声明和所定义的函数在返回值类型、函数名及形参个数、次序和类型等方面完全一

致，否则会导致编译错误。唯一不同的是在函数声明的形参表中可以只列出每个形参的类型，而将参数名省略。如例 6.3 的函数可声明为：

```
float TriangleArea(float ,float,float);
```

或

```
float TriangleArea(float a,float b,float c);
```

但下面的函数声明是错误的：

```
int TriangleArea(float a,float b,float c)    //错误,返回值类型不同
float TriangleArea(int,int,int)              //错误,参数类型不同
float TriangleArea(float,float)              //错误,参数个数不同
```

函数声明的意义体现在：程序设计一般从主函数入手，其中某些功能用函数调用语句完成，描述出程序的总体功能框架，然后再逐层深入完成每个函数的具体实现。按此思路设计出的程序必然将主函数排在前面，将函数定义安排在后，但这样不符合先定义后使用的原则，编译无法通过，用函数声明则可解决这一问题。

下面是一个使用结构化设计思想开发的自动检测程序框架。

```
#include <iostream.h>
int initial();
void ShowState(int);
void start();
void ReadData(float data[]);
void ShowData(float data[]);
int close();
void main()
{
int state=initial();                 //系统初始化
ShowState(state);                    //显示状态提示
Start();                             //启动检测
do{
    const int n=10;
    float data[n];
    ReadData(data);                  //读数据
    ShowData(data);                  //显示数据
}while(!close());
}
in initial()
{
//系统初始化
}
void ShowState(int state)
{
//显示状态提示
}
void start()
{
//启动检测
}
void ReadData(float data[])
{
//读数据放到数组 data 中
}
```

```
void ShowData(float data[])
{
    //显示数组 data 中数据
}
int close()
{
    //结束检测
}
```

【例 6.7】 输出所有满足下列条件的正整数 m，$10<m<1000$ 且 m、m^2、m^3 均为回文数。

编写程序时，首先要考虑功能分布，题目要求在 $10\sim1000$ 之内查找符合要求的数，而这样的数的平方、立方包括它自己都要求是回文数，当然判断一个数是否为回文数方法是一样的，所以可以确定，判断一个数是否为回文数，用自定义函数实现；而主函数用枚举的方式，从 $10\sim1000$ 逐个判断，在判断过程中调用自定义函数。

在编写自定义函数时，因为其功能是判断一个数是否为回文数，那就可以确定：

子函数名：palindrome。

形参（加工对象）：一个整数 n。

返回值（结果）：整型，若它的值为 1，则是回文数，值为 0，则不是回文数。

所谓回文数是指其数字左右对称的数，如 121、323 等就是回文数。可采用除以 10 取余的方法，从最低位开始，依次取出该数的各位数字，然后用最低位充当最高位，按反序构成新的数，比较与原数是否相等，若相等则为回文数。

在编写函数体时，因为在求原始数据各位数字时，形参 n 不断缩小，最后直到 0，因此采用变量 m 保存原始数据的最初值；k 变量是用来存放倒序生成的数据的，每得到一位数字，便在原来的基础上左移一位（即乘以 10），再加上刚得到的那一位数字。

```
#include<iostream.h>
#include<iomanip.h>
int palindrome (int);
void main ()
{   int m;
    cout <<setw(10)<< 'm'<<setw (20)<<"m*m"<<setw(20)<<"m*m*m"<<endl;
        for (m=11; m<1000;m++)
            if(palindrome(m)&& palindrome(m*m) && palindrome(m*m*m))
                cout<<setw(10)<<m<<setw(20)<<m*m<<setw(20)<<m*m*m<<endl;
}
int palindrome (int n)
{   int m=n; k=0;
    do{
        k=k*10+n%10;
        n/=10;
    }while(n>0);
    return(k==m);
}
```

运行结果为：

```
m           m*m         m*m*m
11          121         1331
```

```
101        10201        1030301
111        12321        1367631
```

【例 6.8】　求出 100～200 之间的所有素数，其中判断一个数是否为素数由函数实现。

在例 6.1 我们已经编写了如何判断一个数是否为素数的函数 prime，现在我们可以拿来直接使用。主函数只负责调用函数 prime。

```
#include <iostream.h>
int prime(int);
void main()
{   int m;
    for(m=100;m<=200;m++)
        if(prime(m))cout<<"   "<<m;
    cout<<endl;
}
int prime(int m)
{   int  i,yes=1;
    for(i=2;i<=m/2;i++)
        if(m%i==0){yes=0;break;}
    return(yes);
}
```

其中程序的第四行就是函数的声明，如果 prime 函数写在主函数之前，这个语句就可以省略。

6.3　全局变量和局部变量

程序中的变量由于定义的位置不同，在程序中的可见程度是不一样的。有些变量在整个程序中都是可见的，称为全局变量；有些变量只在某些区域中可见，称为局部变量。可见指的是定义的这个变量是否可以被使用。要了解变量的这些属性，必须先了解变量的存储机制。

6.3.1　变量的存储机制与 C++程序的内存布局

操作系统为一个 C++程序的运行分配的内存空间为 4 个区域，如图 6.4 所示。

（1）代码区（code area）：存放程序代码。

（2）全局数据区（data area）：存放全局数据和静态数据。分配该区时内存全部清 0，结果变量的所有字节自动初始化为 0。

（3）栈区（stack area）：存放局部变量，如函数中的变量等。分配栈区时不处理内存，即变量取随机值。

（4）自由存储区（heap area）：存放与指针相关的动态数据。分配自由存储区时动态变量也取随机值。

```
┌─────────────────┐
│  自由存储区      │
│ （动态数据）     │
├─────────────────┤
│   栈区           │
│（函数局部数据）  │
├─────────────────┤
│ main()函数局部数据│
├─────────────────┤
│   全局数据区     │
│（全局变量、静态变量）│
├─────────────────┤
│   代码区         │
│ （程序代码）     │
└─────────────────┘
```

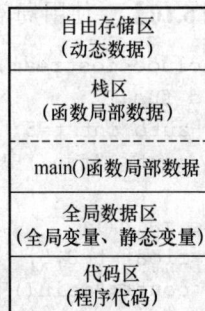

图 6.4　程序运行时内存空间的分配

函数中使用的绝大多数变量都分配在栈区。栈（stack）是一种先进后出的数据结构，原理类似于子弹匣，最先压入弹匣的子弹最后一个弹出。局部变量在程序执行过程中自动地获得和释放栈空间。变量获得栈空间称为变量入栈，而栈空间被释放称为变量出栈。变量出栈的顺序与入栈的顺序相反，即最先分配单元的变量空间最后一个被释放。

6.3.2　全局变量

定义在函数之外的变量称为全局变量（global variable）。全局变量存放在全局数据区，如果用户在定义时不显示地给出初始化值，则自动初始化为全 0。全局变量可定义在程序的任何位置，在该全局变量定义位置后的任何位置都是可以访问的，称为可见。如果程序由多个函数组成，则其中任何一个函数修改全局变量，其他函数都可"见到"修改结果。

【例 6.9】　多个函数使用全局变量的例子。

```cpp
#include<iostream.h>
int n=100;
void fun()
{   n*=2;
}
void main()
{n*=2;
cout<<n<<endl;
fun();
cout<<n<<endl;
}
```

运行结果为：

```
200
400
```

6.3.3　局部变量

定义在某个块内的变量称为局部变量（local variable），例如定义在函数（包括主函数）中或复合语句中的变量。局部变量存储在栈中。它不是在编译时获得空间的，而是当程序执行到该块时，系统才为其中定义的局部变量分配存储空间，当该块执行完毕后，这些局部变量占用的存储空间会按先进后出的顺序依次释放。由于变量空间的分配和释放是由系统自动进行的，因此局部变量也称为自动类型，定义时可用 auto 修饰，但通常省略。局部变量在未被赋值或初始化的情况下，其值为随机数。

【例 6.10】　使用局部变量的例子。

```cpp
#include<iostream.h>
void fun()
{   auto int t=5;
    cout<<"fun()中的t="<<t<<endl;
}
viod main(){
    float t=3.5;
    cout<<"main()中的t="<<t<<endl;
    fun();
    cout<<"main()中的t="<<t<<endl;
}
```

运行结果为：

```
main()中的t=3.5
fun()中的t=5
main()中的t=3.5
```

　　本例说明，不同函数中可以使用同名的局部变量，这些同名变量不会相互冲突。下面将要介绍的函数调用机制将说明其中的原因。

【例 6.11】　写出如下程序的运行结果：

```
#include<iostream.h>
int b=2;
 void sub(int x,int y)
 {
   b=x;
   x=y;
   y=b;
}

 void main()
 {
   int x3=10,x4=20;
   sub(x3,x4);
   //x4=5;
   cout<<b<<","<<x3<<","<<x4<<endl;
 }
```

　　本例中定义了一个全局变量 b，主函数定义了两个变量 x3 与 x4，自定义函数 sub 定义了两个局部变量 x、y，执行过程如下：

　　初始化的结果是：

　　全局变量：b=2.

　　主函数中的局部变量：x3=10,x4=20。

　　先从主函数开始执行，调用 sub 函数，根据值传递的特点，sub 函数中的 x 得到 10，y 得到 20，然后开始执行子函数 sub 的函数体：

```
b=x=10;
x=y=20
y=b=10;
```

　　退出自定义函数 sub 时，x 和 y 都释放掉了，但 b 是全局变量，不释放，同时程序的流程返回到主函数调用点的下一点，执行输出语句，所以 b 的值是 10，而 x3、x4 还是原来的值，所以输出结果是：

```
10, 10, 20
```

　　如果一个程序中定义了一个全局变量，而又在自定义函数中定义了一个同名的局部变量，那又如何处理呢？C++的处理方式是，在局部变量的作用域内，全局变量不起作用。

【例 6.12】　写出下列程序的运行结果。

```
#include<iostream.h>
int d=1;
fun(int p)
{
    int d=5;
```

```
    d+=p++;
    cout<<d;
}
void main()
{
    int a=3;
    fun(a);
    d+=a++;
    cout<<d<<endl;
}
```

本程序定义了一个全局变量 d，而在函数 fun 中又定义了一个局部变量 d，那么在函数 fun 中全局变量 d 不起作用，但在主函数中，是全局变量 d 起作用，程序执行过程如下：

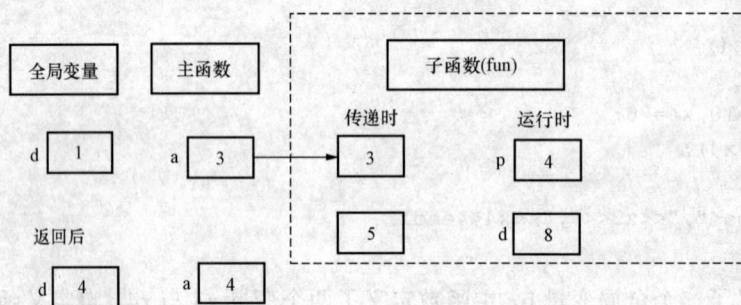

图 6.5 例 6.12 运行图示

首先执行主函数，第一条语句就是调用 fun，根据值传递的特点实参 a 将值传递给形参 p，p 得到 3，由于 fun 中是局部变量 d 起作用，所以 d 的初始值是 5，执行函数结果为输出：

8

回到主函数后，继续执行，此刻是全局变量 d 起作用，计算结果是 d=4，a=4 输出时，因为前一个 cout 后没有换行，所以紧跟在上一个输出后输出全局变量 d 的值，所以整个程序的结果是：

84

6.4 函 数 调 用 机 制

每当函数调用发生时，系统都会做以下工作。

（1）建立栈空间。

（2）保护现场。将当前主调函数的执行状态和返回地址保存在栈中。

（3）为被调函数中的局部变量（包括形参）分配栈空间，并将实参值传给形参。

（4）执行被调函数直至返回语句或函数结束处。

（5）释放被调函数的所有局部变量栈空间。

（6）恢复现场。取出主调函数的执行状态及返回地址，释放栈空间。

（7）返回到调用函数继续执行。

下面的例子可以说明函数调用时内存的变化情况。

```
void fun1(int,int);
void fun2(float);
void main()
{   int x=1,y=2;
    fun1(x,y);
}
void fun1(int n,int b)
{   float x=3;
    fun2(x);
}
void fun2(float y)
    {        int x;
    …
    }
```

		栈顶
x		
y	3	
fun2()	fun1()运行状态及返回地址	
x	3	
b	2	
a	1	
fun1()	main()运行状态及返回地址	
y	2	
x	1	
main()	操作系统运行状态及返回地址	栈底

图 6.6　函数调用过程中的栈结构

程序由 main( )函数开始执行，main( )函数是由操作系统调用的，在其执行过程中调用函数 fun1(int,int)，在 fun1(int,int)的执行过程中又调用 fun2(float)。如图 6.6 所示为函数调用过程中栈的使用情况，栈空间是随着程序的执行过程动态变化的。

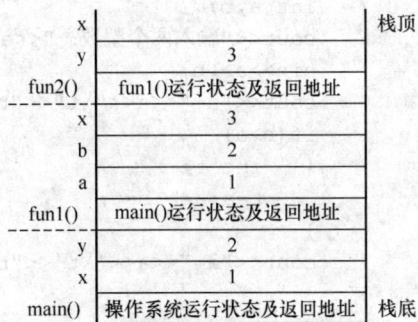

（1）程序从 main( )函数开始执行，首先为 main( )中的局部变量分配存储单元，执行主函数。

（2）执行到调用 fun1( )时，为 fun1( )中的局部变量分配存储空间，并将实参赋给对应的形参，接着执行 fun1( )。

（3）执行到调用 fun2( )时，为 fun2( )中的局部变量分配存储空间，并将实参赋给对应的形参，接着执行 fun2( )。

（4）当 fun2( )执行结束时，fun2( )中的变量单元释放，返回到 fun1( )调用 fun2( )处，继续执行 fun1( )。

（5）当 fun1( )执行结束时，fun1( )中的变量单元释放，返回到 main( )调用 fun1( )处，继续执行 main( )。

（6）main( )在执行完毕后，再释放其局部变量单元，控制权交回到操作系统。

从这个执行过程可以看出栈"先进后出"的特点。还可看出，在任何一个函数的执行过程中，使用的都只是该函数中定义的局部变量；该函数执行完毕后其变量单元即被释放，其他函数不可能使用这些单元的数据。这种机制使不同函数中的局部变量各自独立，即使同名变量占用的也是不同的存储单元，所以不会发生冲突。

6.5　作用域和标识符的可见性

作用域指的是标识符能够被使用的范围，标识符在其作用域内可以被访问，称为可见。

上两节的内容初步说明了局部变量的作用域。本节将继续讨论标识符的作用域，重点讨论局部域（local scope）和文件域（即全局域，global scope），局部域包括块域（block scope）和函数声明域（function declaration scope）。任何标识符的作用域的起始点均为标识符的说明处。

1. 块域

块指的是由"{}"括起来的程序段，定义在块中的标识符的作用域仅限于块，即只能在块中使用该标识符。复合语句中定义的标识符的作用域为该复合语句。函数也可看成一个块，函数中定义的标识符（包括形参）的作用域都限于函数内，也称为函数域（function scope）。

【例 6.13】 输入两个数，将这两个数按从大到小的顺序保存起来，并输出结果。

```
#include <iostream.h>
void main()
{   int a,b;
    cout<<"输入两个整数: "<<endl;
    cin>>a>>b;
    cout<<"a="<<a<<"\t"<<"b="<<b<<endl;
    if(b>a)
    {   int t;
        t=a;a=b;b=t;
    }
    cout<<"a="<<a<<'\t'<<"b="<<b<<endl;
}
```

运行结果为：

```
输入两个整数:
3        5✓
a=3    b=5
a=5    b=3
```

上述程序若在最后一个 cout 语句处增加：

```
cout<<t<<endl;
```

则编译时会提示错误，因为变量 t 的作用域只在 if 语句中，其他地方不可见。

局部变量具有局部作用域，使程序在不同块中可以使用同名变量。这些同名变量各自在自己的作用域中可见，在其他地方不可见。

【例 6.14】 设计函数完成两数的交换，并在主函数中进行测试，看是否成功。

```
#include <iostream.h>
void swap(int,int);
void main()
{
    int a,b;
    cout<<"输入两个整数: "<<endl;
    cin>>a>>b;
    cout<<"调用前:实参 a="<<a<<','<<"b="<<b<<endl;
    swap(a,b);
    cout<<"调用后:实参 a="<<a<<','<<"b="<<b<<endl;
}
    void swap(int a,int b)          //在 swap()中定义 a,b 的作用域为 swap
    {   cout<<"调用中…"<<endl;
        cout<<"交换前: 形参 a="<<a<<','<<"b="<<b<<endl;
        int t;
        t=a;a=b;b=t;
        cout<<"交换后: 形参 a="<<a<<","<<"b="<<b<<endl;
    }
```

运行结果为：

输入两个整数：

3 5√

调用前：实参 a=3,b=5

调用中...

交换前：形参 a=3,b=5

交换后：形参 a=5,b=3

调用后：实参 a=3,b=5

表明交换失败。

局部变量之所以具有局部作用域，与变量的栈式内存分配有关。程序执行过程中栈的变化情况如图 6.7 所示。

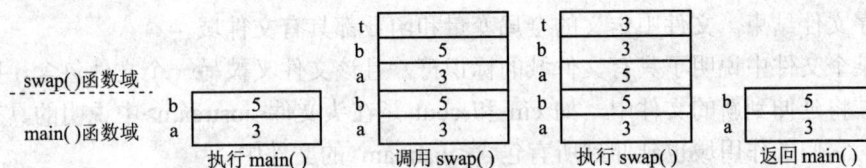

图 6.7　程序执行时的内存变化

可以看出，当不同块中有同名标识符时，因各自有独立的局部作用域，块内定义的标识符即使与其他块定义的标识符同名也互不相关。在 swap( ) 的执行过程中，形参 a、b 屏蔽了 main( ) 中定义的变量 a、b，交换的是形参的值，而函数返回时形参被释放。由于交换过程中未涉及 main( ) 的变量 a、b，因此未能实现交换。关于如何通过调用实现交换将在后面介绍。

对于块中嵌套其他块的情况，如果嵌套块中有同名局部变量，则遵从局部优先原则，即内层块屏蔽外层块中的同名变量。换句话说，内层块中的局部变量的作用域为内层块；外层块中局部变量的作用域为外层块，但要除去包含同名变量的内层块部分。

如果块内定义的局部变量与全局变量同名，则在块内仍然是局部变量优先，但可以通过域运算符"::"访问同名的全局变量。

【例 6.15】　显示同名变量可见性的程序。

```
#include <iostream.h>
int n=100;
void main()
{
    int i=200,j=300;
    cout<<n<<'\t'<<i<<'\t'<<j<<endl;{
        int i=500,j=600,n;
        n=i+j;
        cout<<n<<'\t'<<i<<'\t'<<j<<endl;
        cout<<::n<<endl;
    }
    n=i+j;
    cout<<n<<'\t'<<i<<'\t'<<j<<endl;
}
```

运算结果为：

```
 100       200       300
1100       500       600
 100
 500       200       300
```

2. 函数声明域

在进行函数声明时，其形参作用域只在函数声明中，即作用域仅限于形参括号中。正是由于形参不能被程序的其他地方引用，因此通常只要声明形参个数和类型即可，形参名可以省略。形参也可以随意命名，不必与函数定义中的形参名相同。

3. 文件域

文件域也称为全局域。定义在所有函数之外的标识符具有文件域，作用域为从定义处到整个源程序文件结束。文件中定义的全局变量和函数都具有文件域。

如果某个文件中说明了具有文件域的标识符，且该文件又被另一个文件包含，则该标识符的作用域将延伸到新的文件中。如 cin 和 cout 是在头文件<iostream>中说明的具有文件域的标识符，它们的作用域也延伸到所有包含<iostream>的文件中。

6.6　存储类型与标识符的生命期

存储类型（storage class）决定标识符的存储区域，即编译器在不同区域为不同存储类型的标识符分配存储空间。由于存储区域不同，标识符的生命期也不同。生命期指的是标识符从获得空间到空间被释放之间的时间，标识符只有在生命期中，并且在自己的作用域中才能被访问。

6.6.1　存储类型

C++中关于存储类型的说明符（storage class specifier）有 4 个：auto、register、static 和 extern。其中，用 auto 修饰的称为自动存储类型，用 static 修饰的称为静态存储类型，用 extern 修饰的称为外部存储类型。

1. 自动存储类型

自动存储类型包括自动变量和寄存器变量。自动变量为用 auto 说明的变量，通常 auto 省略。局部变量都是自动变量，生命期开始于块的执行，结束于块的结束，其原因是自动变量的空间分配在栈中，块开始执行时系统自动分配空间，块执行结束时自动释放空间，因此自动变量的生命期和作用域是一致的。寄存器变量说明时用 register 修饰，例如：

```
register int i;
```

系统将使用这种说明的变量尽可能地保存在寄存器中，以提高程序的运行速度。但不同的编译器对哪些变量可以说明为寄存器变量有不同的规定，并且一般的编译器都会对使用的寄存器变量进行优化，所以不提倡使用寄存器变量。

2. 静态存储变量

用 static 说明的变量称为静态变量。根据定义位置的不同，还可分为局部静态变量和全局静态变量，也称内部静态变量和外部静态变量。静态变量均存储在全局数据区，如果程序未显式地给出初始化值，那么系统自动初始化为全 0，且初始化只进行一次；静态变量占有的空间要到整个程序执行结束时才释放，因此静态变量具有全局生命期。

　　局部静态变量是定义在块中的静态变量，当块第一次被执行时，编译器会在全局数据区中为其开辟空间并保存数据，该空间一直到整个程序结束时才释放。局部静态变量具有局部作用区域，但却具有全局生命期。

　　下面的例子可以说明局部静态变量和自动变量（局部变量）的区别。

【例 6.16】　说明局部静态变量和自动变量（局部变量）的区别的程序。

```
#include <iostream.h>
int st();
int at();
void main()
{   int i;
    for(i=0;i<5;i++)cout<<at()<<'\t';
    cout<<endl;
    for(i=0;i<5;i++)cout<<st()<<'\t';
    cout<<endl;
}
int st()
{   static int t=100;
    t++;
    return t;
}
int at(){
    int t=100;
    t++;
    return t;
}
```

运行结果为：

```
101 101 101 101 101
101 102 103 104 105
```

　　产生以上结果的原因是，主函数虽然以相同的方式重复调用两个函数，在函数中修改变量 t 的值，但 st()中的变量 t 是局部静态变量，与程序具有相同的生命周期，其初始化只在最初进行一次，每次调用修改的值都会被保存下来；而 at( )中的 t 是自动变量，生命期仅限于该函数的执行期，函数被调用时系统为 t 分配存储空间并初始化，t 被修改返回后该变量空间便被释放，每次调用都重复这一过程，所以每次看到的结果是一样的。

　　全局静态变量是用 static 修饰的全局变量，它的用法将在下面与外部变量对比着介绍。

　　3. 外部存储类型

　　一个 C++程序可以由多个源程序文件组成，多文件程序系统可以通过外部存储类型的变量和函数来共享某些数据和操作。

　　在一个程序文件中定义的全局变量和函数默认为外部的，即其作用域可以延伸到程序的其他文件中。但其他文件如果要使用这个文件中定义的全局变量和函数，则应该在使用前用extern 进行外部声明，表示该全局变量或函数不是在本文件中定义的。外部声明通常放在文件的开头（函数中总是省略 extern）。

　　此外，在同一个文件中，如果一个函数使用定义在该函数之后的全局变量，那么也必须对使用到的全局变量进行外部变量声明，以满足先定义后使用的原则，所以全局变量最好集中定义在文件的起始部分。

　　外部变量声明不同于全局变量定义，变量定义时编译器为其分配存储空间，而外部变量声明则表示全局变量已在其他地方定义过，编译器不再分配存储空间，直接使用变量定义时分配的空间。因此，所声明的变量的变量名和类型必须与定义的完全相同。

　　【例 6.17】　说明外部存储类型的程序。假定程序中包含两个源程序文件 Ex3_11_1.cpp 和 Ex6_15_2.cpp，程序结构如下：

```
/*Ex3_11_1.cpp,由main()函数组成*/
#include <iostream.h>
void fun2();                    //外部函数声明，等价于extern void fun2();
int n;                         //全局变量定义
void main()
{
n=1;
fun2();                        //fun2()定义在Ex6_15_2.cpp中
cout<<"n="<<n<<endl;
}
/*Ex6_15_2.cpp,由fun2()函数组成*/
extern int n;                  //外部变量声明，n定义在Ex6_15_1.cpp中
void fun2()                    //fun2()被文件Ex6_15_1.cpp中的函数调用
{   n=3;
}
```

运行结果为：

n=3

　　外部的全局变量或函数加上 static 修饰就成为静态全局变量或静态函数。静态的全局变量和函数的作用域限制在本文件中，其他文件即使进行外部声明也无法使用该全局变量或函数。因此，如果需要某些全局变量或函数只能在本文件中使用，则应将其说明为静态的。

6.6.2　生命期

　　标识符的生命期（life time）也叫生存期。生存期与存储区域相关。存储区域分为代码区、栈区和自由存储区，相应的，生命期分为静态生命期、局部生命期和动态生命期。

　　1. 静态生命期

　　静态生命期（static extern 或 static storage duration）指的是标识符从程序开始运行时就存在，具有存储空间，且到程序运行结束时消亡，释放存储空间。具有静态生命期的标识符存放在全局数据区中，属于静态存储类型，如全局变量、静态全局变量、静态局部变量。具有静态生命期的标识符在未被用户初始化的情况下，系统会自动将其初始化为 0。

　　函数驻留在代码区时，具有静态生命期，所有具有文件作用域的标识符都具有静态生命期。

　　2. 局部生命期

　　在函数内部或块中定义的标识符具有局部生命期（automatic extern 或 automatic storage duration），其生命周期开始于执行该函数或块的标识符处，结束于该函数或块的结束处。具有局部生命期的标识符存放在栈区中。具有局部生命周期的标识符如果未被初始化，那么其内容是随机的，不可引用的。

　　具有局部生命期的标识符必定具有局部作用域，但反之不然，如静态局部变量具有局部

作用域，但却有静态生命期。

3. 动态生命期

具有动态生命期（dynamic extern 或 dynamic storage duration）的标识符存放在自由存储器区中，由特定的函数调用或运算来创建和释放，如用 new 运算符（或调用 malloc( )函数）为变量分配存储空间时，变量的生命期开始，而用 delete 运算符（或 free( )函数）释放空间或程序结束时，变量生命期结束。

6.7　函数的递归调用

递归（recursion）是一种描述问题的方法，或称为算法。先看如下定义阶乘的方法：

$$n = \begin{cases} 1 & n=0 \\ 1 & n=1 \\ n \cdot (n-1)! & n>1 \end{cases}$$

这是用阶乘定义阶乘，即"自己定义自己"，这种定义方法称为递归定义（recursion definition）。

在函数调用中，有这样两种情况：一种是在函数 A 的定义中有调用函数 A 的语句，即自己调用自己；另一种是在函数 A 中出现调用函数 B 语句，而在函数 B 的定义中也出现调用函数 A 的语句，即相互调用。前者称为直接递归，后者称为间接递归。本节只介绍直接递归。

递归定义的阶乘算法描述为：

```
fac(int n)
{    if(n==0||n==1)return 1;
     else
        return n*fac(n-1);
}
```

只要设计主函数调用阶乘函数，即可计算阶乘。

【例6.18】　计算 4!。

```
#include <iostream>
using namespace std;
int fac(int n)
{   int y;
    cout<<n<<'\t';                //A
    if(n==0||n==1)y=1;
    else  y=n*fac(n-1);
    cout<<y<<'\t';                //B
    return y;
}
void  main()
{   cout<<"\n4!"<<fac(4)<<endl;
}
```

运行结果为：

```
4 3 2 1  1 2 6 24
4!=24
```

程序中的 A 行和 B 行是为显示递归调用过程而特意增加的打印语句。

下面分析递归函数的执行过程。为了更加直观，借助于如图 6.8 所示的执行框图进行说明。每个框图的上方为本次调用的实参值，方框中为函数体的主要执行语句及结果。任一方框中的参数取值都必须是本次调用时的实参值，箭头反映执行的顺序。

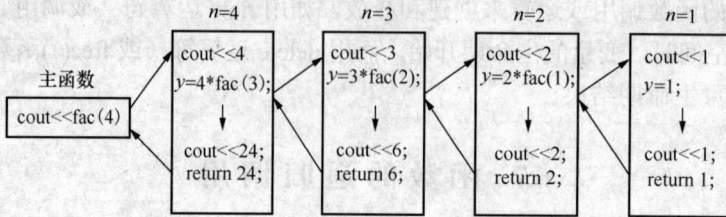

图 6.8　递归调用的执行框图

（1）左边第一个方框为主函数的调用语句，执行到该调用语句时，产生调用。

（2）以参数 n=4 执行函数（第二个方框），当顺序执行到语句 y=4*fac(3)时又产生调用。

（3）以参数 n=3 执行函数（第三个方框），当顺序执行到语句 y=3*fac(2)时再次产生调用。

（4）重复以上调用过程，直到参数 n=1 执行函数（第五个方框）为止，函数体被顺利执行完毕，将按函数值 1 返回到上层，本次调用结束。

（5）返回到上层调用处（第四个方框），由返回值计算出该层的 y 值后顺序执行后面的语句，直到返回语句，本次函数调用结束。

（6）再返回到上层调用处（第三个方框）由返回值计算出该层的 y 值顺序执行后面的语句，直到返语句，本次函数调用结束。

（7）重复以上返回过程，直到返回到主函数中，程序结束。

程序的执行过程说明，递归函数的执行分为"递推"和"回归"两个过程，这正是此算法命名的由来。在递归的执行过程中，递归终止条件（stopping condition）非常重要，它控制"递推"过程的终止。因此在任何一个递归函数中，递归终止条件都是必不可少的，否则将会一直递推下去，导致无穷递归（infinite recursion）。

图 6.9 为例 6.20 在"递推"过程中栈的分配情况，每次调用发生时，系统都在栈中分配单元并保存返回地址以及参数和局部变量，因此在递推的过程中，栈空间一直处于增长状态，直至到递归终止条件为止。在"回归"过程中，栈空间按图 6.8 从右至左的方向依次释放。

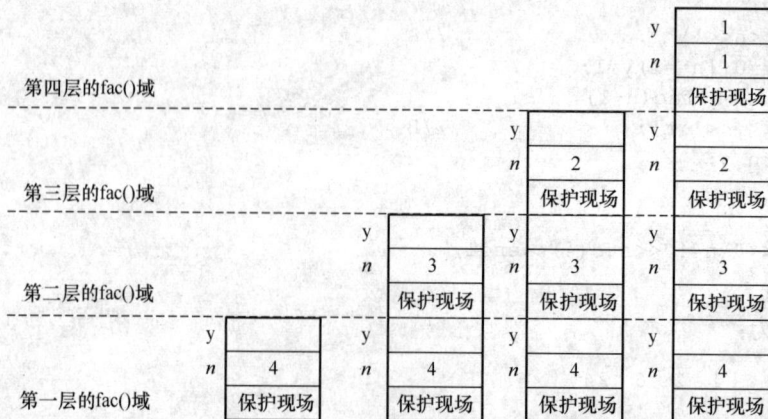

图 6.9　递归过程中占的分配和释放情况

递归的思想非常优秀，"递推—终止—回归"这一解决问题的过程可以比喻为"大事化小—小事化了—推出结果"。有些问题用其他算法很难描述，使用递归却很容易理解和解决。汉诺塔问题就是一例。

【例 6.19】 汉诺塔问题。如图 6.10 所示，有 A、B、C 三根柱子，A 柱上有 n 个大小不等的盘子，大盘在下，小盘在上，如图 6.10 所示。要求将所有盘子由 A 柱搬动到 C 柱上，每次只能搬动一个盘子，搬动过程中间可以借助任何一根柱子，但必须满足大盘在下，小盘在上的条件。打印出搬动步骤。

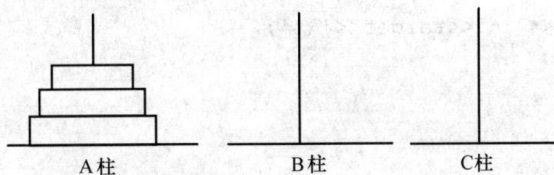

图 6.10　汉诺塔问题

分析：

（1）A 柱只有一个盘子的情况。A 柱→C 柱。

（2）A 柱有两个盘子的情况。小盘 A 柱→B 柱，大盘 A 柱→C 柱，小盘 B 柱→C 柱。

（3）A 柱有 n 个盘子的情况。将此问题看成上面 $n-1$ 个盘子和最下面第 n 个盘子的情况。$n-1$ 个盘子 A 柱→B 柱，第 n 个盘子 A 柱→C 柱，$n-1$ 个盘子 B 柱→C 柱。问题转化成为搬动 $n-1$ 个盘子的问题，同样，将 $n-1$ 个盘子看成上面 $n-2$ 盘子和下面第 $n-1$ 盘子的情况，进一步转化为搬动 $n-2$ 个盘子的问题……，以此类推，最终成为搬动一个盘子的问题。

这是一个典型的递归问题，递归结束于搬动一个盘子的问题。算法可以描述为：

（1）$n-1$ 个盘子 A 柱→B 柱，借助于 C 柱。

（2）第 n 个盘子 A 柱→C 柱。

（3）$n-1$ 个盘子 B 柱→C 柱，借助于 A 柱。

其中步骤（1）和步骤（3）可以继续递归下去，直到搬动一个盘子为止。由此，可以定义两个函数：一个是递归函数，命名为 hanoi(int n,char source,char temp,char target)，实现将 n 个盘子从源柱 source，借助于中间柱 temp，搬动到目标柱 target 上；另一个函数命名为 move(char source,char target) 用来输出搬动一个盘子的提示信息。

```cpp
#include <iostream>
using namespace std;
void move(char,char);
void hanoi(int,char,char,char);
void main()
    {int n;
    cout<<"输入盘子数: "<<endl;
    cin>>n;
    hanoi(n,'A','B','C');
    cout<<endl;
}
void hanoi(int n,char source,char temp,char target){
```

```
    if(n==1)move(source,target);
    else{
        hanoi(n-1,source,target,temp);
        move(source,target);
        hanoi(n-1,temp,source,target);
    }
}
void move(char source,char target)
{
    cout<<source<<'→'<<target<<'\t';
}
```

运行结果为：

输入盘子数：

3✓

A→C A→B C→B A→C B→A B→C A→C

如图 6.11 所示为程序执行框图，图中顶部的参数标注，为书写方便用 s、m、t 分别代表 source、temp、target。

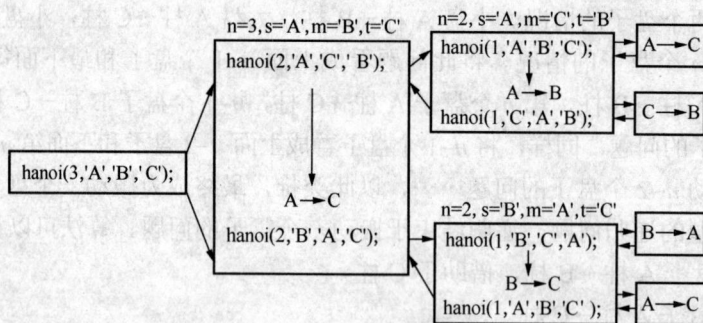

图 6.11　例 6.17 的程序执行框图

递归算法还可以方便地解决一些与顺序相关的问题，请看下面的例子。

【例 6.20】　输入一个整数，用递归算法实现将整数倒序输出。

分析：在递归过程的递推步骤中用求余运算将整数的各个位分离，并打印出来。

```
#include <iostream>
using namespace std;
void backward(int);
void main()
{
    int n;
    cout<<"输入整数"<<endl;
    cin>>n;
    cout<<"反向数: ";
    backward(n);
    cout<<endl;
}
void backward(int n)
```

```
{
    cout<<n%10;
    if(n<10)return ;
    else backward(n/10);
}
```

运行结果为：

输入整数

247↙

反向数：

742

如图 6.12 所示为程序的执行框图。

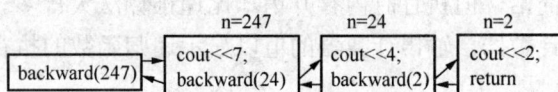

图 6.12　例 6.20 程序执行框图

因为求余时总是取当前整数的最右一位，所以先输出后递归可实现倒序输出。如果先递归，后输出余数，则是在回归的过程中输出，实现的是正序输出。

与大多数其他算法相比，递归算法的缺点是内存消耗巨大，而且连续的调用返回操作占用较多 CPU 时间。因为函数调用过程中系统要在堆栈中为局部变量分配空间，递归处于递推过程中时，由于逐层调用，因此堆栈空间一直处于增长状态，直到遇到终止条件为止，只有在回归过程中堆栈空间才会逐层释放。

递归算法的优点是算法描述简洁易读，通常递归函数中没有循环语句，而在执行过程中通过递推和回归实现其他算法用循环实现完成的功能。

很多问题可以用递归算法实现，也可以用非递归算法实现，是否选择递归算法取决于所解决的问题及应用的场合。

【例 6.21】　用递归法求解 Fibonacci 数列，递归调用过程 fib(5)如图 6.13 所示。

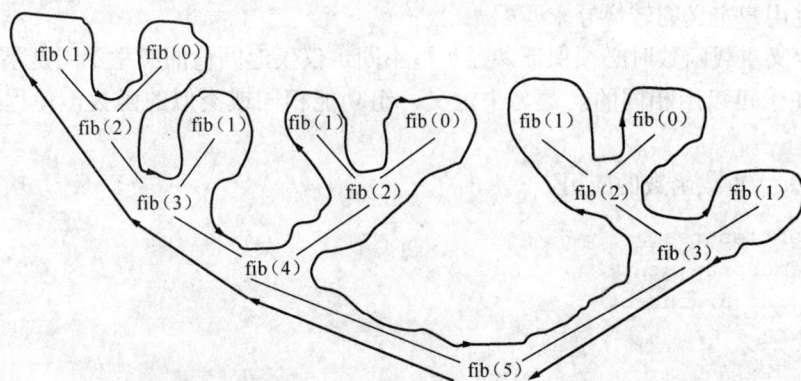

图 6.13　递归法求 Fibonacci 数列的调用树

```
#include <iostream>
#include<iomanip>
using namespace std;
```

```
int fib(int n)
{    if(n==0)return 0;
     else if(n==1)return 1;
     else return fib(n-1)+fib(n-1);
}
void main()
{    for(int i=0;i<=19;i++){
        if(i%5==0)cout<<endl;
        cout<<setw(6)<<fib(i);
     }
     cout<<endl;
}
```

本例的程序看起来简洁，但执行时内存开销却比递推算法大得多。为了验证这一点，可在函数中设置一个静态计数器，输出计数器的值以显示递归函数的执行次数，这个问题留给读者自己设计并演示。

6.8　函数的重载、内联及默认参数

6.8.1　函数重载

在 C++中，如果需要定义几个功能相似而参数类型不同的函数，那么几个函数可以使用相同的函数名，这就是函数的重载（overloading）。例如，求和函数对应不同的参数类型，可以定义如下几个重载函数：

```
int sum(int a, int b);
double sum(double a, double b);
float sum(float a, float b, float c);
```

当某个函数调用重载函数时，编译器会根据实参类型调用相应的函数。匹配过程如下。

（1）如果有严格匹配的函数，则调用该函数。

（2）参数内部转换后如果匹配，则调用该函数。

（3）通过用户定义的转换寻求匹配。

因此在定义重载函数时必须保证参数类型不同，仅仅返回值的类型不同是不行的。函数重载的好处在于可以用相同的函数名来定义一组功能相同或类似的函数，使程序的可读性增强。

【例 6.22】　重载函数的应用。

```
#include <iostream>
using namespace std;
int sum(int a, int b)
{    return a+b;
}
double sum(double a, double b)
{
return a+b;
}
float sum(float a, float b,float c){
return a+b+c;
```

```
}

void main()
{    cout<<"3+5="<<sum(3,5)<<endl;            //调用 int sum(int a, int b)
     cout<<"2.2+5.6="<<sum(2.2,5.6)<<endl;  //调用 double sum(double a, double b)
     cout<<"3.4+4+8="<<sum(5.5,4,8)<<endl;
                                             //调用 float sum(float a, float b,float c)
}
```

运行结果为：

```
3+5=8
2.2+5.6=7.8
3.4+4+8=15.5
```

6.8.2　默认参数

一般情况下，函数调用是实参个数与形参相同，但为了方便地使用函数，C++也允许定义具有默认参数的函数，这种函数调用是参数个数可以与形参个数不同。

默认参数指在定义或声明函数时为形参指定默认值（default）。这样的函数在调用时，对于默认参数，可以给出实参值，也可以不给出实参值。如果给出参值，则将实参传递给形参进行调用，如果不给出实参值，则按默认值进行调用。

```
#include <iostream>
using namespace std;
void delay(int loop=1000)
{    for(;loop>0;loop--);
}
void main()
{    delay(100);
     cout<<"延时 100 个时间单位"<<endl;
     delay();
     cout<<"延时 1000 个时间单位"<<endl;
}
```

默认参数不一定是常量表达式，它可以是任意表达式，甚至可以通过函数调用给出。如果默认参数是任意表达式，则函数每次被调用时该表达式将被重新求值。但表达式必须有意义，如：

```
int fun1(int a=rand());
```

参数 a 省略时，可以由随机数发生函数当场产生。

默认参数还可以有多个，但所有默认参数必须放在参数表右侧，即先定义所有非默认参数，再定义默认参数。这是因为在函数调用时，参数自左向右逐个匹配，当实参和形参个数不一致时只有这样才不会产生二义性。

在同一个作用域中，一个参数只能被指定一次默认值，不能在声明和定义中同时指定默认值，即使默认值相同也不可以。例如：

```
int fun2(int,int =10,int =20);            //函数声明中给出默认值。参数名也可省略
void fun1(){…};
int fun2(int a,int b,int c) {…};          //定义中不再给出默认值
```

习惯上，默认参数在公共头文件包含的函数声明中指定，否则默认实参只能用于包含该

函数定义的文件中的函数调用。

在不同作用域或嵌套作用域中可以重新声明默认参数，但不提倡这样做。在嵌套作用域中声明一个名字以屏蔽在外层作用域中同一个名字的声明，非常容易出错。

6.8.3 内联函数

当程序执行函数调用时，系统要建立堆栈空间，保护现场、传递参数以及控制程序执行的转移等，这些工作需要系统时间和空间的开销。有些情况下，函数本身功能简单、代码很短，但使用频率却很高。看如下一段程序，读入 5 个整数，判断是否为偶数。

```
#include <iostream>
using namespace std;
int IsEven(int n){return n%2?0:1;}
void main()
{    int x,i;
     for(i=0;i<5;i++){
         cin>>x;
         if(IsEven(x))cout<<"是偶数"<<endl;
         else cout<<"不是偶数"<<endl;
     }
}
```

函数本身的代码很短，程序频繁调用该函数所花费的时间却很多，因此使程序执行效率降低。为了提高效率，解决方法之一是不使用函数，直接将函数代码嵌入到程序中。但这个方法的缺点是相同代码段需要重复书写，程序的可读性也往往没有使用函数时好。为了协调效率和可读性之间的矛盾，C++提供了另一种方法，即定义内联函数，方法是在定义函数时使用修饰词 inline，如上例中的函数头可以写为：

```
inline int IsEven(int n)
```

内联函数的调用机制与一般函数不同，编译器在编译过程中遇到 inline 时直接将该段代码嵌入到调用函数中，从而将函数调用方式变为顺序执行方式，这一过程称为内联函数的扩展或内联。

由于 inline 指示符对编译器而言只是一个建议，所以编译器也可选择忽略该建议。

由于内联函数的本质是空间换取时间，因此只适用于功能简单、代码段小且被重复使用的函数。函数体中包含复杂结构控制语句，如 switch 、复杂 if 嵌套、while 语句以及递归函数等，都不能定义为内联函数，即使定义，系统也将作为一般函数处理。

关键字 inline 可以在函数声明和定义处，也可只用于一处。如果函数定义在调用之后，则必须在函数声明中就包括 inline，否则将作为一般函数处理。在多文件结构中，每个文件中都必须重新定义该内联函数，这与一般函数定义不同，是一个例外。建议把内联函数的定义放在头文件中，在每个调用该内联函数的文件中都包含该头文件。

6.9 头文件与多文件结构

在 C++中，一个较大的程序通常被分解成若干个源程序文件，然后对每个源程序文件单独进行编辑、编译。这些源程序文件由一个工程文件进行管理，最后连接成一个完整的程序。

6.9.1 头文件

在将一个程序分解成若干个文件时，需要考虑标识符在其他文件中的可见性。使用头文件是一个很有效的方法。在前面程序中经常看到如下语句：

```
#include <iostream>
using namespace std;
```

其中，<iostream>是在标准名字空间域 std 中定义的头文件。对应的传统方式的文件名为 <iostream.h>，头文件以.h 为后缀。

C++系统提供了一个很大的常用函数库。用户可以直接使用库函数，而不必自己定义，这给编程带来很大方便。系统根据功能的不同将这些函数或它们的声明分类存放在不同的头文件中，如 iostream 中定义或声明与输入输出有关的对象和成员函数，cmath 中定义或声明大量的数学函数，cstring 中定义或声明了大量与字符串相关的函数等。所有系统定义的头文件都存放在系统目录的 include 子目录下。附录中列举了一些常用的头文件和库函数，详细内容可查阅有关手册。用户只要将头文件包含进自己的文件，就可以直接使用头文件中定义或声明的函数了。

除了系统定义的头文件外，用户还可自定义头文件。用户可将一些具有外存储类型的标识符的声明放在头文件中，具体地讲，头文件中可以包括用户构造的数据类型（如枚举型）、外部变量、函数声明、常量和内联函数等。但放在头文件中的标识符应具有一定的通用性，一般性的变量和函数不宜放在头文件中。

6.9.2　多文件结构

一个较大的程序被分割成若干个规模较小的程序文件，就形成了程序的多文件结构。多文件结构是通过工程进行管理的。

工程文件是由编译器建立的，用户可以在工程中建立自己的头文件.h 和源程序文件 .cpp。一般在头文件中定义用户自己定义的数据类型和外部函数声明，而函数的实现则定义在不同的.cpp 文件中。每个程序文件单独进行编辑和编译，如果源程序文件中有编译预处理指令，则首先经过编译预处理，再经过编译生成目标文件.obj，所有的.obj 文件经过连接最终生成完整的可执行文件.exe。关于编译预处理，在后面的内容中介绍。

如图 6.14 所示为一个多文件系统的开发过程。如果不使用多文件结构，则程序中的任何一处修改都必须重新编译连接整个文件。

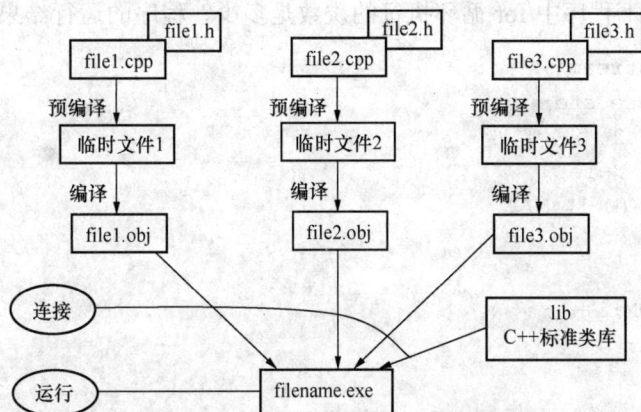

图 6.14　C++程序的开发过程

多文件结构管理程序的好处十分明显：首先，可以避免重复性的编译，如果修改了个别函数，只需编译该函数所在的文件即可；其次，将程序进行合理的功能划分后，更容易设计、调试和维护；另外，通常把相关函数放在一个文件中，这样就形成了一系列按照功能分类的文件，便于其他文件引用。

6.10　编 译 预 处 理

编译预处理是在编译源程序之前，由预处理器对源程序进行的一些加工处理工作。预处理器是包含在编译器中的预处理程序。编译预处理指令一律以"#"开头，以回车符结束，每条指令占一行，并且放到源程序文件的开始部分。

编译预处理的作用是对源程序文件进行处理，生成一个中间文件，编译器对此中间文件进行编译并生成目标代码。编译预处理不影响原文件的内容。本节介绍 3 种预处理指令：宏定义、文件包含（嵌入）和条件编译。

6.10.1　宏定义命令

宏定义指令#define 分为带参数和不带参数两种。

1. 不带参数的宏定义

不带参数的宏定义用来产生于一个字符串对应的常量（字符）串，格式为：

```
#define 宏名　 常量串
```

预处理后的文件中只要出现该宏名的地方均用其对应的常量串代替。替换过程称为宏替换或宏展开。例如，假如使用指令

```
#define  PI  3.1415926
```

则程序中可以使用标识符 PI，编译预处理后产生一个中间文件，文件中所有的 PI 都被替换为 3.1415926。

宏替换只是字符串和标识符之间的简单替换。预处理本身并不做任何数据类型和合法性检查，也不分配内存单元。

宏替换只是字符串和标识符之间的简单替换。预处理本身并不做任何数据类型和合法性检查，也不分配内存单元。

【例 6.23】　以下程序中 for 循环执行的次数是多少？程序的运行结果是什么？

```
#include <iostream>
using namespace std;
#define  N    2
#define  M    N+1
#define  NUM  (M+1)*M/2
void main()
{int i;
for(i=1;i<=NUM;i++);
cout<<i<<endl;
}
```

首先看一下程序结构，就两个语句，一个 for 语句，一个输出语句，但是要注意 for 语句的循环体是空语句";"，输出语句不是 for 的循环体。

开始执行程序：

遇到 NUM 要进行宏展开：

（1）将 NUM 换为：`(M+1)*M/2`

（2）将上式中的 M 换为 N+1：`(N+1+1)*N+1/2`

（3）将 N 换为 2：`(2+1+1)*2+1/2`

大家有疑问的可能是（2），N+1 不是一个整体吗？这样换不就分开了，但是 c++就是这样处理的，很机械的简单替换，所以，for 循环执行的次数是 8 次，程序的执行结果是：

`9`

2. 带参数的宏定义

带参数的宏定义的形式很像函数定义，格式为：

`#define 宏名(形参表)  参数表达式`

例如，进行如下宏定义：

`#define S(a,b)  (a)*(b)/2`

程序中可以使用 S(a,b)，预处理后产生一个中间文件，其中所有的 S(a,b) 都被替换成 (a)+(b)/2。

宏展开过程同样是宏名和常量之间的简单替换，不做参数名匹配检查，也不为参数分配单元。因此宏定义时形参通常要用括号括起来，否则容易导致逻辑错误，例如对于宏定义：

`#define S(a,b)  a*b/2`

程序中的 S(3+5,4+2)会被宏展开为 3+5*4+2/2。而对于：

`#define S(a,b)  (a)*(b)/2`

则同样的式子将被展开为(3+5)*(4+2)/2。

显然前一个宏定义不符合编程者的意图。

不带参数宏定义与 const 说明符定义常量从效果上看是一样的，但它们的机制不同。首先，宏定义是在预处理阶段完成的，而 const 定义则在编译阶段实现。其次，宏定义只是一种简单的字符串替代，不会为字符串分配内存单元，替代过程也不进行语法检查，即使指令中的常量字符串不符合要求，预处理的替代过程也一样按指令给出的格式进行；而 const 定义则是像定义一个变量一样定义一个常量标识符，系统要按照类型要求为该标识符分配内存单元，同时在将常量放入单元时进行类型检查，如果类型不匹配，则类型相容的会进行系统的类型转换，不相容的就会提示错误。

同样，带参数的宏定义像定义函数，但它与函数有本质的不同，宏定义仍然是只产生字符串替代，不存在分配内存和参数传递。

为便于与其他标识符区分，宏名通常用大写字母表示。另外，为了尽量发挥编译器的作用，不提倡使用宏定义，而是建议用 const 常量和内联函数。

【例 6.24】 写出下列程序的运行结果。

```
#include "iostream.h"
#define  P  4
#define F(x)  P*x*x
void main()
{
  int m=2,n=4;
```

```
    cout<<F(m+n)<<endl;
    }
```

这是一个带参数的宏定义，遇到 F(m+n)要进行宏展开，注意仍然是简单替换，用 m+n 替换 x，得到：

```
P*m+n*m+n
```

再用 4 替换 P，得到：`4*m+n*m+n`

计算结果是：

```
20
```

6.10.2　文件包含

文件包含用#include 指令，预处理后将指令中指明的源程序文件嵌入到源程序文件的命令位置处。格式为：

```
#include <文件名>
```

或

```
#include "文件名"
```

第 1 种方式称为标准方式，预处理器将在 include 子目录下搜索由文件名所指明的文件。这种方式适用于嵌入 C++提供的头文件，因为这些头文件一般都存在 C++系统目录 include 子目录下。而对于第 2 种方式，编译器首先在当前文件所在的目录下搜索，如果找不到，再按标准方式搜索，这种方式适用于嵌入用户自己建立的头文件。

一个被包含的头文件还可以有#include 指令，即#include 指令可以嵌套，但是，如果同一个头文件在同一个源程序文件中被重复包含，就会出现标识符重复定义的错误。例如，头文件 f2.h 中包含了 f1.h，如果文件 f3.cpp 中包含了 f1.h，又包含了 f2.h，那么编译时将提示错误，原因是 f1.h 被包含了两次，其中定义的标识符在 f3.cpp 中被重复定义。为了避免重复包含，可以使用条件编译命令。

6.10.3　条件编译命令

通常情况下，源程序中的所有语句都将被编译，但有时希望源程序中的某部分程序只在某种条件下才能编译，而没有被编译的部分就像不存在一样。这时就要使用条件编译指令。条件编译指令包括#if、#else、#ifdef、#ifndef、#endif、#undef 等。

条件编译指令有两类：一类是根据宏名是否定义来确定是否编译某些程序段，另一类是根据表达式的值来确定被编译的程序段。

1. 宏名作为编译条件

格式为：

```
#ifdef 宏名
程序段 1
(#else
程序段 2)
#endif
```

其中，程序段可以是程序，也可以是编译预处理指令。可以通过在该指令前面安排宏定义来控制编译不同的程序段。

例如，在调试程序时经常要输出调试信息，而调试完成后却不需要输出这些信息，这时可以把输出调试信息的语句用条件预编译指令括起来。形式如下：

```
#ifdef DEBUG
    cout<<"a="<<a<<'\t'<<"x="<<x<<endl;
#endif
```

在程序调试期间，在该条件编译指令前增加宏定义：

```
#define DEBUG
```

调试完成后，删除 DEBUG 宏定义，将源程序重新编译一次即可。当条件编译的程序段较大时，用这种方法比直接从程序中删除相应的程序段要简单得多。

#ifndef 与#ifdef 的作用一样，只是选择的条件取反。用条件编译指令还可以处理文件重复包含问题。例如传统的头文件 iostream.h 本身包含了 mem.h，如果源程序中使用如下命令：

```
#include <mem.h>
#include <iostream.h>
```

就会造成重复包含 mem.h。为了避免这种情况，在mem.h 中有如下宏定义：

```
#define MEM._H
```

相应地，iostream.h 中也有如下条件包含命令：

```
#ifndef  MEM._H
#include <mem.h>
#endif
```

如果该指令前没有宏定义名，则编译该程序段；否则不编译该程序段。

2. 用表达式的值作为编译条件

格式为：

```
#if 表达式
程序段 1
(#else
程序段 2)
#endif
```

根据表达式的值选择编译不同的程序段。表达式通常只包含一些常量的运算。

条件包含指令中的#if 指令与程序中的 if 指令是不同的。前者对源程序进行处理，使编译器只对源程序一部分进行编译，产生目标代码；而后者则会被编译器全部翻译为目标代码，在程序执行过程中控制程序中的流程。所以前者生成的目标代码一般比后者小。

#undef 指令用来取消#define 所定义的符号，这样可以根据需要打开和关闭符号。

习　　题

一、填空题

1. 被定义为形参的是在函数中起_____作用的变量，形参只能用_____表示。实参的作用是_____，实参可以用_____、_____、_____表示。

2. 局部域包括_____、_____和_____。使用局部变量的意义在于_____。

3. 静态局部变量存储在_____区，在_____时候建立，生命期为_____。如果定义时未显式初始化，则其初值为_____。

4. 局部变量存储在_____区，在_____时候建立，生命期为_____。如果定义时未显式初始化，则其初值为_____。

5. 编译预处理的作用是_____，预处理命令的标志是_____。在多文件系统中，程序由_____来管理。用户自定义头文件中通常定义一些_____。

6. 设有函数说明如下：

```
f(int x,int y){return x%y+1;}
```

假定 a=10，b=4，c=5，则下列语句的执行结果分别是什么？

（1）cout<<f(a,b)+f(a,c);　　　　　　（2）cout<<f(f(a+c,b),f(b,c));

7. 下列程序的运行结果分别为_____和_____。

程序 1:

```
#include <iostream.h>
int a,b;
void f(int j)
{    static int i=a;
     int m,n;
     m=i+j;j++;i++;n=i*j;a++;
     cout<<"i="<<i<<'\t'<<"j="<<j<<'\t';
     cout<<"m="<<m<<'\t'<<"n="<<n<<endl;
}
void main(){
     a=1;b=2;
     f(b);f(a);
     cout<<"a="<<a<<'\t'<<"b="<<b<<endl;
}
```

程序 2:

```
#include <iostream.h>
float sqr(float a){ return a*a;}
float p(float x,int n)
{
     cout<<"in-process: "<<"x="<<x<<'\t'<<"n="<<n<<endl;
     if(n==0)return 1;
     else if(i%2!=0)return x*sqr(p(x,n/2));
}
void main(){
     cout<<p(2.0,13)<<endl;
}
```

二、简答题

1. 函数的形参和实参是如何对应的？形参和实参的数目必须一致吗？什么情况下可以不一致？

2. 函数和内联函数的执行机制有何不同？定义内联函数有何意义？有何要求？

3. 全局变量和全局静态变量的区别在哪里？为什么提倡尽量使用局部变量？

4. 函数重载的作用是什么？满足什么条件的函数才可以成为重载函数？重载函数在调用时是怎样进行对应的？

5. 多文件结构的程序是如何进行管理并运行的？采用多文件结构有什么好处？

6. 宏定义与常量定义从作用效果上看是一样的，两者是否完全相同？

三、编程与综合习题

1. 设计函数，将小写英文字母变为对应的大写字母。

2. 设计两个函数，分别求两个整数的最大公约数和最小公倍数。

3. 设计函数 digit(num, k)，返回整数 num 从右边开始的第 k 位数字的值。例如：

```
digit(4647,3)=6
digit(23523,7)=0
```

4. 设计函数 factors(num, k)，返回整数 num 中包含因子 k 的个数，如果没有该因子，则返回 0。

5. 哥德巴赫猜想指出：任何一个充分大的偶数都可以表示为两个素数之和。例如：

4=2+2　　6=3+3　8=3+5　…　50=3+47

将 4～50 之间的所有偶数用两个素数之和表示。用函数判断一个整数是否为素数。

6. 设计函数打印直方图，直方图的宽度为 3 行，每列代表数据 1%。如下面的图形代表 10%。

```
|
|* * * * * * * * * *
|* * * * * * * * * *
|* * * * * * * * * *
|
```

7. 定义递归函数实现下面的 Ackman 函数。

$$\text{Acm}(m,n)=\begin{cases} n+1 & m=0 \\ \text{Acm}(m-1,1) & n=0 \\ \text{Acm}(m-1,\text{Acm}(m,n-1)) & n>0,m>0 \end{cases}$$

其中，m、n 为正整数。设计程序求 Acm(2,1)、Acm(3,2)。

8. 定义一个内联函数，判断一个字符是否为数字字符。

9. 设计两个重载函数，分别求两个整数相除的余数和两个实数相除的余数。两个实数求余定义为实数四舍五入取整后相除的余数。

10. 建立一个头文件 area.h，在其中定义两个面积函数 area( )，分别用来计算半径为 r 的圆的面积和边长为 a 和 b 的矩形面积。另外建立文件 area.cpp，在其中定义主函数，通过包含 area.h，输入数据并输出圆和矩形的面积。

11. 下面函数的执行结果是什么？

（1）

```
#include<iostream>
using namespace std;
```

```
   int x1=30,x2=40;
   sub(int x,int y)
   {
       x1=x;
       x=y;
       y=x1;
   }
void main()
{
   int x3=10,x4=20;
   sub(x3,x4);
   //sub(x2,x1);
   cout<<x3<<x4<<x1<<x2<<endl;
}
```

(2)

```
#include <iostream>
using namespace std;
int k=0;
void fun(int m)
{
 m+=k;
 k+=m;
 cout<<m<<k<<endl;
}

void main()
{
 int i=4;
 fun(i);
 cout<<i<<k<<endl;
}
```

(3)

```
#include<iostream>
using namespace std;
f( int a)
{
    int b=0;
    static int c = 3;
    b++; c++;
    return(a+b+c);
}
void main()
{
    int a =3, i,s=0;
    for(i=0;i<4;i++)
        s=s+f(a);
    cout<<s<<endl;
}
```

(4)

```cpp
#include<iostream>
using namespace std;
int a,b;
void fun()
{
    a=100;b=200;
}
void main()
{
    int a=5,b=7;
    fun();
    cout<<a<<b<<endl;
}
```

(5)

```cpp
#include<iostream>
using namespace std;
void fun()
{
static int a=0;
a+=2; cout<<a;
}
void main()
{
int cc;
for(cc=1;cc<4;cc++) fun();
cout<<endl;
}
```

(6)

```cpp
#include<iostream>
using namespace std;
int func(int a,int b)
{
    return(a+b);
}
void main()
{
    int x=2,y=5,z=8,r;
    r=func(func(x,y),z);
    cout<<r<<endl;
}
```

(7)

```cpp
#include<iostream>
using namespace std;
int abc(int u,int v);
void main()
{
```

```
        int a=24,b=16,c;
        c=abc(a,b);
        cout<<c<<endl;
    }
    int abc(int u,int v)
    {
    int w;
        while(v)
        {w=u%v;u=v;v=w;}
        return u;
    }
```

（8）

```
#include<iostream>
using namespace std;
#define PT 5.5
#define S(x) PT*x*x
void main()
{
    int a=1,b=2;
    cout<<S(a+b);
}
```

（9）

```
#include<iostream>
using namespace std;
#define MIN(x,y) (x)<(y)?(x):(y)
void main()
{
    int i,j,k;
    i=10;j=15;k=10*MIN(i,j);
    cout<<k<<endl;
}
```

（10）

```
#include<iostream>
using namespace std;
#define N 2
#define M N+1
#define K M-3*M/3
void main()
{
    cout<<K<<endl;
}
```

12. 下面递归函数的执行结果是什么？

（1）

```
void p1(int w)
{   int i;
    if(w>0){
```

```
        for(i=0;i<w;i++)cout<<'t'<<w;
        cout<<endl;
        p1(w-1);
    }
}
```

调用 p1(4)。

（2）

```
void p2(int w)
{    int i;
    if(w>0){
    p2(w-1);
    for(i=0;i<w;i++)cout<<'t'<<w;
    cout<<endl;
    p2(w-1);
    }
}
```

调用 p2(4)。

（3）

```
void p3(int w)
{    int i;
    if(w>0)
    {    for(i=0;i<w;i++)cout<<'t'<<w;
        cout<<endl;
        p3(w-1);
        p3(w-2);
    }
}
```

调用 p3(4)。

（4）

```
void p4(int w)
{
    int i;
    if(w>0)
    {
        for(i=0;i<w;i++)cout<<'t'<<w;
        cout<<endl;
        p4(w-1);
        for(i=0;i<w;i++)cout<<'t'<<w;
    }
}
```

调用 p4(4)。

第二篇　提　高　篇

第 7 章　数　　组

7.1　数　组　的　概　念

在前面的章节中，介绍了 C++ 中能使用的各种基本数据类型。在基本数据类型中，由相应的类型说明语句定义的每个变量都在内存中占有一个彼此独立的存储单元。例如，说明语句：

```
int s1,s2,s3,s4,s5;
```

定义了五个整型变量 s1、s2、s3、s4 和 s5，每个变量在内存中都占有一个存放整型数据的存储单元，但这五个存储单元在内存中的位置彼此独立、互不相关。图 7.1 是这五个变量在内存中的存储情况示意。

如果将五个数存储在这五个变量中，想要从这五个数中找出最大的那个数，需要用到以下的程序段：

```
…
max=s1;
if(max<s2)max=s2;
if(max<s3)max=s3;
if(max<s4)max=s4;
if(max<s5)max=s5;
…
```

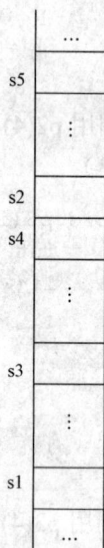

图 7.1　变量存储示意图

如果想要把这五个数或者更多的数按从大到小的顺序排列，程序的繁琐程度可想而知。造成程序繁琐的原因在于选用的数据结构不合适。因此，要使程序精练，提高编程和解题的效率，就应该根据需要处理数据的特性，选择合适的数据结构。

C++ 除了基本类型数据以外，还提供了构造类型的数据。构造类型数据是由基本类型数据按一定规则组成的，数组就属于一种构造型数据。在处理批量的相互关联的数据时，使用数组可以使程序变得简捷、灵活、易读。

数组是有序数据的集合，数组中的数据称为数组元素，数组中的每个数组元素都属于同一种数据类型。通常用数组名和下标来唯一地标识数组中的元素，即一个数组中不同的数组元素的名字相同，下标不同。例如，有一个名字为 t 的数组，我们可以用 t[0]、t[1]、t[2]…来表示 t 数组中不同的数组元素。值得注意的是，在 C++ 中，数组元素的下标要用方括号括起来。

前面所述的 t 数组的数组元素只有一个下标，这样的数组称为一维数组。如果数组元素具有两个下标，这样的数组称为二维数组。数组元素具有两个以上下标的数组是多维数组。本书只涉及一维数组和二维数组的使用。

在 C++ 中，使用数组也要遵循"先定义后使用"的规则。

7.2　一维数组的定义和使用

7.2.1　一维数组的定义

定义一维数组的格式为：

类型标识符　数组说明符 1 [,数组说明符 2,数组说明符 3,…];

对于一维数组来说，其数组说明符的格式为：

数组名 [常量表达式]。

例如下面定义一维数组的语句：

float s[6];

表示定义了一个实型（单精度型）数组，数组的名字为 s，数组中有 6 个元素。

说明：

（1）数组名的命名规则和变量名相同，遵循标识符命名规则。

（2）数组说明符方括号中的常量表达式表示数组元素的个数，即数组的长度。例如，在"float s[6];"中，方括号中的 6 表示数组 s 中有 6 个元素。C++规定，数组元素的下标从 0 开始，因此 s 数组中元素的下标范围是 0~5，这 6 个元素表示为：s[0]，s[1]，s[2]，s[3]，s[4]，s[5]。

（3）常量表达式中可以包括常量、常变量和符号常量。

下面的程序段中，首先定义了符号常量，然后在定义数组时用符号常量的值决定数组的长度。

```
…
#define N 10                    //定义符号常量 N
void main( )
{int a[N];                     //定义整型数组 a,长度为 10,数组元素下标范围是 0~9
…}
```

下面的程序段，首先定义常变量，然后在定义数组时用常变量决定数组的长度。

```
const int n=10;                //定义常变量 n
int a[n];                      //定义整型数组 a,长度为 10
```

（4）常量表达式中不能包括变量，即 C++不允许对数组的大小作动态定义，数组的大小不依赖于程序运行过程中变量的值。例如，下面定义数组的例子是不合法的。

```
int m;                         //定义变量 m
cin>>m;                        //给变量 m 输入数据
float s[m];                    //定义数组,试图用变量 m 的值决定数组长度,出错
```

7.2.2　一维数组的初始化

数组初始化就是在定义数组时，给每一个数组元素赋予一个初值。形式为：

类型标识符　数组名[常量表达式]={数据表};

其中，数据表中的数据可以是常量、常变量、符号常量和常量表达式，数据之间用逗号分开。应用中常见以下几种形式。

（1）数据表中数据的个数和数组长度相等。例如：

```
int a[5]={1,2,3,4,5};
```

定义数组长度与数据表中数据个数均为 5，将这 5 个数据按顺序依次赋给数组元素，即 a[0]=1，a[1]=2，a[2]=3，a[3]=4，a[4]=5。

（2）数据表中数据的个数少于数组长度。例如：

```
int a[5]={1,2,3};
```

定义数组 a 有 5 个数组元素，但数据表中只有 3 个数据，则将这 3 个数据依次赋给 a[0]，a[1]，a[2]，后两个数组元素的值默认为 0。

```
int a[100]={0};
```

表示数组 a 中所有数组元素的初值都为 0。

（3）若省略数组说明符中的常量表达式，则数组的长度由数据表中数据元素的个数确定。例如：

```
int a[ ]={1,2,3,4,5};
```

系统根据数据表中的数据个数确定数组的长度为 5，各数组元素的初值依次为：a[0]=1，a[1]=2，a[2]=3，a[3]=4，a[4]=5。

（4）数据表中的数据可以是常量表达式。例如：

```
int a[10]={1,2,3*7};
```

数据表中的第三个数据为常量表达式 3*7，表示该数据为 21，因此，数组 a 各元素的初值分别为：a[0]=1，a[1]=2，a[2]=21，a[3]～a[9]均为 0。

7.2.3 一维数组的存储结构

一维数组在内存中占据一片连续的存储单元，数组元素的存放顺序与下标的顺序一致。例如：

```
int s[5];
```

定义数组 s 为包含 5 个数组元素的整型数组，因此数组 s 在内存中占据 5 个连续的整型数据存储单元，其存储情况如图 7.2 所示。

7.2.4 引用一维数组元素

定义了数组后，就可以使用了。C++规定，在使用数组时，不能对数组进行整体操作，即不能一次引用数组中的全部元素，只能对数组元素单个地进行引用。引用一维数组元素的形式为：

数组名[下标]

其中下标可以是整型常量或整型表达式。例如：

```
a[0]=0;              //给数组元素 a[0]赋值为 0
a[i]=i*2;            //将 i*2 的值赋给数组元素 a[i]
```

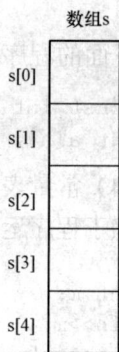

需要注意的是，在引用数组元素时，下标值不要超过定义数组时确定的下标范围，以免引起不必要的错误。

数组 s

s[0]

s[1]

s[2]

s[3]

s[4]

图 7.2 一维数组的
存储结构

【例 7.1】　将数列 0，10，20，30，……，90 输入到数组中，然后按逆序输出。

程序如下：

```
#include <iostream.h>
void main( )
{int i,a[10];                        //定义数组,数组元素下标范围为 0~9
 for(i=0;i<10;i++)                   //输入数据,变量 i 指定数组元素的下标范围
   a[i]=i*10;
 for(i=9;i>=0;i--)                   //逆序输出数据
   cout<<a[i]<< ',';
 cout<<'\n' ;
}
```

程序运行结果为：

```
90,80,70,60,50,40,30,20,10,0,
```

从程序中可以看出，在一个以变量 i 控制的循环结构中引用数组元素 a[i]，可以将一批数据依次输入到由变量 i 指定的数组元素中，或将变量 i 指定的数组元素的值依次输出。

思考：将上述程序中的语句"for(i=9;i>=0;i--)"修改为"for(i=10;i>=0;i--)"，程序运行的结果是什么？有没有错？如果有错找出错误原因。

7.2.5　一维数组应用举例

【例 7.2】　输入 30 名学生某门功课的成绩，统计 100 分、90~99 分、80~89 分、70~79 分、60~69 分以及不及格的人数。

题目中要求统计 6 个分数段的人数，因此定义一个长度为 6 的整型数组 c，利用数组元素作为各分数段的计数器，即，100 分的人数存放在 c[5]中，90~99 分人数存放在 c[4]中，80~89 分人数存放在 c[3]中，70~79 分人数存放在 c[2]中，60~69 分人数存放在 c[1]中，不及格人数存放在 c[0]中。

程序如下：

```
#include <iostream.h>
void main( )
{ float cj[30];                      //定义 cj 数组,存放 30 名学生的成绩
  int c[6]={0},i,k;                  //定义数组 c,并将所有数组元素的初值置为 0
  i=0;
  while(i<30)
  { cin>>cj[i];                      //输入学生成绩
    i++;
  }
  for(i=0;i<30;i++)
  {   k=cj[i]/10;                    //k 中式成绩的前两位数
    switch(k)
    { case 10:c[5]++;break;
      case 9:c[4]++;break;
      case 8:c[3]++;break;
      case 7:c[2]++;break;
      case 6:c[1]++;break;
      default:c[0]++;
    }
```

```
  }
  cout<<"各分数段人数: "<<'\n';
  cout<<"不及格 "<<" 60~69 "<<" 70~79 "<<" 80~89 "<<" 90~99 "<<" 100 "<<'\n';
  for(i=0;i<6;i++)
    cout<<" "<<c[i]<<"    ";
}
```

程序的运行结果如下：

```
82.5 76.2 96.0 81.0 69.5↵
90.5 63.0 77.4 89.0 72.0↵
66.5 84.0 65.0 91.0 66.0↵
62.5 79.0 73.5 81.0 57.0↵
65.7 79.0 83.5 65.5 23.0↵
61.0 100 23.5 98.5 89.5↵
```

各分数段人数：

```
不及格  60~69 70~79 80~89 90~99 100
  3     9     6     7     4    1
```

【例 7.3】 　一个有序数列中有 16 个数，任意输入一个数，判断该数是否在数列中。如果该数在数列中，就输出该数在数列中所处的位置；否则，输出信息"数列中没有这个数"。

在有序数列中查找某数，可以使用折半查找算法。折半查找算法概述如下。

假设数列按从大到小的顺序排列，将数列存放在数组 a 中，待查找的数放在变量 x 中。设三个表征数据在数组中存放位置（即数组元素下标）的变量 top、bottom 和 middle，其中 top 中存放位于查找范围顶部的数的位置，bottom 中存放位于查找范围底部的数的位置，即用数组元素下标表示的查找范围是[top, bottom]。middle 中存放处于查找范围中间部位的数的位置，middle=(top+bottom)/2。所谓折半查找是指利用 middle 将查找范围分为两个区间，让 x 与数组中下标为 middle 的数组元素比较大小，确定 x 在哪个区间，然后将该区间作为新的查找范围进行新一轮查找，这个过程一直进行下去，直到找到 x 或确定数列中无 x 为止。

在每一轮查找中，需要进行下面的判断。

（1）判断条件 x == a[middle]是否为"真"，如果为"真"，表示在数列中找到 x，查找过程结束。否则执行（2）。

（2）判断 x 是否小于 a[middle]，如果小于，则 x 在数列中的位置在 middle+1 和 bottom 之间，下一步的查找只需在这个范围内进行，也就是说新的查找范围为[middle+1,bottom]，即 top=middle+1，而 bottom 保持不变。如果 x 不小于 a[middle]，就执行（3）。

（3）此时 x 必定大于 a[middle]，表示 x 在数列中的位置在 top 和 middle-1 之间，下一步的查找只需在这个范围内进行，也就是说新的查找范围为[top,middle-1]，即 top 保持不变，而 bottom=middle-1。

在两种情况下查找过程结束。一是已经在数列中找到了待查找的数；二是在数列中没有要找的数，使得 top>bottom。

假设在数列 100，78，57，49，45，32，30，23，15，13，9，8，6，5，3，2 中查找 13（x=13），数列在数组中存储的情况以及查找过程中变量 top、middle、bottom 的变化情况见表 7-1。

表 7-1 　　　　　　　　　　　　　　折 半 查 找 过 程 示 意

| 数组 a | | 查找过程 | | |
下标	数组元素值	第一轮	第二轮	第三轮
0	100	top=0		
1	78			
2	57			
3	49			
4	45			
5	32			
6	30			
7	23	middle=7		
8	15		top=8	top=8
9	13			middle=9
10	9			bottom=10
11	8		middle=11	
12	6			
13	5			
14	3			
15	2	bottom=15	bottom=15	

　　算法的 N-S 图如图 7.3 所示。定义一个整型变量 f 来标志在数列中是否找到了 x。查找过程结束后，若 f 为 1，表示在数列中找到 x，f 为 0，表示数列中没有要找的数。

　　程序如下：

```
#include <iostream.h>
void main( )
{ int a[16],top,bottom,middle,i,x,f;
  cout<<"请按从大到小的顺序输入16个数"<<'\n';
  for(i=0;i<16;i++)
   cin>>a[i];
  cout<<"请输入待查的数：";
  cin>>x;
  top=0,bottom=15,f=0;
  while(top<=bottom)
  { middle=(top+bottom)/2;
    if(x==a[middle])
    { f=1;
      break;}
    else if(x>a[middle])  bottom=middle-1;
    else  top=middle+1;
  }
  if(f)                            //等价于 if(f==1)
    cout<<"找到了"<<x<<",它是数列中的第"<<middle+1<<"个数．";
```

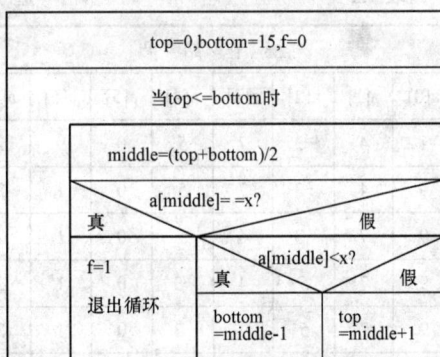

图 7.3　折半查找算法 N-S 图

```
    else
        cout<<"数列中没有这个数。";
    cout<<endl;
}
```

第一次运行结果如下：

请按从大到小的顺序输入 16 个数
100 78 57 49 45 32 30 23↵
15 13 9 9 6 5 3 2↵
请输入待查找的数：13
找到了 13，它是数列中的第 10 个数.

第二次运行结果如下：

请按从大到小的顺序输入 16 个数
68 63 56 54 46 43 36 34 27 25 20 19 16 14 9 5↵
请输入待查找的数：4↵
数列中没有这个数。

【例 7.4】 用选择法对任意 n 个数按降序（从大到小的顺序）排序。

用选择法将数列按降序排序的思路是：首先在 n 个数中找出最大的数和它所处的位置，将这个最大的数和数列中第一个数互换，然后在除第一个数而外的 n-1 个数构成的数列中开始新一轮操作：找出最大的数和它所处的位置，将这个最大数和数列中的第一个数互换。这种操作共进行 n-1 轮。

以 8 个数为例说明选择法排序的过程。将 8 个数依次存放在 a 数组的 a[0] 至 a[7] 中，如表 7.2 所示。

表 7.2   选 择 法 排 序 的 过 程

操 作 结 果								操作过程说明
a[0]	a[1]	a[2]	a[3]	a[4]	a[5]	a[6]	a[7]	
1	4	-3	7	5	0	9	2	未排序时的情况
9	4	-3	7	5	0	1	2	第 0 轮：a[0]~a[7] 中最大的数在 a[6] 中，将 a[0] 与 a[6] 中的数互换
9	7	-3	4	5	0	1	2	第 1 轮：a[1]~a[7] 中最大的数在 a[3] 中，将 a[1] 与 a[3] 中的数互换
9	7	5	4	-3	0	1	2	第 2 轮：a[2]~a[7] 中最大的数在 a[4] 中，将 a[2] 与 a[4] 中的数互换
9	7	5	4	-3	0	1	2	第 3 轮：a[3]~a[7] 中的最大数就在 a[3] 中，不用互换
9	7	5	4	2	0	1	-3	第 4 轮：a[4]~a[7] 中最大的数在 a[7] 中，将 a[4] 与 a[7] 中的数互换
9	7	5	4	2	1	0	-3	第 5 轮：a[5]~a[7] 中最大的数在 a[6] 中，将 a[5] 与 a[6] 中的数互换
9	7	5	4	2	1	0	-3	第 6 轮：a[6]~a[7] 中的最大数就在 a[6] 中，不用互换

在每轮操作中，首先要在某个范围内找到最大的数及其所处的位置，然后将这个最大数和查找范围内的第一个数互换。下面以第 0 轮操作为例，来说明每轮操作的具体过程。在第 0 轮操作中，在 a[0]~a[7] 之中找最大数，用变量 w 记录其位置。表 7.3 为第 0 轮操作过程说明。

表 7.3 第 0 轮操作过程说明

操作结果								操作过程说明
a[0]	a[1]	a[2]	a[3]	a[4]	a[5]	a[6]	a[7]	
1	4	-3	7	5	0	9	2	a[0]~a[7]中的原始值
①	4	-3	7	5	0	9	2	设 a[0]中的数最大(加圈示意,下同),令 w=0
1	④	-3	7	5	0	9	2	将 a[w]与 a[1]进行比较,a[1]中的数大,因此 w=1
1	④	-3	7	5	0	9	2	将 a[w]与 a[2]进行比较,a[w]中的数大,w 保持不变
1	4	-3	⑦	5	0	9	2	将 a[w]与 a[3]进行比较,a[3]中的数大,因此 w=3
1	4	-3	⑦	5	0	9	2	将 a[w]与 a[4]进行比较,a[w]中的数大,w 保持不变
1	4	-3	⑦	5	0	9	2	将 a[w]与 a[5]进行比较,a[w]中的数大,w 保持不变
1	4	-3	7	5	0	⑨	2	将 a[w]与 a[6]进行比较,a[6]中的数大,因此 w=6
1	4	-3	7	5	0	⑨	2	将 a[w]与 a[7]进行比较,a[w]中的数大,w 保持不变。找最大数过程结束,w=6,a[w]中的数为 a[0]~a[7]中最大的数
9	4	-3	7	5	0	1	2	第 0 轮的操作结果:a[0]与 a[w]互换,第 0 轮操作结束

一般地,在第 i 轮(i=0~n−2)操作中,首先在 a[i]~a[n-1]之中找到最大的数 a[w],然后将 a[w]与 a[i]互换。在找最大数的过程中,首先假设 w=i,让 a[w]和从 a[i+1]到 a[n-1]的数依次比较,当比较完成后,a[w]中就是查找范围内最大的数。

算法框图如图 7.4 所示。

程序如下:

```cpp
#include <iostream.h>
#define M 100
void main( )
{ int a[M],i,j,w,t,n;
  cout<<"请输入数据个数(小于等于100):";
  cin>>n;
  cout<<" 请任意输入 "<<n<<" 个数据:
"<<endl;
    for(i=0;i<n;i++)
      cin>>a[i];
    for(i=0;i<=n-2;i++)
  { w=i;
    for(j=i+1;j<=n-1;j++)
      if(a[w]<a[j])w=j;
    if(w!=i)
    { t=a[w];a[w]=a[i];a[i]=t;} }
  cout<<"排序结果:"<<endl;
  for(i=0;i<n;i++)
   cout<<a[i]<< "  ";
  }
```

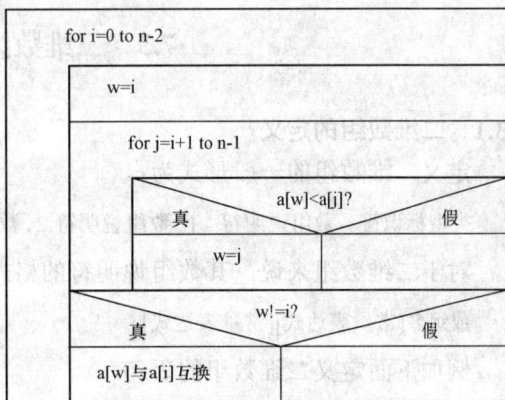

图 7.4 选择法排序算法 N-S 图

运行结果如下:

请输入数据个数(小于等于 100):10↵
请任意输入 10 个数据:
1 3 -7 9 0 4 33 8 2 -9↵

排序结果：

```
33 9 8 4 3 2 1 0 -7 -9
```

选择法排序还有一种实现方式，与上述的算法实现过程略有不同，请读者自行分析、思考。程序如下。

```
#include <iostream.h>
#define M 100
void main( )
{ int a[M],i,j,t,n;
  cout<<"请输入数据个数(小于等于100)：";
  cin>>n;
  cout<<"请任意输入"<<n<<"个数据："<<endl;
  for(i=0;i<n;i++)
    cin>>a[i];
  for(i=0;i<=n-2;i++)
    for(j=i+1;j<=n-1;j++)
        if(a[i]<a[j])
      { t=a[i];a[i]=a[j];a[j]=t;}
  cout<<"排序结果："<<endl;
  for(i=0;i<n;i++)
   cout<<a[i]<<"  ";    }
```

7.3   二维数组的定义和使用

7.3.1   二维数组的定义

定义二维数组的一般形式为：

类型标识符　数组说明符1[，数组说明符2,数组说明符3,…]；

对于二维数组来说，其数组说明符的格式为：

数组名[常量表达式][常量表达式]。

例如下面定义二维数组的语句

```
int a[4][5];
```

定义 a 为整型二维数组，数组元素第一个下标的范围是 $0 \sim 3$，第二个下标的范围是 $0 \sim 4$，数组中包含 20 个元素，这 20 个数组元素分别表示为 a[0][0], a[0][1], a[0][2], a[0][3], a[0][4], a[1][0], a[1][1], a[1][2], a[1][3], a[1][4], a[2][0], a[2][1], a[2][2], a[2][3], a[2][4], a[3][0], a[3][1], a[3][2], a[3][3], a[3][4]。

有关数组名和数组说明符中常量表达式的规则与定义一维数组时的相关规则一致。

二维数组的逻辑结构可以看成是一张表格（或一个矩阵）。数组元素的第一个下标值表示该元素在表格中的行号，第二个下标值表示该元素在表格中的列号。因此，上述 a 数组是一个 4×5（4行5列）的数组，其逻辑结构为：

a[0][0]   a[0][1]   a[0][2]   a[0][3]   a[0][4]

a[1][0]   a[1][1]   a[1][2]   a[1][3]   a[1][4]

a[2][0]   a[2][1]   a[2][2]   a[2][3]   a[2][4]

a[3][0] a[3][1] a[3][2] a[3][3] a[3][4]

利用它可以存储 4 行 5 列的矩阵,如:

$$\begin{bmatrix} 1 & 5 & 8 & 7 & 9 \\ 3 & 7 & 0 & 4 & 5 \\ 2 & 3 & 8 & 1 & 0 \\ 6 & 5 & 9 & 4 & 3 \end{bmatrix}$$

矩阵第一行的数据 1、5、8、7、9 按顺序分别存储在 a[0][0],a[0][1],a[0][2],a[0][3],a[0][4]中,第二行的数据 3、7、0、4、5 按顺序分别存储在 a[1][0],a[1][1],a[1][2],a[1][3],a[1][4]中,第三行和第四行数据的存储位置依此类推。

在 C++中,可以将二维数组看作是一种特殊的一维数组,这个一维数组的每个元素又是一个一维数组。例如,可以把 a 看作是一个一维数组,它有 4 个元素:a[0],a[1],a[2],a[3],其中的每个元素又是一个包含 5 个元素的一维数组,如图 7.5 所示。

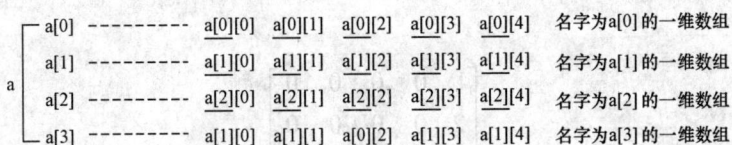

a[0] --------	a[0][0] a[0][1] a[0][2] a[0][3] a[0][4]	名字为a[0]的一维数组
a[1] --------	a[1][0] a[1][1] a[1][2] a[1][3] a[1][4]	名字为a[1]的一维数组
a[2] --------	a[2][0] a[2][1] a[2][2] a[2][3] a[2][4]	名字为a[2]的一维数组
a[3] --------	a[1][0] a[1][1] a[0][2] a[1][3] a[1][4]	名字为a[3]的一维数组

图 7.5 二维数组可看作特殊的一维数组

7.3.2 二维数组的初始化

与一维数组一样,C++也可以对二维数组初始化,即在定义二维数组时,给每一个数组元素赋予一个初值。形式为:

类型标识符 数组名[常量表达式][常量表达式]={数据表};

其中,数据表中的数据可以是常量、常变量、符号常量和常量表达式。数据之间用逗号分开。应用中常见以下形式。

(1)数据表中的数据按行的顺序用花括号"{}"括起来。例如:

```
int a[2][3]={{1,4,5},{6,7,8}};
```

数据表中的数据用花括号分成了两组,第一组数据是行标为 0 的元素的初值,第二组数据是行标为 1 的元素的初值。每组数在赋给相应行的元素时,按列的顺序赋值。赋初值后数组各元素的值为 a[0][0]=1,a[0][1]=4,a[0][2]=5,a[1][0]=6,a[1][1]=7,a[1][2]=8。

(2)数据表中的数据不分组,写在一个花括号内。例如

```
int a[2][3]={1,4,5,6,7,8};
```

这种方式按行的顺序为数组元素赋初值,赋值的结果和(1)中的例子相同,即 a 数组中各元素的值为:

$$\begin{bmatrix} 1 & 4 & 5 \\ 6 & 7 & 8 \end{bmatrix}$$

(3)可以对部分元素赋初值。例如:

```
int b[4][5]={{1},{2,5},{3},{4,8,7}};
```

在对某行元素赋初值时，如果对应数据组中的数据个数不够，不足部分默认为 0。即上述表示形式等价于：

```
int b[4][5]={{1,0,0,0,0},{2,5,0,0,0},{3,0,0,0,0},{4,8,7,0,0}};
```

因此，b 数组各元素的值为：

$$\begin{bmatrix} 1 & 0 & 0 & 0 & 0 \\ 2 & 5 & 0 & 0 & 0 \\ 3 & 0 & 0 & 0 & 0 \\ 4 & 8 & 7 & 0 & 0 \end{bmatrix}$$

再看几个例子。

```
int b[4][5]={{1},{2},{3}};
```

数据表中少了一组数据，系统默认缺少的是最后一组数据且该组数据均为 0。数组元素的值为：

$$\begin{bmatrix} 1 & 0 & 0 & 0 & 0 \\ 2 & 0 & 0 & 0 & 0 \\ 3 & 0 & 0 & 0 & 0 \\ 0 & 0 & 0 & 0 & 0 \end{bmatrix}$$

```
int b[4][5]={1,2,3,4,5,6,7,8};
```

数据表中的数据不足，不足部分默认为 0，然后按规则（2）赋值。因此数组元素的值为：

$$\begin{bmatrix} 1 & 2 & 3 & 4 & 5 \\ 6 & 7 & 8 & 0 & 0 \\ 0 & 0 & 0 & 0 & 0 \\ 0 & 0 & 0 & 0 & 0 \end{bmatrix}$$

（4）在某些情况下可以省略第一维（行）的长度。

1）如果对全部元素都赋初值，即在数据表中提供全部初始数据，系统会根据数据个数和第二维（列）的长度算出第一维（行）的长度。例如：

```
int a[ ][4]={1,2,3,4,5,6,7,8,9,10,11,12,13,14,15,16};
```

数据表中有 16 个数据，数组每行有 4 列，16/4=4，因此定义 a 数组为 4 行。数组各元素的值为：

$$\begin{bmatrix} 1 & 2 & 3 & 4 \\ 5 & 6 & 7 & 8 \\ 9 & 10 & 11 & 12 \\ 13 & 14 & 15 & 16 \end{bmatrix}$$

数组s

s[0][0]
s[0][1]
s[0][2]
s[0][3]
s[1][0]
s[1][1]
s[1][2]
s[1][3]
s[2][0]
s[2][1]
s[2][2]
s[2][3]

图 7.6　二维数组的
存储结构

2）如果只对部分元素赋初值，可将数据分组，系统按数据组数确定第一维的长度。例如：

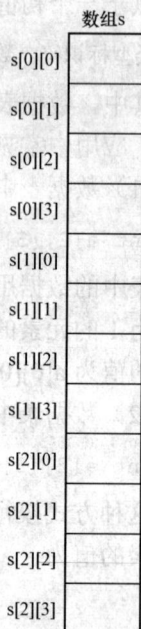

```
int a[ ][4]={{1,2,3,4},{5},{0},{0,7}};
```

根据数据的组数确定数组有 4 行。数组各元素的值为：

$$\begin{bmatrix} 1 & 2 & 3 & 4 \\ 5 & 0 & 0 & 0 \\ 0 & 0 & 0 & 0 \\ 0 & 7 & 0 & 0 \end{bmatrix}$$

需要注意的是，无论在何种情况下，定义二维数组时，第二维（列）的长度都不能省略。

7.3.3 二维数组的存储结构

与一维数组一样，二维数组在内存中也占据一片连续的存储单元，数组元素按行的顺序依次存放。例如：

```
int s[3][4];
```

数组 s 在内存中占据 12 个连续的整型数据存储单元，其存储情况如图 7.6 所示。

7.3.4 引用二维数组元素

与一维数组相同，在使用二维数组时也不能对二维数组进行整体操作，只能引用单个数组元素。引用二维数组元素的形式为：

数组名[下标][下标]

其中下标可以是整型常量或整型表达式。例如：

```
b[2][j]=5;              //把 5 赋给 b 数组行标为 2 列标为 j 的元素(2 行 j 列元素)
a[1][2]=c[i][j];        //c 数组 i 行 j 列元素的值赋给 a 数组 1 行 2 列的元素
```

和一维数组一样，在引用二维数组元素时也要注意下标的范围，无论是行标还是列标都不要超出定义的范围。

【**例 7.5**】 将任意一个 3×4 的矩阵输入到一个二维数组中，然后再将其输出。

定义一个 3 行 4 列的数组存储 3×4 矩阵，数据按行的顺序输入。程序如下：

```
#include <iostream.h>
void main( )
{ int a[3][4],i,j;
cout<<"请按行的顺序输入数据："<<endl;
for(i=0;i<3;i++)                         //i 表示行标的范围：0～2
for(j=0;j<4;j++)                         //j 表示列标的范围：0～3
    cin>>a[i][j];
cout<<"矩阵为："<<endl;
for(i=0;i<3;i++)                         //i 表示行标的范围：0～2
{ cout<<'\n';                            //换行,准备输出新一行数据
  for(j=0;j<4;j++)                       //j 表示列标的范围：0～3
  cout<<a[i][j]<< " ";}}
```

输入一个 3×4 的矩阵 $\begin{bmatrix} 1 & 5 & 8 & 7 \\ 3 & 7 & 0 & 4 \\ 2 & 3 & 8 & 1 \end{bmatrix}$，程序的运行结果如下。

请按行的顺序输入数据：

```
1 5 8 7↵
3 7 0 4↵
2 3 8 1↵
```

矩阵为：

```
1 5 8 7
3 7 0 4
2 3 8 1
```

与一维数组的输入输出类似，在对二维数组进行输入输出时也要用循环结构。由于二维数组有两个下标，所以需要用嵌套的双层循环，其中一层循环控制行标的变化，另一层循环控制列标的变化。

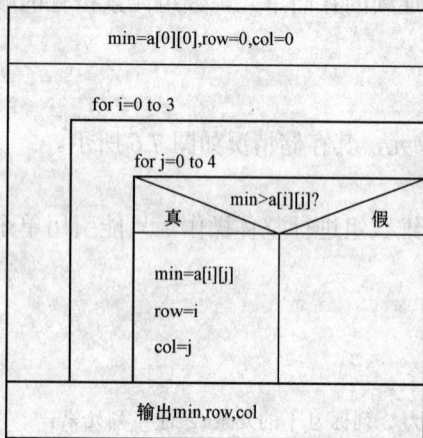

图 7.7　例 7.6 算法的 N-S 图

7.3.5　二维数组应用举例

【例 7.6】　编程从一个 4×5 矩阵中找出最小值及其所在的行号和列号。

将矩阵存放在 4 行 5 列的数组 a 中，用变量 min 存储最小值，row 存储最小值所在的行号，col 存储最小值所在的列号。

首先将 a[0][0]的值赋给 min，然后让 min 与 a[0][0]、a[0][1]、…、a[3][4]依次进行比较，每次比较后，变量 min 中存储的都是比较双方中小的数，同时用 row 和 col 记录下该数所在的行号和列号。当所有比较过程结束后，min 中的数就是矩阵中的最小数，其所在的行号和列号分别放在变量 row 和 col 中。算法 N-S 图如图 7.7 所示。

程序如下：

```
#include <iostream.h>
void main( )
{ int i,j,row,col,min,a[4][5];
  cout<<"请输入数据："<<'\n';
  for(i=0;i<4;i++)
    for(j=0;j<5;j++)
      cin>>a[i][j];
  min=a[0][0],row=0,col=0;              //设 a[0][0]最小
  for(i=0;i<4;i++)                      //a[0][0]～a[3][4]和 min 依次比较
    for(j=0;j<5;j++)
      if(min>a[i][j])                   //如果某元素的值小于 min
      { min=a[i][j];                    //min 存储该元素的值
        row=i;                          //记录该元素的行号
        col=j;                          //记录该元素的列号
      }
cout<<"最小数＝"<<min<<endl<<"位置：矩阵中第"<<row+1<<"行第"<<col+1<<"列";
}
```

运行结果如下：

请输入数据：
1 5 9 0 7↵
3 4 -9 5 3↵

```
11 5 6 2 1↵
0 6 -7 8 4↵
最小数=-9
```

位置：矩阵中第 2 行第 3 列。

【例 7.7】 　按下列形式打印杨辉三角形。

```
1
1   1
1   2   1
1   3   3   1
1   4   6   4   1
⋮   ⋮   ⋮   ⋮   ⋮
```

题目中的杨辉三角形是一个矩阵的下三角部分，可以用二维数组相应的下三角部分的元素来存放。假设用数组 a 存放杨辉三角形，存放数据的规则为：杨辉三角形第一行的元素存放在 a[0][0] 中，第二行的元素分别存放 a[1][0] 和 a[1][1] 中，……，第 n 行的元素分别存放在 a[n-1][0]～a[n-1[[n-1] 中。

杨辉三角形的数据有如下特点：

（1）杨辉三角形中第一列元素全为 1，主对角元素全为 1，即：a[i][0]=1，a[i][i]=1，i=0～n-1。

（2）除第一列元素和主对角线元素外，杨辉三角形中其余元素均为上一行的同一列元素与上一行的前一列元素之和，即：a[i][j]=a[i-1][j-1]+a[i-1][j]，i=2～n-1，j=1～i-1。例如，矩阵中第五行第二列的元素（数值为 4，存放在 a[4][1] 中），等于第四行第二列的元素（数值为 3，存放在 a[3][1] 中）和第四行第一列的元素（数值为 1，存放在 a[3][0] 中）之和，即 a[4][1]=a[3][1]+a[3][0]。

在程序实现时，首先根据特点（1）给数组相应元素赋值：第 0～n-1 行中的第 0 列和对角线元素赋值为 1，然后再根据特点（2）为其余元素赋值。输出时只输出矩阵的下三角，即每行输出到对角线元素为止。程序如下：

```c
#include <stdio.h>
#define M 20
void main( )
{ int a[M][M],i,j,n;
  printf("请输入杨辉三角形的行数(<=20):");
  scanf("%d",&n);
  //给第 0～n-1 行的第 0 列元素和对角线元素赋值
  for(i=0;i<n;i++)
  { a[i][0]=1;
    a[i][i]=1;
  }
  //给非 0 列元素和非对角线元素赋值
  for(i=2;i<n;i++)
    for(j=1;j<i;j++)
a[i][j]=a[i-1][j-1]+a[i-1][j];
  //输出
  for(i=0;i<n;i++)
  { printf("\n");                        //换行,准备输出新一行元素
```

```
        for(j=0;j<=i;j++)                //变量 j 表示列的范围,每行输出第 0～第 i 列的元素
        printf("%5d",a[i][j]);
    }
}
```

运行结果为:

请输入杨辉三角形的行数(<=20):7↵

```
    1
    1   1
    1   2   1
    1   3   3   1
    1   4   6   4   1
    1   5  10  10   5   1
    1   6  15  20  15   6   1
```

7.4 字 符 数 组

7.4.1 字符常量和字符串常量

前面章节介绍过字符常量和字符串常量,在此简单总结一下。

普通字符常量就是用单撇号括起来的一个字符,如'a'是一个合法的字符常量。字符常量在内存中占一个字节,以 ASCII 码形式存储。

字符串常量是用双撇号括起来的多个字符,如"ncepu"、"teacher"等都是字符串常量。为了方便处理,编译系统会在字符串最后自动加一个'\0'作为字符串的结束标志。例如,字符串常量"ncepu"在内存中占 6 个字节,如图 7.8 所示。字符串中的每个字符也是以 ASCII 码形式存储的,但为了直观起见,图 7.8 中直接写成了字符,请读者注意。'\0'是一个转义字符,代表 ASCII 码为 0 的字符,它不是字符串的一部分,只作为字符串的结束标志,在编写处理字符串的程序时,这个结束标志非常有用。

n	c	e	p	u	\0

图 7.8　字符串存储示意图

7.4.2 字符数组的定义

在前面介绍一维和二维数组时,我们定义的数组的类型都是数值型的,如 int 型或 float 型。如果定义数组是字符型的,那么数组中每个元素的类型都是字符型,可以存放一个字符。这种用来存放字符数据的数组就是字符数组。

在一维和二维数组的定义形式中,若类型标识符为 char,则定义的数组就是字符型数组。例如:

```
char a[10],b[3][4];
```

定义 a 是一维的字符数组,包含 a[0]～a[9]共 10 个元素,b 数组是二维的字符数组,包含 b[0][0]～b[2][3]共 12 个元素。与数值型数组一样,字符型数组在内存中也占据一片连续的存储单元。

7.4.3 字符数组的初始化

(1)用字符常量初始化字符数组。下面通过对三个字符数组初始化来说明用这种方式对

数组进行初始化的相关规则。

对字符数组 a 初始化：

```
char a[7]={ 't', 'e', 'a', 'c', 'h', 'e', 'r'};
```

数组 a 的长度和数据表中字符常量的个数相等，这些字符按顺序依次赋给 a[0]～a[6]，如图 7.9 所示。

这种初始化方式等价于：

```
char a[ ]={ 't', 'e', 'a', 'c', 'h', 'e', 'r'};
```

数组长度被省略，系统根据数据表中字符个数确定数组长度为 7。

对字符数组 b 初始化：

```
char b[10]={ 't', 'e', 'a', 'c', 'h', 'e', 'r'};
```

数组 b 的长度大于数据表中的字符个数，首先将数据表中的 7 个字符依次赋给 b[0]～b[6]，然后将 b[7]～b[9]置为'\0'。数组各元素的值如图 7.10 所示。

a[0]	a[1]	a[2]	a[3]	a[4]	a[5]	a[6]
t	e	a	c	h	e	r

图 7.9　数组 a 存储状态示意图

b[0]	b[1]	b[2]	b[3]	b[4]	b[5]	b[6]	b[7]	b[8]	b[9]
t	e	a	c	h	e	r	\0	\0	\0

图 7.10　数组 b 存储状态示意图

对字符数组 c 初始化：

```
char c[5]={ 't','e','a','c','h','e','r'};
```

数组 c 的长度小于数据表中字符个数，编译系统按出错处理。

在定义二维字符数组时，也可以对其进行初始化。例如：

```
char t[3][5]={{' ',' ','*',' ',' '},{' ','*','*','*',' '},{'*','*','*','*','*'}};
```

将数组 t 各元素的值按行排列，各行中的星花构成了三角形。

```
  *
 ***
*****
```

（2）用字符串初始化字符数组。下面通过对几个字符数组初始化的例子来说明用这种方式初始化字符数组的常用规则。

对字符数组 a 初始化：

```
char a[ ]={"teacher"};
```

等价于

```
char a[ ]="teacher";
```

由于字符串"teacher"在内存中占 8 个字节，所以定义数组长度为 8，各数组元素的值如图 7.11 所示。

a[0]	a[1]	a[2]	a[3]	a[4]	a[5]	a[6]	a[7]
t	e	a	c	h	e	r	\0

图 7.11　数组 a 各元素的值

用字符串初始化字符数组时，要注意字符串常量具有结束标志'\0'的特性。

初始化字符数组 b：

```
char b[7]="BeiJing";
```

由于字符串"BeiJing"在内存中占 8 个字节，超过了数组 b 定义的长度，编译系统按出错处理。

对字符数组 t 初始化：

```
char t[10]="BeiJing";
```

t[0]	t[1]	t[2]	t[3]	t[4]	t[5]	t[6]	t[7]	t[8]	t[9]
B	e	i	J	i	n	g	\0	\0	\0

图 7.12　数组 t 各元素的值

数组 t 前 7 个元素的值为'B'、'e'、'i'、'J'、'i'、'n'、'g'，其余三个元素为'\0'，如图 7.12 所示。

7.4.4　字符数组的输入输出

1. 逐个字符输入输出

【例 7.8】　设计和输出一个三角形图案。

```
      *
     ***
    *****
```

程序如下：

```
#include <iostream.h>
void main( )
{char t[3][5]={{' ',' ','*',' ',' '},{' ','*','*','*',' '},{'*','*','*','*','*'}};
 int i,j;
 for(i=0;i<3;i++)
 {cout<<'\n';
   for(j=0;j<5;j++)
   cout<<t[i][j];                        //输出数组元素 t[i][j]的值
  }
}
```

2. 将整个字符串一次输入或输出

（1）用输入输出流对象 cin 和 cout。以一维字符数组为例，利用流对象 cin 将字符串输入到字符数组中的形式为：

```
cin>>数组名;
```

用 cout 将一维字符数组中的字符串一次全部输出的形式为：

```
cout<<数组名;
```

例如有如下的程序段：

```
char a[6];
cin>>a;
cout<<a;
```

程序运行至 cin>>a;时，通过键盘输入字符串：

```
NCEPU↵
```

系统读入该字串，并按顺序赋给 a 数组的各元素，数组各元素的值如图 7.13 所示。

执行 cout<<a;时，从 a[0]开始逐个输出数组元素中的字符，直到遇到结束符'\0'，才停止输出。输出结果为：

NCEPU

a[0]	a[1]	a[2]	a[3]	a[4]	a[5]
N	C	E	P	U	\0

图 7.13　数组 a 的输入结果

说明：

1）用 cin 输入字串：

① 一行可以输入多个字符串，字符串之间用空格分隔。

看下面的程序段：

```
char a[6],b[6];
cin>>a>>b;
```

从键盘输入：

Good Night↵

由于 Good 和 Night 间用空格分开，系统将上述输入识别为两个字符串"Good"和"Night"，并分别读入字符数组 a 和 b 中。因此，数组 a 和 b 中各元素的值如图 7.14 所示。需要注意的是，数组元素 a[5]中为不定值。

再看下面的程序段：

```
char a[20];
cin>>a;
```

从键盘输入：

I am a student.↵

a[0]	a[1]	a[2]	a[3]	a[4]	a[5]
G	o	o	d	\0	

b[0]	b[1]	b[2]	b[3]	b[4]	b[5]
N	i	g	h	t	\0

图 7.14　数组 a、b 的输入结果

由于有空格分隔，系统将上述输入内容识别为 4 个字符串，第一个字符串"I"被读入并赋给 a 数组，即 a[0]中为'I'，a[1]中为'\0'，a 数组其余元素为不定值。

从上述例子可以看到，利用 cin 从输入流中提取数据（字符串）时，遇到空格就中止，因此输入的字符串中不能包含空格字符。

② 输入字符串时，字串的长度应短于字符数组的长度，否则在运行时可能会出现问题。

看下面的程序段：

```
char a[6];
cin>>a;
```

从键盘输入：

student↵

输入的字符串共 7 个字符，加上字符串结束符'\0'，共 8 个字符，超过了数组 a 的长度 6，此时，系统并不按出错处理，而是将字串中前六个字符分别赋给 a[0]～a[5]，剩余两个字符't'和'\0'顺序存放到 a 数组后面的 2 个字节中。这种处理方式有可能会破坏其他数据，出现无法估计的结果。

2）用 cout 输出字串：

① 输出字符串时，cout 流中用字符数组的名字，而不是数组元素的名字。例如：

```
cout<<a[6];          //cout 流中用数组元素名字 a[6],输出 a[6]中的字符
cout<<a;             //cout 流中用数组的名字 a,输出一个字符串
```

② 输出字串时，遇到字符串结束标志'\0'就结束输出。例如：

```
char t[10]="BeiJing";
cout<<t;
```

将 t[0]～t[6]中的字符依次输出，遇到 t[7]中的'\0'就结束输出。因此输出结果为 BeiJing，共 7 个字符，而不会将数组 t 中的 10 个字符全部输出，这就是用字符串结束标志的好处。

③ 如果一个字符数组包含多个'\0'，则遇到第一个'\0'时输出就结束。

（2）用 gets 和 puts 函数。下面以一维字符数组为例，说明 gets 和 puts 函数的使用规则。

gets 函数的一般形式为：

```
gets(字符数组名)
```

其作用是从终端输入一个字符串到字符数组中，并且得到一个函数值，该函数值是字符数组的起始地址。

puts 函数的一般形式为

```
puts(字符数组名)
```

或

```
puts(字符串常量)
```

其作用是将一个字符串输出到终端，遇到'\0'结束输出并换行。

例如，下面的程序：

```
#include <stdio.h>
void main( )
{ char a[20];
  gets(a);
  puts(a);
  puts("end");
}
```

程序的执行结果为：

```
I am a student↵
I am a student
end
```

执行 gets(a)时，从键盘输入：

```
I am a student↵
```

字符串" I am a student "中的字符按顺序读入 a[0]～a[13]中，a[14]中是字符串的结束标志'\0'，其他数组元素中的值不定。调用 gets 函数后得到的函数值为 a 数组的起始地址。一般情况下，利用 gets 函数的目的是给字符数组输入字串，不大关心其函数值。

执行 puts(a)后，输出字符数组 a 中的字符串" I am a student"后，遇到字符串的结束标志'\0'，结束输出，同时换行。然后执行 puts("end")，在新的一行输出"end"后，换行。

需要注意的是，gets 函数和 puts 函数都只能有一个参数，下面的写法是错误的

```
char a[20] ,b[6];
gets(a,b);                                //函数有两个参数,出错
```

在程序中使用这两个函数时，需要用#include 命令包含头文件 stdio.h。

7.4.5　字符串处理函数

字符串用途广泛，为了方便用户，C++在函数库中提供了一些常用的字符串处理函数。如果程序中需要使用这些函数，需要用#include 命令包含头文件 string.h。

1. 字符串连接函数 strcat

strcat 函数的一般形式为：

```
strcat(字符数组 1,字符数组 2)
```

strcat 是 string catenate（字符串连接）的缩写。它的作用是将字符数组 2 中的字符串连接到字符数组 1 的后面，连接的结果放在字符数组 1 中，函数调用后得到的函数值就是字符数组 1 的地址。

看下面的程序：

```cpp
#include <iostream.h>
#include <string.h>
void main( )
{ char str1[20]="I am a ";
  char str2[]="student";
  strcat(str1,str2);
  cout<<str1;
}
```

程序的运行结果为：

```
I am a student
```

连接前后数组 str1、str2 的状况如图 7.15 所示，图中符号⌴表示空格。

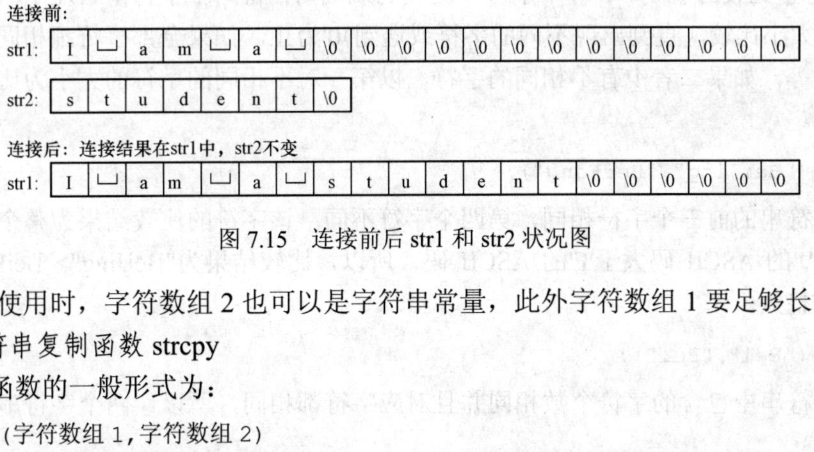

连接前:

| str1: | I | ⌴ | a | m | ⌴ | a | ⌴ | \0 | \0 | \0 | \0 | \0 | \0 | \0 | \0 | \0 | \0 | \0 | \0 | \0 |

| str2: | s | t | u | d | e | n | t | \0 |

连接后: 连接结果在str1中, str2不变

| str1: | I | ⌴ | a | m | ⌴ | a | ⌴ | s | t | u | d | e | n | t | \0 | \0 | \0 | \0 | \0 | \0 |

图 7.15　连接前后 str1 和 str2 状况图

在实际使用时，字符数组 2 也可以是字符串常量，此外字符数组 1 要足够长。

2. 字符串复制函数 strcpy

strcpy 函数的一般形式为：

```
strcpy(字符数组 1,字符数组 2)
```

strcpy 是 string copy（字符串复制）的缩写。它的作用是将字符数组 2 中的字符串复制到字符数组 1 中。看下面的例子：

```cpp
#include <stdio.h>
#include <string.h>
void main()
{ char a[]="student",b[]="asd";
  strcpy(a,b);
  puts(a);
}
```

调用函数 strcpy 后，将 b 中的字符'a'、's'、'd'以及'\0'共四个字符复制到 a[0]～a[3]中。程序运行结果为：

```
asd
```

在实际使用中，字符数组 2 可以是字符串常量。

3．字符串比较函数 strcmp

strcmp 函数的一般形式为：

```
strcmp(字符串1,字符串2)
```

strcmp 是 string compare（字符串比较）的缩写。它的作用是将字符串 1 和字符串 2 比较，比较的结果通过函数值反映。

说明：

1）有关函数参数说明。strcmp 的两个参数可以是字符数组，也可以是字符串常量，例如下面的 strcmp 调用形式都是合法的（假设 a、b 是字符数组）：

```
strcmp(a,b);                    //两个参数都是字符数组
strcmp("BeiJing","BeiFang");    //两个参数都是字符串常量
strcmp("BeiJing",b);            //第一个参数是字符串常量,第二个参数是字符数组
```

2）字符串比较的结果。字符串比较的结果由函数值来反映。

① 如果字符串 1 和字符串 2 相等，则函数值为 0。

② 如果字符串 1 大于字符串 2，则函数值为一个正整数。

③ 如果字符串 1 小于字符串 2，则函数值为一个负整数。

3）字符串比较的规则。C++中字符串比较的规则为：将两个字符串自左至右逐个字符按 ASCII 码值大小比较，直到出现不同的字符或遇到\0'为止。如果全部字符都相同，则认为两个字符串相等，如果二者中有不相同的字符，以第一对不相同的字符的大小为比较的结果。看几个例子。

```
strcmp("BeiJing","BeiFang");
```

两个字符串的前三个字符相同，第四个字符不同，该字符的比较结果为整个字符的比较结果。由于'J'的 ASCII 码大于'F'的 ASCII 码，所以，比较结果为"BeiJing">"BeiFang"，函数值为一个正整数。

```
strcmp("Bei","Bei");
```

两个字符串中包含的字符个数相同并且对应字符都相同，所以，两个字符串相等，函数值为 0。

```
strcmp("Be","Bei");
```

两个字符串的前两个字符相同，之后遇到第一个字符串的结束标志'\0'，比较过程结束，结果为"Be"<"Bei"，函数值为一个负整数。

4．字符串长度函数 strlen

strlen 函数的一般形式为：

```
strlen(字符数组)
```

strlen 是 string length（字符串长度）的缩写。它的作用是测试字符串的长度，函数值为

字符串中所包含的字符个数（不包括'\0'）。函数参数可以是字符数组也可以是字符串常量。例如：

```
char str[]="BeiJing";
cout<<strlen(str);
```

输出结果是 7。

5. 大写字符变小写字符函数 strlwr

函数的形式为：

```
strlwr(字符串)
```

该函数的作用是将字符串中的大写字符转换成小写字符。

6. 小写字符变大写字符函数 strupr

函数的形式为：

```
strupr(字符串)
```

该函数的作用是将字符串中的小写字符转换成大写字符。

7.4.6 字符数组应用举例

【例 7.9】 编写一个程序，把一个字符串中的小写字符转换成大写字符，其他字符不变。

相同字母大小写的 ASCII 码相差 32，并且小写字母的 ASCII 码大于大写字母的 ASCII 码。程序如下：

```
#include <stdio.h>
void main( )
{ char str[100];
  int i;
  printf("请输入字符串：");
  gets(str);
  for(i=0;str[i]!='\0';i++)            //逐个检查字符串中的字符,直到检测到'\0'为止
     if(str[i]>='a'&& str[i]<='z')
        str[i]-=32;
  printf("转换后字符串：");
  puts(str);
}
```

程序运行结果：

```
请输入字符串：123 aBcdEF #@%Xyz↙
转换后字符串：123 ABCDEF #@%XYZ
```

7.5 数组做函数参数

7.5.1 用数组元素作函数实参

与普通变量一样，数组元素也可以作为函数的实参，在调用函数时，将数组元素的值传递给形参变量。

【例 7.10】 从任意 n 个数中挑出其中的素数。

编写一个判断 m 是否是素数的函数 prime，函数的返回值是整型，如果 m 是素数，返回

值是 1,否则为 0。待判断的数据放在一维数组 a 中。程序如下:

```
#include <iostream.h>
#include <math.h>
#define N 100
void main( )
{int a[N],n,i;
 int prime(int);                              //声明 prime 函数
 cout<<"请输入数据个数(<=100): ";
 cin>>n;
 cout<<"请输入"<<n<<"个数据: "<<endl;
 for(i=0;i<n;i++)
   cin>>a[i];
 cout<<"素数是: "<<endl;
 for(i=0;i<n;i++)
   if(prime(a[i])==1)cout<<a[i]<<"  ";        //调用 prime 函数
}
int prime(int m)                              //定义 prime 函数
{ int i;
  for(i=2;i<=sqrt(m);i++)
  if(m%2==0)return 0;
  return 1;
}
```

程序的运行结果:

```
请输入数据个数(<=100): 10↵
请输入 10 个数据:
2 10 11 3 36 28 7 19 444 307↵
素数是:
2 11 3 7 19 307
```

7.5.2　用一维数组名作函数参数

如果定义函数时,函数首部是这样的形式

```
float sum(float a[],int m)
```

表示函数的第一个形参是一个 float 型的一维数组,和它对应的实参可以是一个 float 型的数组名。

【例 7.11】　将 10 个数按从小到大的顺序排序。

程序如下:

```
#include <iostream.h>
void main( )
{int a[10],i;
 void sort(int [],int);                //函数声明,函数第一个参数为整型一维数组
 cout<<"请输入 10 个数据: "<<endl;
 for(i=0;i<10;i++)
   cin>>a[i];
 sort(a,10);                           //调用函数 sort,第一个实参为数组名
 cout<<"排序结果为: "<<endl;
 for(i=0;i<10;i++)
   cout<<a[i]<<"  ";
```

```
}
void sort(int b[],int n)                //定义函数sort,第一个形参为整型一维数组
{ int i,j,w,t;
  for(i=0;i<n-1;i++)
  { w=i;
  for(j=i+1;j<n;j++)
    if(b[w]>b[j])w=j;
  if(w!=i)
  { t=b[w];b[w]=b[i];b[i]=t; }
  }
}
```

运行结果为:

请输入 10 个数据:
1 9 0 3 2 7 6 8 5 4↵

排序结果为:

0 1 2 3 4 5 6 7 8 9

在调用函数 sort 之前,数组 a 各元素的数据从键盘输入,是一组无序的数。调用函数时,将实参数组 a 首元素 a[0]的地址传递给形参,作为形参数组首元素 b[0]的地址,即 a[0]与 b[0]共用同一单元,根据数组的存储结构推知,a[1]与 b[1]共用同一单元,a[2]与 b[2]共用同一单元,……,因此,实参数组和形参数组就共同占用了同一段内存单元,如图 7.16 所示。正因为如此,在子函数中对形参数组 b 各元素进行的操作,相当于实施于实参数组 a 相应的元素,调用结束后,数组 a 中各元素的值就按从小到大的顺序排列好了。

a[0]	a[1]	a[2]	a[3]	a[4]	a[5]	a[6]	a[7]	a[8]	a[9]
1	9	0	3	2	7	6	8	5	4
b[0]	b[1]	b[2]	b[3]	b[4]	b[5]	b[6]	b[7]	b[8]	b[9]

图 7.16　实参数组 a 和形参数组 b 共用存储单元

说明:

(1)定义子函数时,函数首部中形参一维数组的长度无实际作用,可以写也可以不写。例如对例 7.11 而言,下面几种函数首都的写法都是合法,效果相同:

```
void sort(int b[],int n)                //不指定形参数组的长度
void sort(int b[10],int n)              //指定形参数组的长度和实参数组一致
void sort(int b[5],int n)               //指定形参数组的长度小于实参数组的长度
```

(2)如果形参是数组名,那么实参也可以是数组名。

(3)调用函数时,将实参数组首元素的地址传递给形参,使得实参数组和形参数组共同占用一段存储单元。

(4)由于实参数组与形参数组共同占用一段存储单元,所以执行子函数时形参数组中各元素的值如发生变化就意味着实参数组元素的值也发生了变化。

(5)形参是数组名,实参还可以是数组元素的地址。

【例 7.12】　读程序,写出运行结果。

```
#include <iostream.h>
float aver(int t[ ],int n)
{int i,s=0;
 for (i=0;i<n;i++)
```

```
      s+=t[i];
   return((float)s/n);
}
void main( )
{ int a[10]={1,2,3,4,5,6,7,8,9,10};
   float av;
   av=aver(&a[5],4);
   cout<<av;
}
```

程序的结果为：

7.5

子函数 aver 的功能是计算 t[0]～t[n-1]的平均值。在主函数中调用子函数 aver 时，数组元素 a[5]的地址传递给形参作为形参数组的首地址，即 t[0]与 a[5]共用一个单元，根据数组的存储结构推知，t[1]与 a[6]共用一个单元，……，实参数组 a 与形参数组 t 共用单元的情况如图 7.17 所示。子函数第二个参数 n 为 4，因此函数的返回值为 7.5。

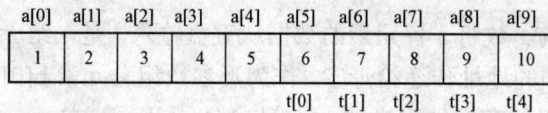

a[0]	a[1]	a[2]	a[3]	a[4]	a[5]	a[6]	a[7]	a[8]	a[9]
1	2	3	4	5	6	7	8	9	10
					t[0]	t[1]	t[2]	t[3]	t[4]

图 7.17　实参数组 a 和形参数组 t 共用存储单元

7.5.3　用二维数组名作函数参数

定义函数时可以用二维数组名作形参，例如：

```
void output(int a[3][4],int n)
```

C++规定，在申明形参数组时，必须指定第二维的大小，第一维的大小可以省略。例如上述 output 函数的首部也可以写成：

```
void output(int a[ ][4],int n)
```

在调用函数时，实参数组的第二维的大小必须和形参数组相同。

【例 7.13】　编写一个函数，将矩阵的元素行列互换，形成一个新的矩阵。例如将矩阵：

$$\begin{bmatrix} 1 & 2 & 3 & 4 \\ 3 & 4 & 5 & 6 \\ 7 & 8 & 9 & 0 \end{bmatrix} \text{转换为} \begin{bmatrix} 1 & 3 & 7 \\ 2 & 4 & 8 \\ 3 & 5 & 9 \\ 4 & 6 & 0 \end{bmatrix} 。$$

程序如下：

```
#include <stdio.h>
void main()
{int t1[3][4],t2[4][3],i,j;
 void transpose(int [][4],int [][3]);                //函数声明
 printf("请输入数据：\n");
 for(i=0;i<3;i++)
   for(j=0;j<4;j++)
     scanf("%d",&t1[i][j]);
```

```
    transpose(t1,t2);                              //调用函数
    printf("转置后: ");
    for(i=0;i<4;i++)
    { printf("\n");
      for(j=0;j<3;j++)
        printf("%4d",t2[i][j]);
    }
}
void transpose(int t1[][4],int t2[][3])            //定义函数
{ int i,j;
  for(i=0;i<3;i++)
  for(j=0;j<4;j++)
    t2[j][i]=t1[i][j];
}
```

程序运行结果为:

请输入数据:

```
1  2  3  4↵
3  4  5  6↵
7  8  9  0↵
```

转置后:

```
    1   3   7
    2   4   8
    3   5   9
    4   6   0
```

习　　题

一、找出下面程序或程序段中的错误,并改正

1.

```
#include <iostream.h>
void main()
{ int m,a[m];
  a[0]=1;
  cout<<a[0];
}
```

2.

```
#include <iostream.h>
void main()
{ int a[5];
  cin>>a;
  cout<<a[5];
}
```

3.

```
#include <iostream.h>
```

```
void main()
{ char c[10]="I am a student";
  cout<<c;
}
```

二、读程序，写运行结果

1.

```
#include <iostream.h>
void main()
{int   i,k,a[10],p[3];
 k=5;
 for (i=0;i<10;i++)   a[i]=i;
 for (i=0;i<3;i++)   p[i]=a[i*(i+1)];
 for (i=0;i<3;i++)   k+=p[i]*2;
 cout<<k;
}
```

2．写出程序的运行结果，并说明该程序的功能。

```
#include <iostream.h>
void main()
{int y=25,i=0,j,a[8];
 do
 { a[i]=y%2;i++;
   y=y/2;
 }
 while(y>=1);
 for(j=i-1;j>=0;j--)
   cout<<a[j];
 cout<<endl;
}
```

3.

```
#include <stdio.h>
void main()
{int t[3][4]={{1,2,3,4},{5,6,7,8},{9}},i,j;
 for(i=0;i<3;i++)
   for(j=0;j<4;j++)
     printf("%4d",t[i][j]);
 printf("\n");
 for(i=0;i<3;i++)
 { printf("\n");
   for(j=0;j<4;j++)
     printf("%4d",t[i][j]);
 }
 for(i=0;i<4;i++)
 { printf("\n");
   for(j=0;j<3;j++)
     printf("%4d",t[j][i]);
 }
}
```

4.

```cpp
#include <iostream.h>
void main()
{char t[3][20]={"Watermelon","Strawberry","grape"};
 int i;
 for(i=0;i<3;i++)
   cout<<t[i]<<endl;
 }
```

5.

```c
#include <stdio.h>
void sort(int a[ ],int n)
{int i,j,t;
for (i=0;i<n-1;i++)
for (j=i+1;j<n;j++)
if(a[i]<a[j])
{ t=a[i];a[i]=a[j];a[j]=t;}
}
void main( )
{ int aa[10]={1,2,3,4,5,6,7,8,9,10},i;
sort(&aa[4],4);
for(i=0;i<10;i++)
  printf("%2d",aa[i]);
}
```

6.

```c
#include <stdio.h>
void sort(int a[ ],int n)
{int i,j,t,w;
for (i=0;i<n-1;i+=2)
{ w=i;
  for (j=i+1;j<n;j++)
    if(a[w]<a[j]) w=j;
  if(w!=i)
  { t=a[i];a[i]=a[w];a[w]=t;}}
}
void main( )
{ int aa[10]={1,2,3,4,5,6,7,8,9,10},i;
sort(aa,10);
for(i=0;i<10;i++)
  printf("%2d",aa[i]);
}
```

三、编写程序

1. 编写一个程序，从任意 n 个数中找出最大的数和最小的数，并将它们相互交换。

2. 编写一个程序，将任意 n 个数按从大到小的顺序排序。

3. 利用折半查找法从一个升序排列的数列中查找某数是否存在。

4. 将一个数组中的数循环左移，例如，数组中原来的数为：1　2　3　4　5，移动后变成：2　3　4　5　1。

5．从任意 n 个数中找出素数。要求：将找出的素数存放在数组中。

6．编写程序，找出二维数组所有元素中最大的值。

7．编写程序，从矩阵中找鞍点。如果某个元素是鞍点，那么该元素在所处的行中最大，列上最小，也可能没有鞍点。要求：如果有鞍点，输出鞍点的值，以及其所处的行和列；如果矩阵中没有鞍点，就打印出提示信息。

8．写一个程序，计算二维数组各列之和。

9．编写程序比较两个字串的大小，不要用函数 strcmp。

10．编写程序将一个字符串首尾互换。例如，字符串原始值为"I am happy!"，处理后，变成："!yppah ma I"。

11．编写一个函数将字符串中的大写字母变成相应的小写字母，小写字母变成相应的大写字母，其他字符不变。在主函数中调用该函数，完成任意字符串的转换，并输出结果。

12．写一个形成杨辉三角形的函数，编写主函数调用它，并输出结果。

第8章 指　针

C++语言拥有在运行时获得变量的地址和操纵地址的能力。在其他任何语言中，理解指针是如何工作的或许都不如在 C++语言中这么必不可少。用来操纵地址的特殊类型变量就是指针。指针可以用于数组，可以作为函数参数，也可以用于内存访问和堆内存操作。指针对于成功地进行 C++语言程序设计是至关重要的。指针功能最强，但又最危险。学习本章后，要求能够使用指针，能够用指针给函数传递参数，理解指针、数组和字符串之间的紧密联系，能够声明和使用字符串数组，并能正确理解命令行参数。

8.1　指针的定义和使用

8.1.1　内存空间的访问方式

计算机的内存被划分为一个个的存储单元。存储单元按一定的规则编号，这个编号就是存储单元的地址。地址编码的最基本单位是字节，每个字节由 8 个二进制位组成，也就是说每个字节是一个基本内存单元，有一个地址。计算机就是通过这种地址编号的方式来管理内存数据读写的准确定位的。内存结构的简化示意图如图 8.1 所示。

在 C++程序中如何利用内存单元存取数据呢？一是通过变量名，二是通过地址。程序中声明的变量是要占据一定的内存空间的，例如 short int 类型占 2 个字节，long int 类型占 4 个字节。具有静态生存期的变量在程序开始运行之前就已经被分配了内存空间。在变量获得内存空间的同时，变量名也就成为了相应内存空间的名称，在变量的整个生存期内都可以用这个名字访问给内存空间，在程序语句中就是通过变量名存取变量内容。但是，有时使用变量名不够方便或者根本没有变量名可用，这时就需要直接用地址来访问内存单元。例如，在不同的函数之间传送大量数据时，如果不传递变量的值，只传递变量的地址，就会减小系统开销，提高效率。如果是动态分配的内存单元，则根本就没有名称，这时只能通过地址访问。

图 8.1　内存结构的简化示意图

对内存单元的访问管理可以和学生公寓的情况类比，如图 8.2 所示。假设每个学生住一间房，每个学生就相当于一个变量的内容，房间是存储单元，房号就是存储地址。如果知道了学生姓名，可以通过个名字来访问该学生，这相当于使用普通变量名访问数据。如果知道了房号，同样也可以访问该学生，这相当于通过地址访问数据。

在 C++中有专门用来存放内存单元地址的变量类型，这就是指针类型。

8.1.2　指针的基本概念

指针是一种数据类型，具有指针类型的变量称为指针变量。实际上，可以把指针变量（也简称为指针）看成一种特殊的变量，它用来存放某种类型变量的地址。一个指针存放了某个变量的地址值，就称这个指针指向了被存放地址的变量。简单地说，指针就是内存地址，它的值表示被存储的数据所在存储单元的地址，而不是被存储的内容。

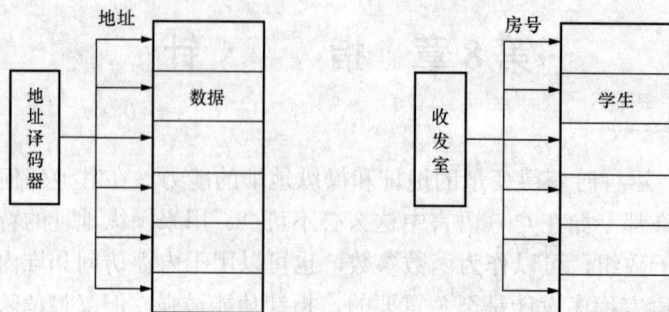

图 8.2　内存单元的访问管理和学生公寓的情况类比

　　通过变量名访问一个变量是直接的，而通过指针访问一个变量是间接的。就好像你要找一位学生，不知道他住哪，但是知道 110 房间里有他的地址，走进 110 房间后看到一张字条："找我请到 201"。这时你按照字条上的地址到 201 去，便顺利地找到了他。这个 110 房间，就相当于一个指针变量，字条上的字便是指针变量中存放的内容，而住在 201 房间的学生便是指针所指向的对象值。

　　再打个比方，为了打开一个 A 抽屉，有两种办法，一种是将 A 抽屉的钥匙带在身上，需要时直接找出该钥匙打开抽屉，取出所需的东西，这是"直接访问"。另一种办法是，为安全起见，将该 A 抽屉的钥匙放在另一个抽屉 B 中锁起来。如果需要打开 A 抽屉，就需要先找出 B 抽屉中的钥匙，打开 B 抽屉，取出 A 抽屉的钥匙，再打开 A 抽屉，取出 A 抽屉中的东西，这就是"间接访问"。指针变量相当于 B 抽屉，B 抽屉中的东西相当于地址，A 抽屉中的东西，相当于存储单元的内容。

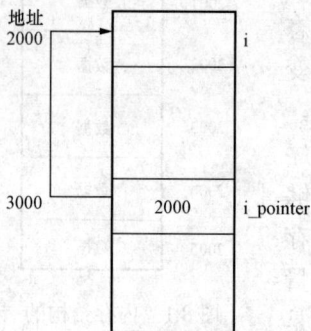

图 8.3　用箭头表示"指向"关系

　　所谓"指向"就是通过地址来体现的。i_pointer 中的值为 2000，就是 i 的地址，这样就在 i_pointer 和 i 之间建立起一种联系，即通过 i_pointer 就能知道 i 的地址，从而找到变量 i 的内存单元。图 8.3 中以箭头→表示这种"指向"关系。

　　既然指针变量的值是一个地址，那么这个地址不仅可以是变量的地址，也可以是函数的地址。在一个指针变量中存放一个数组或一个函数的首地址有何意义呢？因为数组元素或函数代码都是连续存放的。通过访问指针变量取得了数组或函数存储单元的首地址，也就找到了该数组或函数。这样一来，凡是出现数组、函数的地方都可以用一个指针变量来操作。这样做，将会使程序的概念十分清楚，程序本身也精练、高效。

8.1.3　指针的定义

　　我们已经知道，指针类型的变量是用来存放内存地址的。定义了指针类型的变量，就可以在该变量中存放其他变量的地址。如果我们将变量 v 的地址存放在指针变量 p 中，就可以通过 p 访问到 v，我们也说，指针 p 指向变量 v。指针的定义方法是在它所指的变量的类型后面加一个"*"。指针也是先声明，后使用，声明指针的语法形式是：

　　　　数据类型　　＊标识符

其中 "*" 表示这里声明的是一个指针类型的变量。"数据类型" 可以是任意类型，指的是指针所指向的对象的类型，这说明了指针所指的内存单元可以用于存放什么类型的数据，我们称之为指针的类型。不同类型的指针所访问的区域以及能访问的区域是不同的。此区域的字节数等于相应类型数据的字节数。例如，语句

```
int *ptr1;
char *ptr2;
```

这个定义说明：ptr1 和 ptr2 均保存变量的地址，且 ptr1 指向整型变量，通过 ptr1 访问一次只能访问四个字节，ptr2 指向字符变量，通过 ptr2 访问一次只能访问一个字节。

读者也许会有这样的疑问：为什么在声明指针变量时要指出它所指的对象是什么类型呢？为了理解这一点，首先要思考一下：当我们在程序中声明一个变量时声明了什么信息？也许我们所意识到的只是声明了变量需要的内存空间，但这只是一方面；另一个重要的方面就是限定了对变量可以进行的运算及其运算规则。例如有如下语句：

```
int i;
```

它说明了 i 是一个 int 类型的变量，这不仅意味着它需要占用 2 个字节的内存空间，而且规定了 i 可以参加算数运算、关系运算以及相应的运算规则。

指针的一般定义形式为：

```
类型* 指针变量名;          //"*"号靠左(常用) 或
类型 *指针变量名;          //"*"号靠右　或
类型 * 指针变量名;         //"*"号在中间
```

这里的 "类型" 可以是以前学过的基本数据类型，还可以是 void（空）类型以及自定义结构类型。例如：

```
int *ptr1 ;
int* ptr1 ;
```

是等价的。严格地说，*是属于变量名的。

请注意：在一行中可以定义多个指针，每个指针之前都应有指针定义符 "*"。例如：

```
int a=4, b=8;
int* ptr1,*ptr2;          //ptr1 和 ptr2 都是整型指针
int,ptr3;                 //ptr3 是整型常量
ptr1=&a;                  //正确!
ptr2=&b;                  //正确!
ptr3=&b;                  //错误：整型变量不能获取变量地址。
```

其中&称为地址运算符，它是单目运算符，有一个变量作为它的右操作数，其功能是获取变量的地址，详细内容后面介绍。该语句执行后，a 的地址就被赋给了 ptr1，即 ptr1 指向 a，b 的地址就被赋给了 ptr2，即 ptr2 指向 b。如图 8.4 所示。

在定义指针变量时要注意两点：

（1）变量名前面的 "*"，表示该变量为指针变量，但 "*" 不是变量名的一部分。

（2）一个指针变量只能指向同一个类型的变量。如前面定义的 ptr1 只能指向整型变量，不能时而指向一个整型变量，时而又指向一个实型变量。

在定义了一个指针后，系统会为指针分配内存单元。各种类型的指针被分配的内存单元

上大小是相同的，因为每个指针都存放的是内存地址的值，所需要的存储空间当然相同。

下面通过实例说明指针的含义：

```
int n = 100 ;
int *p = &n ;
```

这里首先定义了一个 int 型变量 n，并初始化为 100，然后定义了一个指针变量 p，它指向该 int 型变量 n。变量 n 的地址是通过取地址运算"&"得到的，并赋给指针变量 p。也就是说，&n 就表示 int 型变量 n 的地址，并把它作为 p 的初值。这样，p 就成了指向变量 n 的指针，如图 8.5 所示。

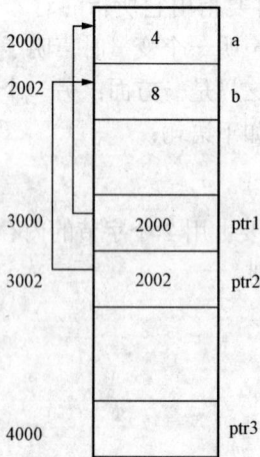

图 8.4　通过赋地址值具有指向关系　　　　　图 8.5　指向变量 n 的指针 p

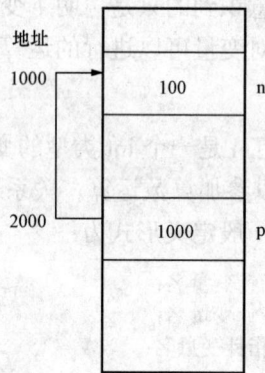

我们假设变量 n 的地址是 1000，指针变量 p 的地址是 2000，n 的值为 100（已知）。由于语句"*p=&n;"是把变量 n 的地址赋给了指针 p，所以指针 p 的数据值为 1000（n 的地址）。

8.1.4　指针变量运算符

C++提供了两个与地址相关的运算符——"*"和"&"。

（1）"*"称为指针运算符，表示获取指针所指向的变量的值，这是一个一元操作符。例如，根据上例*p 表示指针 p 所指向的 int 类型数据 n 的值 100。即*为间接引用运算符（取指针变量所指的变量内容）。

（2）"&"称为取地址运算符，它也是一个一元操作符，即只有一个操作数，它返回的是操作数的存储单元地址。例如，使用&i 就可以得到变量 i 的存储单元地址。即&为取地址运算符。例如：

```
abc_addr=&abc;
```

表示将变量 abc 的地址赋给变量 abc_addr。这里，abc_addr 必须是指针变量。

设有指向整型变量的指针变量 p，如要把整型变量 a 的地址赋予 p 可以有下面两种方式：

（1）指针变量初始化的方法。

```
int a;
int *p = &a;                 //定义时初始化
```

（2）赋值语句的方法。

```
int a;
int *p;
p = &a;
```

不允许把一个数赋予指针变量，例如：

```
int *p;
p=1000;                 //错误：不能将一个整型数赋给指针变量
```

被赋值的指针变量前不能再加"*"说明符，如写为"*p=&a;"，也是错误的。例如：

```
int i=3, j ;            // 语句1：定义变量i和j,并使i=3
int * ptr ;             // 语句2：定义ptr为整型指针变量
ptr=&i ;                // 语句3：以i的地址初始化ptr
j= * ptr ;              // 语句4：间接引用i,把指针ptr指向的变量i的值赋给j,结果j=3
```

这个程序段可用图 8.6 说明。

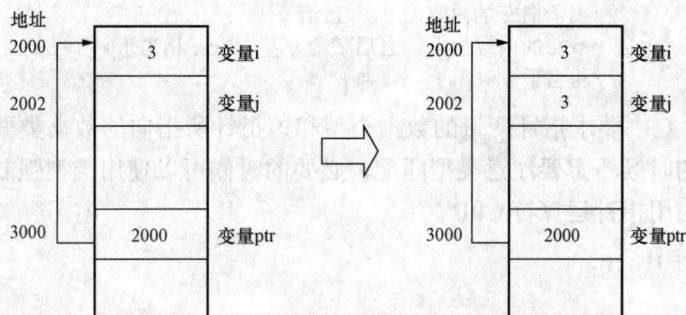

图 8.6　j=*ptr 语句执行前、后

迄今为止，已经讲过的运算符"*"有下面三种用途，请读者善于区别：

（1）作为乘法运算符。

（2）指针定义符。

（3）间接引用运算符。

间接引用符"*"用来获取指针所指向的变量。非指针变量不能使用间接引用运算符。例如：

```
int i=5 ;
int * ptr =& i ;               // ptr 是整型指针变量
cout<<*ptr<<endl ;             // 正确！显示5
cout<<*i<<endl ;               // 错误：i 不是指针变量
```

指针的间接引用，指的是提取内存中该指针所指的变量。所以，指针的间接引用即可用作右值，也可用作左值。例如：

```
int a, b=10;
int * ptr= &b;
a= * ptr;                      // *ptr 作为右值,等效于 a=10
*ptr=20;                       // *ptr 作为左值,等效于 b=20(将整型数 20 赋给指针变
                               // 量 ptr 所指向的变量)
```

通过指针访问它所指向的一个变量，是所谓间接访问。它比直接访问一个变量更费时间，而且不直观。

例如：程序

```
int i, j, *p1, *p2;
i='a';
j='b';
p1=&i;
p2=&j;
*p2=*p1;
```

其中"*p2=*p1;"实际上就是"j＝i;"，前者不仅速度慢，而且目的不明。但是，使用指针变量的优点也是明显的。由于指针是变量，我们可以通过改变它们的指向，间接访问不同的变量，给程序设计带来灵活性，也使得程序代码编写得更为简洁和有效。

指针变量可出现在表达式中，例如：

```
int x, y, *px=&x;
```

指针变量 px 指向整数 x，则*px 可出现在 x 能出现的任何地方。例如：

```
y=*px+5;            //表示把 x 的内容加 5，并赋给 y
y=++*px;            //*px 的内容加上 1 之后赋给 y, ++*px 相当于++(*px)
y=*px++;            //相当于 y=*px;  px++;
```

通常情况下，C++要求指针变量的数据类型和该指针所指向的数据类型一致。因此，在给指针变量赋值的时候一定要注意类型匹配，必要的时候可以使用类型强制转换。

【例 8.1】　应用指针运算符&和*。

```
#include <stdio.h>
void main()
{
int *abc_addr,abc,val;
abc=67;
abc_addr=&abc;
val=*abc_addr;
printf("abc_addr=%x\n",abc_addr);
printf("val=%d",val);
}
```

运行上述程序后，得到的结果是：

```
abc_addr=FFF4
val=67
```

下面对"&"和"*"运算符再做些说明（前提：例 8.1）：

（1）*（&abc）=abc，"&"和"*"两个运算符的优先级别相同，但按自右向左方向结合，因此先进行&abc 的运算，再进行*运算，相互抵消，结果为 abc。

（2）&(* abc_addr)=& abc。

（3）*(abc_addr)++相当于 abc++。注意圆括号是必要的，如果没有圆括号，就成为了*(abc_addr ++)，这时先按 abc_addr 的原值进行*运算，得到 a 的值，然后使 abc_addr 的值改变，这样 abc_addr 便不再指向 abc 了。

8.1.5　指针的赋值

声明了一个指针，只是得到了一个用于存储地址的指针变量，但是变量中并没有确定的值，其中的地址值是一个随机的数，也就是说，不能确定这时候的指针变量中存放的是哪个内存单元的地址。这时候指针所指的内存单元中有可能存放着重要的数据或程序代码，如果盲目去访问，可能会破坏数据或造成系统的故障。因此声明指针之后必须先赋值，然后才可以引用。与其他类型的变量一样，对指针赋初值也有两种方法。

（1）在声明指针的同时进行初始化赋值，语法形式为：

数据类型 *指针名=初始地址 ；

（2）在声明之后，单独使用赋值语句，赋值语句的语法形式为：

指针名=地址 ；

如果使用对象地址作为指针的初值，或在赋值语句中将对象地址赋给指针变量，该对象必须在赋值之前就声明过，而且这个对象的类型应该和指针类型一致。也可以使用一个已经赋值的指针去初始化另一个指针，这就是说，可以使多个指针指向同一个变量。

对于基本类型的变量、数组元素、结构成员、类的对象，我们可以使用取地址运算符&来获得它们的地址，例如使用&i 来取得 int 型变量 i 的地址。

数组的起始地址就是数组的名称。例如下面的语句：

```
int  a[10] ;                   // 声明 int 型数组
int  *i_pointer=a ;            // 声明并初始化 int 型指针
```

首先声明一个具有 10 个 int 类型数据的数组 a，然后声明 int 类型指针 i_pointer，并用数组名表示的数组首地址来初始化指针。

又例如 ptr 是一个指针，它指向整型变量 i。在程序中，应先定义指针，然后在使用前对它初始化，例如：

```
int i=3;
int *ptr;
ptr=&i ;
```

第 2 个语句是指针定义语句，字符"*"是指针定义符，其后的 ptr 是指针名，而前面的"int"是指针类型。第三个语句初始化指针 ptr，其中，i 在第一个语句中已被定义为整型变量，&i 表示取 i 的地址。这个语句的作用是把 i 的地址赋给 ptr，使之指向 i。

指针的定义和初始化语句可以合并，例如：

```
int *ptr=&i;                  //等效于  int *ptr; ptr=&i ;
```

下面通过一个例子来回顾一下关于指针的知识。

【例 8.2】 指针的声明、赋值与使用。

```
 #include "stdio.h"
void main()
{
int i;                                    //声明 int 型变量 i
int *i_pointer;                           //声明 int 型指针 i_pointer
i_pointer=&i;                             //取 i 的地址赋给 i_pointer
i=10;                                     //int 型变量赋初值
printf("int i=%d\n",i);                   //输出 int 型变量的值
printf("*int i_pointer=%d\n",*i_pointer); //输出 int 型指针所指地址的内容
 }
```

　　程序运行的结果是：

```
int i=10
int i_pointer i=10
```

　　下面我们来分析一下程序的运行情况。程序中首先声明了一个 int 类型的变量 i，接着声明了一个 int 类型指针 i_pointer，并用取地址操作符求出 i 的地址赋值给指针 i_pointer，再给 int 类型变量 i 赋初值 10。这时的情况可以用图 8.7 来描述，这里假设 int 类型变量 i 和 int 类型指针 i_pointer 在内存中的地址分别为 3000 和 4000。int 类型变量 i 的内容是 10，int 类型指针变量 i_pointer 所存储的是变量 i 的地址 3000，&i 的运算结果是 i 的地址 3000。而*i_pointer 即 i_pointer 所指的变量 i 的值 10。这时，输出的 i 值和*i_pointer 都是 10。前者是直接访问，后者是通过指针的间接访问。程序中两次出现*i_pointer，两次是具有不同含义的，第一次是在指针声明语句中，标识符前面的"*"表示被声明的标识符是指针；第二次是在输出语句中，是指针运算符，是对指针所指向的变量的间接访问。

　　注意：C++编译器能够检查数据类型，如果把一个变量赋给一个类型不匹配的数据，可能会出现错误，指针也不例外。例如，如果 ptr1 和 ptr2 的定义如下：

```
int *ptr1;
char *ptr2;
```

　　下面的语句就会出现编译错误。

```
ptr2=ptr1;
```

　　如果我们把 ptr1 强制转换成 char*类型，再赋给 ptr2，就不会出现编译错误。

```
ptr2 = (char*) ptr1;
```

　　如果指针类型是 void*类型，则可以与任意数据类型的匹配。如例 8.3 所示。

【例 8.3】 void 类型的指针。

```
#include <stdio.h>
void main()
{
    void *vp;              //任意类型的地址能被赋给指针 vp
    char c;  int i;
    float f;  double d;
    vp = &c;  vp = &i;
    vp = &f;  vp = &d;
}
```

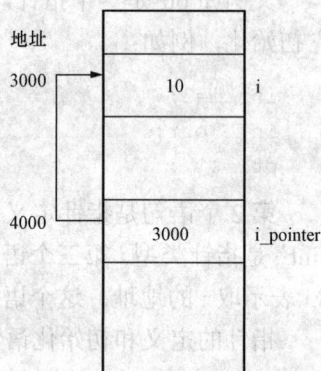

图 8.7　指针变量与变量的指针

　　如果我们没有给指针变量赋值，指针指向的内容并没有意义。在 C++中，有几个头文件定义了一个常量 NULL（它的值为 0），表示指针不指向任何内存单元。我们可以把 NULL 常量赋给任意类型的指针变量，初始化指针变量。例如：

```
int *ptr1=NULL;
char *ptr2=NULL;
```

　　NULL 常用于基于指针的数据结构（例如链表）的末尾，处理这样的数据结构通常是用循环语句。遇到 NULL 指针时，循环停止。

对于全局指针变量，它被自动初始化为 0，即 NULL。但是，作为局部变量的指针，如果不被初始化，它的值是不确定的。它可能指向任何地方，也有可能指向非法地址而导致程序出错，定义一个指针变量时，就对该变量初始化是一个良好的编程习惯。

8.1.6　指针与常量

我们在定义指针时，如果在*的右边加一个 const 修饰符，则定义了一个常量指针，即指针值是不能修改的。

```
int d =1;
int* const p =&d;
```

p 是一个常量指针，它指向一个整型变量。p 本身不能修改，但它所指向的内容却可以修改：

*p =2;

我们也可以用定义常量指针指向常量，以下两种形式都是合法的。

```
int d =1;
const int* const x = &d;          // (1)
int const* const x2 = &d;         // (2)
```

现在，指针和变量都不能改变。

注意：定义指针常量时必须初始化。下面的常量指针定义是错误的。

```
const int* const x;
```

8.1.7　指针的运算

指针是一种数据类型。与其他数据类型一样，指针变量也可以参与部分运算，包括算术运算、关系运算和赋值运算。

1．指针的赋值运算

前面已经详细描述。

2．指针的算术运算

由于指针存放的都是内存地址，所以指针的算术运算都是整数运算。

一个指针可以加上或减去一个整数值，包括加 1 和减 1。根据 C++地址运算规则，一个指针变量加（减）一个整数并不是简单地将其地址量加（减）一个整数。而是根据其所指的数据类型的长度，计算出指针最后指向的位置。例如，p+i 实际指向的地址是

p+i*m

其中 m 是数据存储所需的字节数，一般情况下，字符型数据 m=1，整型数据 m=2，浮点型数据 m=4。下面的语句说明了一个 int 型指针变量 p 进行算术运算的情况。

```
int *p;           //p=3000
p++;              //p=3002
p--;              //p=2FFE (p--之前 p=3000)
```

因为一个整数在内存中占两个字节的空间。p++操作是使指针 p 指向下一个整型数据，同理可知，p--操作是使指针 p 指向前一个整型数据。

此外，如果两个指针所指的数据类型相同，在某些情况下，这两个指针可以相减。例如，

指向同一个数组的不同元素的两个指针可以相减,其差便是这两个指针之间相隔元素的个数。又例如，在一个字符串里面，让指向字符串尾的指针和指向字符串首的指针相减，就可以得到这个字符串的长度。

3. 指针的关系运算

在某些情况下，两个指针可以相比较，但要求这两个指针指向相同类型的数据。指针间的关系运算包括：>、>=、<、<=、==、!= 。例如，比较两个指向相同数据类型的指针，如果它们相等，就说明它们指向同一个地址（即同一个数据）。

```
if(p1==p2) printf(""two pointrs are equal.\n");
```

指向不同数据类型的指针之间进行关系运算是没有意义的。但是，一个指针可以和 NULL（0）作相等或不等的关系运算，用来判断该指针是否为空。

一般来讲，指针的算术运算是和数组的使用相联系的，因为只有在使用数组时，我们才会得到连续分布的可操作内存空间。对于一个独立变量的地址，如果进行算术运算，然后对其结果所指向的地址进行操作，有可能会意外破坏该地址中的数据或代码。因此，对指针进行算术运算时，一定要确保运算结果所指向的地址是程序中分配使用的地址。

8.1.8　用指针处理数组元素

此内容在后面 8.3 节有详细讲解。

8.1.9　用指针作为函数的参数

当需要在不同的函数之间传送大量数据时，程序执行时调用函数的开销就会比较大。这时如果需要传递的数据是存放在一个连续的内存区域中，就可以只传递数据的起始地址，而不必传递数据的值，这样就会减小开销，提高效率。C++的语法对此提供了支持：函数的参数不仅可以是基本类型的变量、对象名、数组名或函数名，而且可以是指针。如果以指针作为形参，在调用时实参将值传递给形参，也就是使实参和形参指针变量指向同一内存地址。这样在子函数运行过程中，通过形参指针对数据值的改变也同样影响着实参指针所指向的数据值。

我们以下面的 swap 函数为例，该函数的功能是交换两个整型变量的值。

```
void swap(int* pa, int* pb)
{
 int temp = *pa;
 *pa = *pb;
 *pb = temp;
}
```

注意：被交换的值是 pa、pb 指向的内容，不是 pa、pb 本身。

调用 swap 函数，会影响到实参的值。例如：

```
float x=10, y = 20, z = 0;
swap (&x, &y);
printf("x=%f,y=%f",x,y);
```

输出结果为：20, 10。这是因为当 swap 被调用时，会创建两个临时指针变量 pa、pb，并分别被初始化为实参 x、y 的地址，即相当于

```
int *pa = &x, *pb = &y;
```

函数中参与运算的值不是 pa、pb 本身，而是它们指向的内容，也就是实参 x、y 的值（*pa 与 x、*pa 与 y 占用相同的内存单元）。所以在 swap 函数中改变了*pa，也就是改变了实参 x，改变了*pb，也就是改变了实参 y。交换了*pa 与*pb，也就是交换了 x、y 的值。

函数的参数不仅可以是整型、实型、字符型等数据，还可以是指针。它的作用是将一个变量的地址传送到另一个函数中。

我们知道，函数调用的值传递方式中，形参和实参均占用不同的存储单元，形参值的变化不会影响实参的值，也就是说，值传递方式不能带回参数值。我们也知道，一个函数用 return 只能返回一个函数值，如果要求函数返回多个值，一个可行的方法是将变量的地址作为函数的参数进行传递，也就是把指针作为函数的参数。

对于 swap 函数，定义了两个整型指针变量 pa、pb 作为形参，在函数内部，通过对 pa、pb 的操作，改变它们所指向变量的值。在调用的时候，swap(&x,&y)，分别把整型变量 x、y 的地址作为参数传给 pa、pb，在 swap 函数内部，通过对 x、y 地址的引用，交换的是该地址所指向的数据，即交换了 x、y 的值。

更清晰的表达可以从图 8.8 中看出。

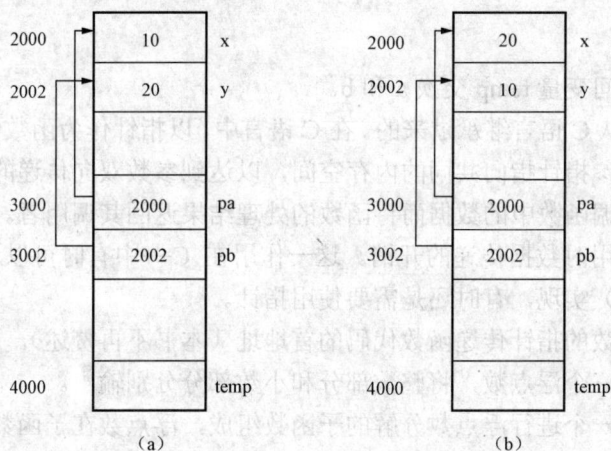

图 8.8 交换变量
（a）交换之前；（b）交换之后

而*pa 和*pb 的交换，实际上是对地址 2000 和地址 2002 内存放的数据进行交换。所以，执行完 swap 函数以后，地址 2000 和地址 2002 内的数据做了交换，临时指针变量 pa、pb 被释放。

下面再举一例，输入 a、b、c3 个整数，按大小顺序输出，要求 a 为最小，c 为最大。

【例 8.4】 对三个数排序。

```
#include <stdio.h>
void swap(int *pt1,int *pt2)
{
    int temp;
    temp=*pt1;
    *pt1=*pt2;
    *pt2=temp;
```

```
}
void exchange(int *q1,int *q2,int *q3)
{
    if(*q1<*q2) swap(q1,q2);
    if(*q1<*q3) swap(q1,q3);
    if(*q2<*q3) swap(q2,q3);
}
void main()
{
    int a,b,c,*p1,*p2,*p3;
    scanf("%d,%d,%d",&a,&b,&c);
    p1=&a;p2=&b; p3=&c;
    exchange(p1,p2,p3);
    printf("\n%d,%d,%d \n",a,b,c);
}
```

拿 exchange 函数中第一条 if 语句分析，如果 a>b，调用函数 swap，其中&a 和&b 是实参，swap 函数通过中间变量 temp 交换*pt1 和*pt2。因为：

```
*pt1=*(&a)=a
*pt2=*(&b)=b
```

实际上，通过中间变量 temp 交换 a 和 b。

C++中的指针是从 C 语言继承过来的。在 C 语言中，以指针作为函数的形参有三个作用。

（1）使实参与形参指针指向共同的内存空间，以达到参数双向传递的目的，即通过在被调函数中直接处理主调函数中的数据而将函数的处理结果返回其调用者。

（2）减少函数调用时数据传递的开销。这一作用在 C++中有时可以通过引用（"引用"本章后面有详细讲述）实现，有时还是需要使用指针。

（3）通过指向函数的指针传递函数代码的首地址（本书不再赘述）。

【例 8.5】 读入三个浮点数，将整数部分和小数部分分别输出。

程序由主函数和一个进行浮点数分解的子函数组成，浮点数在子函数中分解之后，将整数部分和小数部分传递回主函数中输出，可以想象，如果直接使用整型和浮点型变量，形参在子函数中的变化根本就无法传递到主函数。我们采用指针作为函数的参数，源代码如下：

```
#include <stdio.h>
void splitfloat (float x, int *intpart, float *fracpart)
                                        //形参 intpart, fracpart 是指针
{
    *intpart=(int) (x) ;                //取 x 的整数部分
    *fracpart=x-*intpart ;              //取 x 的小数部分
 }
 void main ( )
{
int i,n ;
float x,f ;
printf("Enter 3float point numbers: ");
for (i=0; i<3; i++)
 {
  scanf("%f",&x) ;
```

```
    splitfloat (x,&n,&f) ;                              //变量地址作为实参
    printf("Integer Part=%d   Fraction Part=%f ",n,f );
    }
}
```

程序中的 splitfloat 函数采用了两个指针变量作为参数，主函数在调用过程中使用变量的地址作为实参，形参实参结合时，子函数的 intpart 的值就是主函数 int 型变量 n 的地址，因此，在子函数中改变*intpart 的值，其结果也会直接影响到主函数中变量 n 的值。fracpart 和浮点数 f 也有类似的关系。

程序的运行结果为：

```
Enter 3float point numbers:
5.8
Integer Part=5   Fraction Part=0.8
9.254
Integer Part=9   Fraction Part=0.254
-13.4879
Integer Part=-13   Fraction Part=0.4879
```

8.2　引　　用

8.2.1　引用的概念

引用是一个变量的别名，除用&取代*外，定义引用的方法与定义指针类似。例如：

```
double num1 = 3.14;
double &num2 = num1;                          // num2 是 num1 的引用
```

定义 num2 为 num1 的引用，它并没有复制 num1，而只是 num1 的别名。也就是说，它们是相同的变量。例如，如果执行下面的语句：

```
num1 = 0.16;
```

则 num1 和 num2 的值均为 0.16。

变量可以先定义，后初始化。但是，不同于变量，引用必须在定义时初始化。例如，下面的定义是错误的。

```
double &num3;                     // 非法：引用没有初始化
num3 = num1;
```

引用可用常量来初始化，此时，常量会被复制，引用与其复制值保持一致。

```
int &n = 1;                              // n 取 1 的复制值
```

为什么用常量初始化引用时要被复制，我们看下面的例子。

```
int &x = 1;
++x;
int y = x + 1;
```

第一行的 1 和第三行的 1 可能占用相同的存储单元（大多数编译器将两个 1 分配在内存中相同的地方），虽然我们期望 y 的值为 3，但它的结果可能是 4，这是由于第二行的++x 运算后，常量 1 的值变成了 2。

其实，引用作为另一个变量的别名用处不是很大，除非变量名很长。引用最重要的用处是作函数的参数。我们知道，函数参数传递有值传递和引用传递两种方式。用引用作为函数参数，是引用传递方式。为了比较值传递和引用传递的区别，我们以交换两个变量值的函数作为例子。

【例8.6】 比较值传递和引用传递。

```cpp
void Swap1 (int x, int y)                //值传递
{
  int temp = x;
  x = y;
  y = temp;
}
void Swap2 (int *x, int *y)              //引用传递(指针)
{
  int temp = *x;  *x = *y;
  *y = temp;
}
void Swap3 (int &x, int &y)              //引用传递
{
  int temp = x;
  x = y;
  y = temp;
}
void main ( )
{
  int i = 10, j = 20;
  Swap1(i, j);
  print("i=%d,j=%d\n ",i,j ) ;
  Swap2(&i, &j);
  print("i=%d,j=%d\n ",i,j ) ;
  Swap3(i, j);
  print("i=%d,j=%d\n ",i,j ) ;
}
```

在上面的三个子函数中，虽然 Swap1 交换了 x 和 y，但并不影响传入该函数的实参，因为实参传给形参时被复制，实参和形参分别占用不同的存储单元。

Swap2 使用指针作为参数克服了 Swap1 的问题，当实参传给形参时，指针本身被复制，而函数中交换的是指针指向的内容。当 Swap2 返回后，两个实参可以达到交换的目的。

Swap3 通过使用引用参数克服了 Swap1 的问题，形参是对应实参的别名，当形参交换以后，实参也就交换了。

在 main 函数中说明了调用三个子函数时实参的表示的区别。

程序运行结果如下：

```
10, 20
20, 10
10, 20
```

我们看到函数 Swap3 与 Swap2 的效果一样，都达到了交换的目的，但 Swap3 更直观，调用它的方法与调用 Swap1 的方法是一样的。

8.2.2　引用的定义

引用实际上是一种隐式指针，它为变量建立一个别名。引用定义一般形式如下：

类型 &变量＝变量；

这里的"类型"可以是基本的数据类型，也可以是用户自己定义的类型，赋值号左边的"变量"是引用变量名，它是赋值号右边"变量"的别名。

引用变量只是它所引用的变量的别名，对它的操作与对原来变量的操作具有相同的作用。例如：

```
int i=0;
int &ref=i;
ref=2;
```

上面的语句首先定义了一个整型变量 i 和一个引用变量 ref，它是变量 i 的别名。那么对 i 的操作和对 ref 的操作的结果完全一样。语句"ref=2；"把 2 赋值给 ref，实际上也改变了 i 的值。还有一点需要注意的是：引用必须在定义的时候初始化，如果先定义，后赋值编译时会出错。引用除了用变量初始化外，还可以用常量来初始化。引用可以作为函数参数进行传递，称为引用传递。上面用交换两个变量值的三个函数为例，说明值传递、指针传递、引用传递三种方式是如何工作的。下面再举一个例子说明引用的使用。

【例 8.7】　引用的使用示例。

```
#include <stdio.h>
int main()
{
    int a;
    int &ref=a;
    a=10;
    printf("%d---%d ",a,ref);
    a=100;
    printf("%d---%d ",a,ref);
    int b=20;
    ref=b;                          //把 b 的值赋给 a
    printf("%d---%d ",a,ref);
    ref--;
    printf("%d---%d ",a,ref);
}
```

程序运行输出结果如下：

```
10---10
100---100
20---20
19---19
```

程序中定义了一个引用变量 ref，它实际上是整型变量 a 的一个别名。对 ref 的任何操作等价于对 a 的操作。

8.2.3 引用和指针的区别

1. 相同点

（1）都是地址的概念；

（2）指针指向一块内存，它的内容是所指内存的地址；引用是某块内存的别名。

2. 区别

（1）指针是一个实体，而引用仅是个别名；

（2）引用使用时无需解引用(*)，指针需要解引用；

（3）引用只能在定义时被初始化一次，之后不可变；指针可变；

（4）引用没有 const，指针有 const，const 的指针不可变；

（5）引用不能为空，指针可以为空；

（6）"sizeof 引用"得到的是所指向的变量（对象）的大小，而"sizeof 指针"得到的是指针本身（所指向的变量或对象的地址）的大小；

（7）指针和引用的自增(++)运算意义不一样。

3. 联系

（1）引用在语言内部用指针实现；

（2）对一般应用而言，把引用理解为指针，不会犯严重语义错误。引用是操作受限了的指针（仅容许取内容操作）。

引用是 C++中的概念，初学者容易把引用和指针混淆一起。下一程序中，n 是 m 的一个引用（reference），m 是被引用物（referent）。

```
int m;
int &n = m;
```

n 相当于 m 的别名（绰号），对 n 的任何操作就是对 m 的操作。例如有人名叫王小毛，他的绰号是"三毛"。说"三毛"怎么怎么的，其实就是对王小毛说三道四。所以 n 既不是 m 的拷贝，也不是指向 m 的指针，其实 n 就是 m 它自己。

引用的一些规则如下。

（1）引用被创建的同时必须被初始化（指针则可以在任何时候被初始化）。

（2）不能有 NULL 引用，引用必须与合法的存储单元关联（指针则可以是 NULL）。

（3）一旦引用被初始化，就不能改变引用的关系（指针则可以随时改变所指的对象）。

以下示例程序中，k 被初始化为 i 的引用。语句 k = j 并不能将 k 修改成为 j 的引用，只是把 k 的值改变成为 6。由于 k 是 i 的引用，所以 i 的值也变成了 6。

```
int i = 5;
int j = 6;
int &k = i;
k = j;                      //k 和 i 的值都变成了 6
```

上面的程序看起来像在玩文字游戏，没有体现出引用的价值。引用的主要功能是传递函数的参数和返回值。C++语言中，函数的参数和返回值的传递方式有三种：值传递、指针传递和引用传递。

以下是"值传递"的示例程序。由于 Func1 函数体内的 x 是外部变量 n 的一份拷贝，改变 x 的值不会影响 n，所以 n 的值仍然是 0。

```
void Func1(int x)
{ x = x + 10;
}
void main( )
{ int n = 0;
  Func1(n);
  printf("n=%d ",n) ;            // n = 0
}
```

以下是"指针传递"的示例程序。由于 Func2 函数体内的 x 是指向外部变量 n 的指针，改变该指针的内容将导致 n 的值改变，所以 n 的值成为 10。

```
void Func2(int *x)
{
  (* x) = (* x) + 10;
}
void main()
{ int n = 0;
  Func2(&n);
  printf("n=%d",n) ;             // n = 10
}
```

以下是"引用传递"的示例程序。由于 Func3 函数体内的 x 是外部变量 n 的引用，x 和 n 是同一个东西，改变 x 等于改变 n，所以 n 的值成为 10。

```
void Func3(int &x)
{
  x = x + 10;
}
void main()
{ int n = 0;
    Func3(n);
    printf("n=%d ",n) ;           // n = 10
}
```

对比上述三个示例程序，会发现"引用传递"的性质像"指针传递"，而书写方式像"值传递"。实际上"引用"可以做的任何事情，"指针"也都能够做，为什么还要"引用"这东西？

答案是"用适当的工具做恰如其分的工作"。

指针能够毫无约束地操作内存中的任何东西，尽管指针功能强大，但是非常危险。就像一把刀，它可以用来砍树、裁纸、修指甲、理发等，谁敢用这把刀修指甲？

如果的确只需要借用一下某个对象的"别名"，那么就用"引用"，而不要用"指针"，以免发生意外。比如说，某人需要一份证明，本来在文件上盖上公章的印子就行了，如果把取公章的钥匙交给他，那么他就获得了不该有的权利。

8.2.4　小结

指针和引用是 C++语言的重要内容之一，也较难掌握。本节主要学习了指针的含义、指针和地址、指针变量和指针运算、指针和函数参数以及指针和引用等内容。

指针类型的变量是用来存放内存地址的。定义指向变量的指针变量时，应在它所指的变量的类型后面加一个"*"。指针指向数组时，常常把指针与整数作加减运算，即让指针变量加一个整数或减一个整数，但这与整数的运算并不相同，指针变量加 1，是将指针变量指向下一个元素，其余类推。

指针和引用可以作为函数的参数进行传递，并可以提高程序的运行效率（不必复制指针指向的内容，从而节省了内存和运行时间），要注意比较和区分引用传递与值传递的区别，指针与引用作为函数的参数与数组作为函数参数的异同，如何利用指针和引用带回函数的返回值等。

引用是指针的另一种形式，把指针搞清楚了，学习引用也不会有什么困难。但是，引用和指针的定义方法并不同，特别是，引用作为函数返回值时，很易出错，要十分小心。一般说来，引用比指针要直观，在编程时，应尽量使用引用，这有助于提高程序的可读性。

8.3　数　组　与　指　针

8.3.1　一维数组与指针

每个数组元素都在内存中占用存储单元，都有相应的地址。如果将某个数组元素的地址放到一个指针变量中，使指针变量和数组元素之间建立了指向关系，那么，就可以利用指针变量实现对数组元素的间接引用。

例如：

```
int c[10];        //定义整型数组 c
int *p;           //定义 p 是基类型为整型的指针变量
p=&c[0];          //将 c[0]的地址赋给 p,使 p 指向 c[0]
*p=1;             //*p 间接引用 c[0],等价于 c[0]=1;
```

执行该程序段后，指针变量和数组元素 c[0]之间建立的指向关系如图 8.9 所示。

在定义指针变量时也可以对它进行初始化，前面程序段可以替换为：

```
int c[10];        //定义整型数组 c
int *p=&c[0];     //定义指针变量 p,同时初始化,使 p 指向 c[0]
*p=1;             //给 c[0]赋值 1
```

在 C++中，数组名代表数组中首元素的地址，因此下面两个语句等价：

```
p=&c[0];
p=c;
```

同样

```
int *p=&c[0];
```

也可以写成

```
int *p=c;
```

由此可以看到，通过定义一个指针变量 p，让它指向数组元素 c[0]（将 c[0]的地址赋给 p），就可以通过该指针变量 p 间接引用数组元素 c[0]。那么，如何通过这个指针变量，进一步引用其他的数组元素呢？

C++规定，如果指针变量 p 指向某个数组元素，那么 p+1 指向同一个数组的下一个元素。

数组元素在内存中占据一片连续的存储单元，如图 8.9 所示。假设数组 c 首地址（c[0]的地址）是 2000，由于数组 c 是整型的，每个元素占 4 个字节，所以，c[1]的地址是 2004，c[2]的地址是 2008……，图中指针变量 p 指向 c[0]，即 p 中的值为 2000。由于 p 是指针变量，所以计算 p+1 时，不是简单地将 p 的值加上 1，而是加上 4，结果为 2004，等于 c[1]的地址，所以 p+1 就指向了 c[1]。

如果 p 指向 c[0]，那么：

（1）p+i 之值就是 c[i]的地址，即 p+i 指向 c[i]。表达式 p+i 的运算方法为：p+i*d，d 是一个数组元素所占的字节数，和数组元素的类型有关。在 Visual c++ 6.0 中，对 int、long 和 float 型，d=4；对 char 型，d=1。

（2）*(p+i)表示间接引用 p+i 所指向的数组元素，即间接引用 c[i]。例如表达式 c[3]=1，可以写成*(p+3)=1，即 c[3]和*(p+3)等价。

（3）指向数组元素的指针变量也可以带下标，如*(p+i)等价于 p[i]。

由于数组名 c 代表 c[0]的地址，所以，表达式 c+i 之值就是 c[i]的地址，它的计算方法和 p+i 相同。同理，*(c+i) 表示间接引用 c+i 所指向的数组元素，即间接引用 c[i]。

总之，如果 p 指向 c[0]，那么，p+i、c+i 等价，都是 c[i]的地址，而*(p+i)和*(c+i)等价，都表示间接引用数组元素 c[i]。

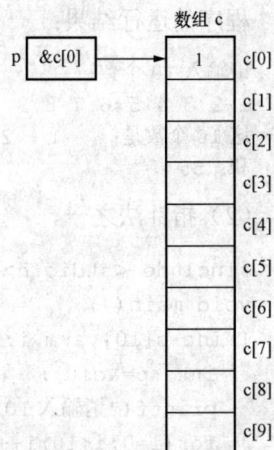

图 8.9　指针变量 p 指向 c[0]

【例 8.8】　将任意 10 个数输入到数组中，求这十个数之和，最后输出这 10 个数以及求和的结果。

用长度为 10 的整型数组 c 存储这 10 个数，变量 sum 存储求和的结果。分别用两种对数组元素的引用方法来编写程序，一种是下标法，一种是指针法。

（1）下标法。

```
#include <stdio.h>
void main( )
{ int c[10],sum,i;
  printf("请输入10个数: \n");
  for(i=0;i<10;i++)
      scanf("%d",&c[i]);
  sum=0;                          //求和单元赋初值
  for(i=0;i<10;i++)
      sum+=c[i];                  //下标法引用数组元素 c[i]
  printf("这10个数是: ");
  for(i=0;i<10;i++)
      printf("%4d",c[i]);
  printf("\n 和: %d",sum);
}
```

程序的运行结果：

```
请输入 10 个数：
1 2 3 4 5 6 7 8 9 10↵
这 10 个数是：    1   2   3   4   5   6   7   8   9  10
和：55
```

（2）指针法之一。

```
#include <stdio.h>
void main( )
{ int c[10],sum,i;
  int *p=&c[0];                         //定义指针变量 p,并使其指向 c[0]
  printf("请输入 10 个数：\n");
  for(i=0;i<10;i++)
      scanf("%d",p+i);                  //p+i 是 c[i]的地址
  sum=0;
  for(i=0;i<10;i++)
      sum+=*(p+i);                      //通过指针变量 p 引用数组元素 c[i]
  printf("这 10 个数是：");
  for(i=0;i<10;i++)
      printf("%4d",*(p+i));
  printf("\n 和：%d",sum);
}
```

程序的运行过程及结果同（1）。在这个程序中，指针变量的值没有发生变化，始终指向 c[0]。

（3）指针法之二。

```
#include <stdio.h>
void main( )
{ int c[10],sum,i;
  int *p;                               //定义指针变量 p
  printf("请输入 10 个数：\n");
  for(i=0;i<10;i++)
      scanf("%d",c+i);
  sum=0;
  for(i=0;i<10;i++)
      sum+=*(c+i);                      //通过数组名引用数组元素
  printf("这 10 个数是：");
  for(p=c;p<c+10;p++)                   //p 逐次指向 c[0]～c[9]
      printf("%4d",*p);
  printf("\n 和：%d",sum);
}
```

程序的运行过程及结果同（1）。注意在该程序的输出部分，通过改变指针变量的值，使它先后指向了 c[0]～c[9]。

假设指针变量 p 指向数组元素 c[0]，有关 p 的运算总结如下。

（1）p++（或 p+=1 或++p）使 p 指向下一个数组元素，即指向 c[1]。

（2）*p++等价于*(p++)。作用是先得到 p 指向的变量的值（即得到 c[0]的值，相当于*p），

然后再使 p 的值加 1，使 p 指向下一个数组元素。

（3）*++p 等价于*(++p)。作用是先使 p 的值加 1，使其指向下一个数组元素（即指向 c[1]），然后得到 p 指向的变量的值（即得到 c[1]的值，相当于*p）。

（4）(*p)++表示将 p 指向的数组元素的值加 1，即 c[0]的值加 1。

如果 p 指向 c[i]，则：

(p--)——先对 p 进行""运算，得到 c[i]的值，再使 p 减 1，p 指向 c[i-1]。

(--p)——先使 p 减 1，p 指向 c[i-1]，再对 p 进行""运算，得到 c[i-1]的值。

(p++)——先对 p 进行""运算，得到 c[i]的值，再使 p 加 1，p 指向 c[i+1]。

(++p)——先使 p 加 1，p 指向 c[i+1]，再对 p 进行""运算，得到 c[i+1]的值。

8.3.2　用指针变量作函数参数

用指针变量作形参，调用函数时对应的实参若是数组名，那么指针变量可以接受实参数组传递过来的数组的首地址。请看下面的例子。

【例 8.9】　将 10 个数按从小到大的顺序排序。

程序如下：

```
#include <iostream.h>
void main( )
{int a[10],i;
 void sort(int *,int);        //函数声明,函数第一个参数为指向整型变量的指针变量
 cout<<"请输入 10 个数据: "<<endl;
 for(i=0;i<10;i++)
   cin>>a[i];
 sort(a,10);                  //调用函数 sort,第一个实参为数组名
 cout<<"排序结果为: "<<endl;
 for(i=0;i<10;i++)
   cout<<a[i]<<"  ";
}
void sort(int *p,int n)       //定义函数 sort
{ int i,j,w,t;
  for(i=0;i<n-1;i++)
  { w=i;
    for(j=i+1;j<n;j++)
      if(*(p+w)>*(p+j))w=j;
    if(w!=i)
    { t=*(p+w);*(p+w)=*(p+i);*(p+i)=t; }
  }
}
```

程序的运行情况与第 7 章中的例 7.11 相同。

在程序中，函数 sort 的实参是一维数组名 a，形参是指向整型变量的指针变量 p。调用 sort 时，通过虚实结合，将数组 a 的首元素地址传递给指针变量 p，使 p 指向 a[0]。在函数 sort 中，通过对指针变量 p 的操作，可以访问数组 a 的各元素，同时也可以改变数组中各元素的值。

关于用数组名和指针作函数参数要注意以下几点。

（1）形参是数组名，实参可以是数组名（第 7 章例 7.11）或数组元素的地址（第 7 章例 7.12），形参数组和实参数组的类型应一致，如不一致将出错。

（2）形参是数组名，实参可以是指针变量，指针变量所指向变量的类型要与形参数组的类型一致。例如：

```
void main( )
{int a[10],i,*p;
 void sort(int [],int);        //函数声明,函数第一个参数是一维数组
  …
 p=a;                          //p 指向 a[0]
  …
 sort(p,10);                   //调用函数 sort,实参 p 是指针变量,指向 a[0]
  …
 }
 void sort(int b[],int n)      //定义函数,函数第一个形参是一维数组
 …}
```

实参是指针变量 p，指向 a[0]，形参是数组名 b。调用函数时，p 中的地址传递给了 b，作为 b 数组的首地址，即 b[0]与 a[0]共用存储单元，因此形参数组 b 和实参数组 a 共用一段存储单元。

（3）形参是指针变量，实参是数组名。见例 8.9。

（4）形参是指针变量，实参也是指针变量。例如：

```
void main( )
{int a[10],i,*p;
 void sort(int *,int);         //函数声明,函数第一个参数是指向整型变量的指针变量
  …
 p=a;                          //p 指向 a[0]
  …
 sort(p,10);                   //调用函数 sort,实参 p 是指针变量,指向 a[0]
  …
 }
 void sort(int *b,int n)       //定义函数,函数第一个形参是指向整型变量的指针变量
 {
  …
 }
```

实参是指针变量 p，指向 a[0]，形参是指针变量 b。调用函数时，p 中的值传递给了 b，使得 b 也指向了 a[0]。在子函数中通过改变 b 的值，可以使 b 指向数组 a 的任何元素。

8.3.3 二维数组与指针

1. 二维数组元素的地址

定义一个 3 行 4 列的二维数组：

```
int t[3][4];
```

根据前面的分析，可以将二维数组看成特殊的一维数组，也就是说 t 数组有 3 行，即 3 个元素：t[0]、t[1]、t[2]。t 数组中的每个元素又是一个包含 4 个元素的一维数组，例如 t[1] 中包含四个元素：t[1][0]、t[1][1]、t[1][2]、t[1][3]，如图 8.10 所示。

```
t[0]  …  t[0][0]  t[0][1]  t[0][2]  t[0][3]    名字为 t[0] 的一维数组

t  t[1]  …  t[1][0]  t[1][1]  t[1][2]  t[1][3]    名字为 t[1] 的一维数组

t[2]  …  t[2][0]  t[2][1]  t[2][2]  t[2][3]    名字为 t[2] 的一维数组
```

图 8.10　把二维数组 t 看作特殊的一维数组

由于 C++规定数组名代表数组首元素的地址，因此数组名 t 表示 t[0]的地址，即二维数组第 0 行的首地址，也就是二维数组的首地址。t+1 是 t[1]的地址，即二维数组第 1 行的首地址，t+2 是 t[2]的地址，即二维数组第 2 行的首地址。

t[0]代表一维数组 t[0]中首元素的地址，即二维数组 0 行 0 列元素的地址&t[0][0]，t[1]代表一维数组 t[1]中首元素的地址，即二维数组 1 行 0 列元素的地址&t[1][0]，t[2]代表一维数组 t[2]中首元素的地址，即二维数组 2 行 0 列元素的地址&t[2][0]。

既然 t[0]表示一维数组 t[0]的首地址，那么 t[0]+0、t[0]+1、t[0]+2、t[0]+3 分别表示数组元素 t[0][0]、t[0][1]、t[0][2]、t[0][3]的地址。依此类推，数组元素 t[i][j]的地址可以表示为 t[i]+j。

由于 t[i]+j 表示元素 t[i][j]的地址，所以*(t[i]+j)等价于 t[i][j]，表示间接引用数组元素 t[i][j]。更进一步，由于 t+i 表示 t[i]的地址，t[i]与*(t+i)等价，所以*(t[i]+j)还可以表示为*(*(t+i)+j)。

有关二维数组中与地址有关的表示形式及其含义如表 8-1 所示。

表 8-1　　　　　　　　　　　　二维数组中与地址有关的表示形式及含义

表示形式	含　　义
t	二维数组名，表示 t[0]的地址，即第 0 行首地址
t+i	表示 t[i]的地址，即第 i 行首地址
t[0]	0 行 0 列元素的地址，即&t[0][0]
t[i]	i 行 0 列元素的地址，即&t[i][0]
t[i]+j	i 行 j 列元素的地址，即&t[i][j]
*(t+i)	等价于 t[i]
*(t[i]+j)	等价于 t[i][j]，即引用数组元素 t[i][j]
((t+i)+j)	等价于 t[i][j]，即引用数组元素 t[i][j]

2．指向二维数组元素的指针变量

在了解了二维数组元素地址的概念后，就可以利用指针变量指向二维数组的元素。

（1）指向数组元素的指针变量。

【例 8.10】　输出一个 4×5 矩阵。

程序如下：

```
#include <stdio.h>
void main( )
{int a[4][5]={{1,3,5,7,9},{2,4,6,8,10},{9,3,5,7,1},{2,8,6,4,10}};
 int *p;                          //定义 p 是基类型为整型的指针变量
 for(p=a[0];p<a[0]+20;p++)        //p 从 a[0][0]开始,逐个指向各数组元素
 { if((p-a[0])%5==0) printf("\n"); //判断是否已经输出了 5 个数据,若是,换行
   printf("%4d",*p);
 }
}
```

运行结果如下：

```
1   3   5   7   9
2   4   6   8   10
9   3   5   7   1
2   8   6   4   10
```

定义一个指向整型数据的指针变量 p，在循环语句中通过对 p 赋初值 a[0]，让其指向数组元素 a[0][0]，然后通过对指针变量 p 的运算让其按行的顺序逐个指向数组的各元素。

C++规定，如果两个指针变量都指向同一个数组中的元素，则两个指针变量值之差是两个指针之间数组元素的个数。所以表达式 p-a[0]表示指针变量 p 指向的元素和 a[0][0]之间的元素个数。

（2）指向由 m 个元素组成的一维数组的指针变量。例 8.10 中的指针变量 p 是用"int *p;"定义的，它指向整型变量，如果 p 指向数组元素 a[1][3]，那么 p+1 就指向其下一个元素，即 a[1][4]。

还有一种指针变量，它指向一个包含 m 个元素的一维数组。

根据前面的内容，一个 4 行 5 列的数组 a 可以看成由四个一维数组 a[0]～a[3]组成，每个一维数组包含 5 个元素。定义指针变量 p，它指向一个包含 5 个元素的一维数组。这时，如果指针变量 p 先指向 a[0]，则 p+1 指向 a[1]。

【例 8.11】　输出二维数组任一行任一列元素的值。

程序如下：

```
#include <iostream.h>
void main( )
{int a[4][5]={{1,3,5,7,9},{2,4,6,8,10},{9,3,5,7,1},{2,8,6,4,10}};
 int (*p)[5],i,j;                    //定义指针变量 p，指向长度为 5 的整型一维数组
 cout<<"请输入行号和列号：";
 cin>>i>>j;
 p=a;
 cout<<"a["<<i<<"]["<<j<<"]="<<*(*(p+i)+j);
}
```

程序的运行结果为：

```
请输入行号和列号：3 4↵
a[3][4]=10
```

在程序中，"int (*p)[5]"表示定义一个指针变量 p，它指向包含 5 个整型元素的一维数组。注意*p 两侧的括号不可缺少。执行了"p=a;"后，使 p 指向 a[0]，即指向二维数组的第 0 行，因此 p+i 指向了 a[i]，即二维数组的第 i 行，进一步，*(p+i)+j 指向数组元素 a[i][j]。因此，在 cout 中利用"*(*(p+i)+j)"输出数组元素 a[i][j]的值。

3. 指向数组的指针作函数参数

【例 8.12】　输出一个 4×5 矩阵。

程序如下：

```
#include <stdio.h>
void main( )
{int c[4][5]={1,2,3,4,3,4,5,6,5,6,7,8,7,8,1,2};
```

```
 void output(int (*p)[5],int,int);          //函数声明
 output(c,4,5);                             //二维数组名作函数参数
}
void output(int (*p)[5],int m,int n)        //定义函数 output
{ int i,j;
  for(i=0;i<m;i++)
  { printf("\n");
    for(j=0;j<n;j++)
        printf("%4d",*(*(p+i)+j));
  }
}
```

程序的运行结果为：

```
1   2   3   4   3
4   5   6   5   6
7   8   7   8   1
2   0   0   0   0
```

<h1 style="text-align:center">习　　题</h1>

一、选择题

1. 若有说明：int i,j=7,*p;p=&i; 则与 i=j 等价的语句是（　　）。

A）i=*p;　　　　　　B）*p=*&j;　　　C）i=&j　　　　D）i=**p;

2. 设 p1 和 p2 是指向同一个 int 型一维数组的指针变量，k 为 int 型变量，则不能正确执行的语句是（　　）。

A）k=*p1+*p2;　　　　B）p2=k;　　　　C）p1=p2;　　　D）k=*p1*(*p2);

二、找出下面程序或程序段中的错误，并改正

在下面程序中输入 China↵，要求输出 China

```
#include <iostream.h>
void main()
{ char a[5],*p;
  int i;
  *p=a;
  for(i=0;i<5;i++)
    cin>>*(p+i);
  cout<<p;
}
```

三、读程序，写运行结果

1.

```
#include<stdio.h>
  void main()
  {
    int *v,b;
    v=&b; b=100; *v+=b;
    printf("%d\n",b);
  }
```

2.

```
void fun(int *x)
{ printf("%d\n",++*x); }
main()
{
  int a=25;
  fun(&a);
}
```

3.

```
#include<stdio.h>
void ast(int x,int y,int *cp,int *dp)
{
  *cp=x*y;
  *dp=x%y;
}
void main()
{
  int a,b,c,d;
  a=2; b=3;
  ast(a,b,&c,&d);
  printf("c=%d,d=%d ",c,d);
}
```

4.

```
#include <stdio.h>
void main( )
{
  int a=10,b=0,*pa, *pb;
  pa=&a; pb=&b;
  printf("%d,%d\n",a,b);
  printf("%d,%d\n",*pa,*pb);
  a=20; b=30;
  *pa=a++; *pb=b++;
  printf("%d,%d\n",a,b);
  printf("%d,%d\n",*pa,*pb);
  (*pa)++;
  (*pb)++;
  printf("%d,%d\n",a,b);
  printf("%d,%d\n",*pa,*pb);
}
```

5. 写出程序的运行结果，并说明该程序的功能。

```
#include <iostream.h>
void main()
{int y=25,i=0,j,a[8],*p_a;
 p_a=a;
 do
 {*p_a=y%2;*p_a++;i++;
   y=y/2;
```

```
  }
  while(y>=1);
  for(j=1;j<=i;j++)
    cout<<*--p_a;
  cout<<endl;
  }
```

6.

```
#include <iostream.h>
#include <string.h>
void main()
{char str[][20]={"One*World","One*Dream!"},*p=str[1];
 cout<<strlen(p)<<"--"<<p;
 cout<<endl;
}
```

四、编程题

1. 写一个函数，求一个字符串的长度，在 main 函数中输入字符串，并输出其长度。

2. 编程实现：从键盘输入一任意字符串，然后，输入所要查找字符。存在则返回它第一次在字符串中出现的位置；否则，输出"在字符串中查找不到！"。

3. 写一个程序，计算任意 n 个数之和（要求：将 n 个数输入到数组中，然后再求和，要用指针来处理）。

4. 写一个程序，计算一个二维数组中所有元素的平均值（用指针处理）。

5. 写一个函数，将字符数组 s2 中的字符串复制到字符数组 s1 中（要求用指针，不要用函数 strcpy）。在主函数中调用该函数并输出结果。

6. 写一个函数，求两个整数的最大公约数和最小公倍数，用主函数调用这个函数，并输出结果。两个整数由键盘输入。

第9章 文 件

9.1 文件的概念

前面讨论的输入输出是以系统指定的标准设备为对象，输入设备为键盘，输出设备为显示器。这种方法在实际应用中有局限性，例如，程序中需要输入大批量的数据，或者输出的数据需要保存下来时，这种方法就不方便。

C++还提供了另外一种输入输出的方法，这种方法以文件作为输入输出的对象，程序中需要的数据可以从文件中读入，运行的结果可以写到文件中保存下来。

所谓文件是指存储在外部存储介质上的数据的集合。对 C++用户来说，常用到的文件有两大类：一类是程序文件，如 C++的源程序文件（.cpp）、目标文件（.obj）、可执行文件（.exe）等；一类是数据文件，实际使用中扩展名通常是.dat，这种文件的内容通常是一些数据。在程序设计时，可以用数据文件作为输入输出的对象。

根据文件中数据的组织形式，可分为 ASCII 文件和二进制文件。ASCII 文件又称为字符文件或文本文件，它的每一个字节放一个 ASCII 代码代表一个字符。二进制文件又称内部格式文件或字节文件，它把数据按其在内存中的存储形式原样输出到文件中存放。

ASCII 码形式的文件可以直接在屏幕上显示或打印出来，比较直观，便于阅读。但是它一般占存储空间较多。二进制形式的文件不方便阅读，但所占存储空间较小。在实际使用时，可以根据需要，选择不同的方式来输入和输出数据。

9.2 文件的操作过程

9.2.1 文件流对象的定义

用键盘输入数据需要使用流对象 cin，用显示器输出数据需要使用流对象 cout。与此类似，在利用文件进行输入输出时，也需要定义文件流对象将数据从内存中输入到文件或将数据从文件中输入到内存。需要注意的是，流对象 cin 和 cout 已经在头文件 iostream 中事先定义好，用户不需要自己定义，而使用文件为对象输入输出时，文件流对象必须由用户自己定义。

定义输入文件流对象的形式为：

```
ifstream 对象名;
```

例如：

```
ifstream infile;
```

定义了输入文件流对象 infile，通过它可以将数据从文件输入到内存中。

定义输出文件流对象的形式为：

```
ofstream 对象名;
```

例如：

```
ofstream outfile;
```

定义了输出文件流对象 outfile，通过它可以将数据从内存输出到文件中。

说明：

（1）ifstream 是输入文件流类，用来支持从文件的输入。ofstream 是输出文件流类，用来支持向文件的输出。

（2）对象名的命名规则遵循标识符命名规则。

（3）由于 ifstream 和 ofstream 是在头文件 fstream 中声明的，所以程序中需要用#include 包含头文件 fstream。

9.2.2　文件的打开和关闭

在以标准设备为对象的输入输出中，系统已经将流对象名 cin 与标准输入设备（键盘）建立关联，将流对象名 cout 与标准输出设备（显示器）建立关联。与此类似，在以文件为对象的输入输出中，除了要定义文件流对象外，还需要将其与某个文件建立关联，这样才能将该文件作为输入或输出的对象。打开文件的操作就是将文件流对象与文件建立关联并指定文件的工作方式的过程。

1. 打开文件

有两种方法可以打开文件。

（1）调用文件流的成员函数 open。调用文件流的成员函数 open 的形式为：

文件流对象名.open(磁盘文件名,输入输出方式);

例如：

```
ifstream in;                    //定义输入文件流对象
in.open("exp.dat",ios::in)      //打开文件
```

定义一个输入文件流对象 in，然后调用 open 函数打开文件 exp.dat 作为输入文件，这样在程序中就可以用文件流对象 in 从文件 exp.dat 中读入数据。

（2）在定义文件流对象时指定参数。可以在定义文件流对象时指定参数，来实现打开文件的功能。如

```
ifstream in("exp.dat",ios::in);
```

定义输入文件流对象 in，并将其和文件 exp.dat 建立关联。

说明：

1）文件名可以包括路径，如"e:\example\exp.dat"，如果省略路径，则默认为当前目录下的文件。

2）输入输出方式有多种选择，见表 9.1。

表 9.1　　　　　　　　　　　　　　　　　文件输入输出方式一览

方　式	作　　　用	方　式	作　　　用
ios::in	以输入方式打开文件	ios::binary	以二进制方式打开文件，如不指定此方式则默认为 ASCII 方式
ios::out	以输出方式打开文件。打开文件时，如文件不存在，就新建建文件，如文件存在且有数据，就将其原有内容全部清除	ios::in|ios::out	以输入和输出方式打开文件，文件可读可写
ios::app	以输出方式打开文件，写入的数据添加在文件末尾		

2. 关闭文件

在对已打开的文件的读写操作完成后，应关闭文件。关闭文件可调用文件流的成员函数 close 完成。形式为：

文件流对象名.close( );

例如：

```
in.close( );                            //关闭与文件流对象 in 关联的文件
```

关闭文件的操作实际上是解除了文件与文件流对象的关联，设置的工作方式失效，这样，就不能再通过文件流对该文件进行输入或输出。

9.2.3　对 ASCII 文件的操作

定义了文件流对象并将其与文件建立关联后，就可以对文件进行读写操作了。对于 ASCII 文件，读写操作可以利用流插入运算符"<<"和流提取运算符">>"来进行。看下面的程序段：

```
ifstream in("exp.dat",ios::in);        //定义输入文件流对象 in，打开文件 exp.dat
in>>a;                                  //从文件 exp.dat 读入数据，并赋给变量 a
```

打开 exp.dat 文件时没有指定以二进制方式打开，系统就默认该文件是 ASCII 文件。此外，利用流对象 in 从文件中读数和利用 cin 从键盘读数类似，只是把 cin 换成 in。同样，将 cout 换成一个已和某个文件建立关联的输出文件流对象名，就可以向文件中写入数据。

【例 9.1】　从文件 in.dat 中读入 20 个数，挑选出其中的偶数并按从大到小的顺序排序，排序的结果输出到文件 out.dat 中。

程序如下：

```
#include <fstream>
using namespace std;
void main( )
{int a[20],i,n,j,b;
 ifstream infile("in.dat",ios::in);
            //定义输入文件流对象 infile，以输入方式打开文件 in.dat
 ofstream outfile("out.dat",ios::out);
            //定义输出文件流对象 outfile，以输出方式打开文件 out.dat
 n=0;
 for(i=0;i<20;i++)
 { infile>>b;                    //从文件 in.dat 中读一个数
   if(b%2==0)
     a[n++]=b;
 }
 for(i=0;i<n-1;i++)
   for(j=i+1;j<n;j++)
     if(a[i]<a[j])
 { b=a[i];a[i]=a[j];a[j]=b; }
     for(i=0;i<n;i++)
   outfile<<a[i]<<" ";          //将数组元素 a[i]的值和一个空格写入文件 out.dat
 infile.close( );               //关闭文件 in.dat
 outfile.close( );              //关闭文件 out.dat
}
```

在运行程序之前，建立文件 in.dat，将原始数据输入到文件中：

```
12 53 64 7 2 5 9 10 11 6
77 98 0 2 4 90 86 43 12 39
```

程序结束后，运行结果输出到文件 out.dat 中，内容为：

```
98 90 86 64 12 12 10 6 4 2 2 0
```

注意在输出数据时，需要输出空格或换行符来分隔数据，否则所有数据将连成一片。

9.2.4　对二进制文件的操作

1. 指定文件以二进制方式打开

如果要用二进制形式向文件写入数据或从文件中读出数据，那么打开文件时要用 ios::binary 指定将文件以二进制形式打开。如

ifstream infile("f1.dat",ios::in|ios::binary);

定义输入文件流 infile，以输入、二进制方式打开文件 f1.dat。

2. 二进制文件的读写

对二进制文件的读写需要用到文件流的成员函数 read 和 write。

read 函数的形式为：

文件流对象名.read(参数 1,参数 2);

write 函数的形式为：

文件流对象名.write(参数 1,参数 2);

其中参数 1 是字符型指针，参数 2 是读写的字节数。

【例 9.2】　任意输入 5 个数，将其以二进制形式输出到文件中。

程序如下：

```
#include <fstream>
#include <iostream>
using namespace std;
void main()
{int a,i;
 ofstream  outfile("f.dat",ios::out|ios::binary);
               //定义输出文件流对象 outfile，以输出方式打开二进制文件 f.dat
 for(i=0;i<5;i++)
 { cin>>a;
    outfile.write((char *)&a,4);
 }
 outfile.close();
}
```

运行程序时，从键盘输入 5 个数，每个数都以二进制方式输出到文件 f.dat 中。

注意成员函数 write 所要求的参数类型：参数 1 是字符型指针，参数 2 是整型。由于&a 为整型指针，所以要用(char *)把它强制转换为字符指针。由于输出的是整型数，而整型数占 4 个字节，所以第二个参数为 4。

习　　题

一、改错

1. 文件 dy.dat 中有一批非负整数，要求将 dy.dat 中的偶数挑选出来，写入文件 ot.dat 中。指出程序中有错误的地方，并改正。

```
#include <fstream>
using namespace std;
void main( )
{int b;
 ifstream infile,outfile;
 infile.open("dy.dat");
 outfile.open("ot.dat");
 infile>>b;
 while(b>=0)
 {  if(b%2==0) outfile<<b<<',';
    infile>>b;
 }
 infile.close( );
 outfile.close( );
}
```

2. 从键盘输入 5 个整数，将其用二进制形式写入到文件 f.dat 中，然后将这 5 个数从文件中读出，并在显示器上输出。

```
#include <fstream>
#include <iostream>
using namespace std;
int main()
{void a,i;
 ofstream  outfile("f.dat",ios::out|ios::binary);
 for(i=0;i<5;i++)
 { cin>>a;
   outfile.write((char *)&a,4);
 }
 outfile.open("f.dat",ios::in|ios::binary);
 for(i=0;i<5;i++)
 {  outfile.read((char *)&a,4);
    cout<<a<<',';
 }
}
```

二、编写程序

1. 将 10 个数输入到文件 at1.dat 中。

2. 将文件 at1.dat 中的数据读入，计算每个数的平方，并依次存放到文件 at2.dat 中。

3. 将一批数据以二进制形式存放在磁盘文件中。

第10章 构造数据类型

在第 1 章中，我们已经学习过 C++的基本数据类型，基本数据类型最主要的特点是其值不可以再分解为其他类型，也就是说，基本数据类型是自我说明的。仅仅使用基本数据类型在表示和处理某些实际问题时，程序的设计会非常繁琐和复杂，因此，C++提供了构造数据类型。

构造数据类型是基本数据类型的组合，根据已定义的一个或多个数据类型用构造的方法来进行定义。也就是说，一个构造类型的值可以分解成若干个"成员"或"元素"，每个"成员"都是一个基本数据类型或又是一个构造类型。构造数据类型包括数组、结构体和共用体（联合）3 种类型。

本章将介绍枚举、结构、联合等数据类型的定义及其用法。

10.1 枚 举 类 型

在实际问题中，有些变量的取值被限定在一个有限的范围内。C++提供了一种称为"枚举"的类型，在"枚举"类型的定义中列举出所有可能的取值，被说明为该"枚举"类型的变量取值不能超过定义的范围。通过使用枚举数据类型，可以增加程序的可读性，有利于软件的维护。

枚举类型（Enumeration）确切地说是一种基本数据类型，而不是一种构造类型，因为它不能再分解为任何基本类型。顾名思义，"枚"作为量词，作"个"讲，那么枚举，就是一个一个地列举，如果一件事情能够被一个一个地列举，那么它的数量肯定就是有限的。所以枚举类型即为能被列举的常量的一个集合。

在生活中，枚举的例子随处可见，比如星期就可以作为一个枚举变量。这个变量所存储的值是有限的，且能被列举，例如：

week { Sunday, Monday, Tuesday, Wednesday, Thursday, Friday, Saturday }

定义一个枚举类型的变量，虽然不知道变量具体是什么值，但能知道它可能会有哪些值，这样，就能对程序中所出现的变量的取值有一个很好的估量和限定，从而使程序的编写更加顺利，减少出错的机会。

10.1.1 枚举类型的定义

枚举类型定义的一般格式为：

```
enum  <枚举类型名>
{
        标识符[=整型常数],
        标识符[=整型常数],
        …
        标识符[=整型常数],
        } 枚举变量;
```

枚举类型用关键字 enum 指明其后的标识符是一个类型的名字，类型名后面跟一个用花

括号括起来的枚举成员列表，枚举成员之间用"，"分开，在默认情况下第一个枚举成员被赋
予值 0，后面的每个枚举成员的值依次比前面的大 1。

例如，定义星期的枚举类型如下：

```
enum week
        {
        Sunday,
        Monday,
        Tuesday,
        Wednesday,
        Thursday,
        Friday,
        Saturday };
```

其中 Sunday 的值为 0，Monday 的值为 1，Tuesday 值为 2，……，依次类推，Saturday
的值则为 6。除了使用默认值，用户也可以在类型定义时为部分或全部枚举成员指定值，指
定值之前的成员按照默认方式取值，而指定值之后的成员按依次加 1 的原则取值。

例如，定义一个枚举类型为 Number 的变量 u_num：

enum Number {four=4, five, six, one=1, two, three} u_num;

变量 u_num 只能取枚举表中的元素，以上的定义也可以写成：

enum Number {four=4, five, six, one=1, two, three};

Number u_num;

初始化时枚举成员也可以指定为负数，未被指定的成员仍然按照依次加 1 的原则取值。
定义枚举类型以后，可以使用所定义的枚举类型来定义相应类型的变量。所定义的枚举变量
只能够在成员表中取值。

10.1.2 枚举变量的使用

枚举变量允许的操作只有赋值和关系运算。

赋值包括将枚举常量值赋给枚举变量和在两个同类型的变量之间赋值。不能直接将常量
赋给枚举变量，两个不同类型的枚举变量之间不能相互赋值。

例如：

```
enum color_set1{RED,BLUE,WHITE,BLACK};
enum color_set2{GREEN,RED,YELLOW,WHITE};
color_set1 color1,color2;
color_set2 color3,color4;
color1=1;                          //非法，不能直接将常量赋给枚举变量
color2=color3;                     //非法，不能在不同类型枚举变量间赋值
color3=RED;                        //合法
color4=color3;                     //合法
```

由于枚举常量本身是一个整数值，因此也允许将一个枚举变量或枚举常量赋给整型变
量。例如：

```
int c1, c2;
c1=color3;                         //合法，c1 的值为 1
c2=GREEN;                          //合法，c2 的值为 0
```

　　关系运算可以在两个枚举变量之间或一个枚举变量和一个枚举常量之间进行，比较时按照它们对应的整数值来运算。例如：

```
if (color3==color4)
    cout<< color3 << color4 < WHITE;
```

　　枚举变量可以直接输出，但不能直接输入。当直接输出时，输出的是变量对应的整数值。例如：

```
cin>>color1;                    //非法
cout<<color3;                   //合法，输出为 2
```

　　【例 10.1】　定义关于颜色的枚举类型，并输出该类型变量的值。

```
#include<iostream.h>
void main( )
{
enum myColor{RED,ORANGE,YELLOW,GREEN};
myColor cl=ORANGE;
cout<<cl<<endl;
}
```

　　运行结果：

```
1
```

　　【例 10.2】　口袋中有红、黄、蓝、白、黑 5 种颜色的球若干个，每次从口袋中取 3 个不同颜色的球，输出所有的取法。

```
#include   <stdio.h>
void  main()
{
    enum   color{red,yellow,blue,white,black};
    enum   color;
    int   i,j,k,pri,n,loop;
    n=0;
    for(i=red;i<=black;i++)
        for(j=red;j<=black;j++)
            if(i!=j)                        //取出前两个球颜色不同。
            { for(k=red;k<=black;k++)        //取出后三个球颜色不同。
            if((k!=i)&&(k!=j))
            {
                n++;
                printf("%-4d",n);
                for(loop=1;loop<=3;loop++)    //输出取出三个球的颜色。
                {
                    switch(loop)
                    {
                    case 1: pri=i;break;
                    case 2: pri=j;break;
                    case 3: pri=k;break;
                    default: break;
```

```
                    }
                    switch(pri)
                    {
                    case red:    printf("%-10s","red");    break;
                    case yellow: printf("%-10s","yellow"); break;
                    case blue:   printf("%-10s","blue");   break;
                    case white:  printf("%-10s","white");  break;
                    case black:  printf("%-10s","black");  break;
                    default: break; }
                }
            printf("\n");
        } }
        printf("\ntotal:%5d\n",n);
}
```

运行结果：

```
1   red       yellow    blue
2   red       yellow    white
3   red       yellow    black
4   red       blue      yellow
5   red       blue      white
6   red       blue      black
7   red       white     yellow
8   red       white     blue
9   red       white     black
10  red       black     yellow
11  red       black     blue
12  red       black     white
13  yellow    red       blue
14  yellow    red       white
15  yellow    red       black
16  yellow    blue      red
17  yellow    blue      white
18  yellow    blue      black
19  yellow    white     red
20  yellow    white     blue
21  yellow    white     black
22  yellow    black     red
23  yellow    black     blue
24  yellow    black     white
25  blue      red       yellow
26  blue      red       white
27  blue      red       black
28  blue      yellow    red
29  blue      yellow    white
30  blue      yellow    black
31  blue      white     red
```

```
32  blue    white    yellow
33  blue    white    black
34  blue    black    red
35  blue    black    yellow
36  blue    black    white
37  white   red      yellow
38  white   red      blue
39  white   red      black
40  white   yellow   red
41  white   yellow   blue
42  white   yellow   black
43  white   blue     red
44  white   blue     yellow
45  white   blue     black
46  white   black    red
47  white   black    yellow
48  white   black    blue
49  black   red      yellow
50  black   red      blue
51  black   red      white
52  black   yellow   red
53  black   yellow   blue
54  black   yellow   white
55  black   blue     red
56  black   blue     yellow
57  black   blue     white
58  black   white    red
59  black   white    yellow
60  black   white    blue

total:      60
```

10.2　结　构　类　型

经过数组的学习后，我们已经了解，当对若干个数据进行集中处理时，使用数组会带来很多方便。但是，数组要求所处理的数据必须具有相同的类型。先回忆一下在数组应用中的一个题目，题目要求对一个班的同学按照成绩排序后，输出全班成绩排名。使用数组解决时，需要分别建立下标相对应的两个数组，一个存放姓名，一个存放成绩，实现起来非常繁琐。为了简化这样的应用，C++提供称为"结构"的数据类型。

结构属于一种构造数据类型，它是由若干个通常是不同类型但相关的变量所构成的一种数据集合体，该集合体使用一个唯一的变量名称，故有时也把结构称为"结构体"，结构中的各个变量一般被称为结构体成员。由于结构把一组关联的变量作为一个整体进行处理，因而使用结构将有利于对程序中的复杂数据进行管理，使数据操作组织化、结构化。特别是对于大规模的程序，结构更是必不可少的。

10.2.1　结构定义

对于结构，首先应该进行类型定义，以指出它的数据项构成情况，给出一个结构类型的名称，在定义了类型以后，再定义这种类型的变量。

关键字 struct 用来定义一个结构，结构定义的一般形式是：

```
struct 结构名
    {
        成员表
        };
```

例如，定义一个学生成绩记录包括学号、姓名和成绩，这样的结构可以定义如下：

```
struct  student
    {
        int  no;
        char  name[20];
        float  score;};
```

这里定义了一个结构类型 struct student，其中 struct 是关键字不能省略，表示这是一个结构类型，它包括 no（整型）、name（字符串）、score（实数型）等不同类型的数据项。

应当注意，struct student 是程序设计者自己定义的类型名，它和系统已定义了的标准类型（如 int、char、float、double 等）一样也可以用来定义该类型的变量。

我们也经常使用 typedef 来定义结构类型，具体形式如下：

```
typedef  struct
    {
        int  no;
        char  name[20];
        float  score;
        }  student;
```

10.2.2　结构变量的定义和初始化

1. 结构变量定义

我们已经通过上面所述的方式定义了结构数据类型，要使用这样的数据，需要定义该类型的变量，要定义一个结构类型的变量，可以采取以下 3 种方法。

（1）先定义结构类型再定义变量。上面已定义了一个结构体类型 struct student，可以用它来定义变量。例如：

```
student stud1,stud2;
```

（2）在定义类型的同时定义变量。例如：

```
struct student {
        int  no;
        char  name[20];
        float  score;
        }stud1, stud2;
```

这种形式的定义的一般形式为：

```
struct 结构名
    {
```

```
        成员表列;
    } 变量名表列;
```

（3）直接定义结构类型变量。其一般形式为：

```
struct
{
        成员表列;
    } 变量名表列;
```

即定义中不出现结构类型名，而直接定义结构变量，此方法在大型程序中使用较少。

在定义一个结构类型时，结构的成员也可以是一个结构变量。例如：

```
struct  date
{
        int  month;
        int  day;
        int  year;
        };
struct  student
{
        int  no;
        char  name[20];
        float  score;
        date  birthday;
    }stud1, stud2;
```

这里首先定义一个 struct date 类型，它代表"日期"，包括 3 个成员：month（月）、day（日）、year（年），然后在定义 struct student 类型时，成员 birthday 定义为 struct date 类型。成员名可以与程序中的变量名相同，两者不代表同一个对象。例如，程序中可以另定义一个变量 no，它与 struct student 中的 no 是两回事，互不干扰。

2. 结构变量的初始化

由于结构变量包括了各种不同数据类型的成员，所以结构变量的初始化就显得复杂、灵活。对结构变量进行初始化，只需把结构变量成员所对应的初始值按照成员顺序给出即可。

【例 10.3】 结构变量初始化实例。

```
#include <iostream.h>
struct student
{
 int  no;
 char  name[20];
 float  score;
} stud1={1,"zhangsan",92};
void  main( )
{
 cout<<stud1.no<<" "<<stud1.name<<" "<<stud1.score<<endl;
}
```

运行结果：

```
1  zhangsan  92
```

10.2.3 结构变量的引用

在定义了结构变量以后，就可以引用这个变量。虽然结构变量是作为一个整体被定义的，但不能将一个结构变量作为一个整体进行输入或输出，只能通过结构变量的成员来访问它。引用形式如下：

结构变量名. 成员名

其中的 "." 是成员运算符，左边是结构变量名，右边是结构成员名。它在所有的运算符中优先级最高，具有左结合性，运算的结果是结构变量的成员。结构变量的成员同普通变量一样，可以进行赋值、运算等操作。

例如：

```
stud1.no=1;
strcpy(stud1.name,"TomGreen");
cin>>stud1.score;
cout << stud1.name;
sum=stud1.score+stud2.score;
```

从上面例子中可以看到，除了在结构变量说明中赋初值的方法外，还可以用赋值语句或其他方式为结构成员赋值，无论采用哪种方法，都必须保证类型一致。

C++还允许将一个结构变量直接赋值给另一个具有相同结构的结构变量。下面的赋值语句也是允许的。

```
stud1＝stud2;
```

如果结构变量的成员本身又是一个结构类型，则要用若干个成员运算符，由外到内逐层找到最内层的一级成员，而且只能对最内层的成员进行访问。例如：

```
stud1.birthday.year=1987;
cout<<stud1.birthday.day;
```

结构变量引用时还可以通过 "&" 运算引用成员的地址，也可引用结构变量的地址。例如：

```
scanf("%d", &stud1.no);              //输入 stud1.no 的值
printf("%o", &stud1);                //输出 stud1 的首地址
```

但不能用以下语句整体读入结构变量，例如：

```
scanf("%d, %s, %c, %d, %f, %s", &student1);
```

结构变量的地址主要用作函数参数，传递结构变量的地址。

【例 10.4】 输入一个学生的姓名和 4 门功课的成绩，求出其平均成绩。

```
#include <iostream.h>
void main( )
{
 struct student
 {
     char  name[10];
     int   score[4];
     float average;
};
int  i,sum;
student stud1;
```

```
cout<<"请输入学生姓名:";
cin>>stud1.name;
cout<<"请输入 4 门功课的成绩:";
for(i=0;i<4;i++)
        cin>>stud1.score[i];
sum=0;
for(i=0;i<4;i++)
        sum+=stud1.score[i];
stud1.average=(float)sum/4.0;
cout<<stud1.name<<"的平均成绩为"<<stud1.average<<endl;
}
```

运行结果:

请输入学生姓名: zhangsan↙
请输入 4 门功课的成绩: 88 86 93 79↙
zhangsan 的平均成绩为 86.5

10.2.4 结构数组

相同类型的数据可以构成数组来进行处理,相同类型的结构数据也可以构造成数组以利于程序处理,相同类型的结构数据构成的数组称为结构数组。结构数组的定义方式类似于普通数组。在实际数据处理中,经常用结构数组表示具有相同数据结构的一个整体。如一个班的学生学籍、一个单位的人事档案等。

在程序设计中,要使用结构数组,应该先定义。结构数组的定义方法和结构变量的定义方法相似,只需说明它为数组即可。一般形式为:

```
struct 结构名
 {
        成员表列;
        } 数组名[数组长度];
```

或

```
struct 结构名
 {
        成员表列;
 };
结构名 数组名[数组长度];
```

例如:

```
struct student
 {
        int  no;
        char  name[20];
        float  score;
 } stud[30];
```

以上定义了一个可以存放一个班级 30 名同学学号、姓名、成绩的数组,对于结构数组来说,同样可以像数组一样进行初始化,初始化的方法很简单。下面以上例定义为基础来说明结构数组的初始化。

student stud[30]={{801,"zhangsan",87},{802,"lisi",93},{803,"wangwu",79}};

当对全部元素初始化时，和普通数组类似，可以省略结构数组长度，系统以实际初始化元素个数作为数组长度，如：

student stud[ ]={{801,"zhangsan",87},{802,"lisi",93},{803,"wangwu",79}};此时，结构数组的长度为 3。

【例 10.5】 有 3 个学生信息，含学号、姓名和一门课程的成绩。输出平均成绩和成绩最高者的学号、姓名和成绩。

```cpp
#include "iostream.h"
struct  student
{
 int  no;
 char  name[20];
 float  score;
};
void main()
{
 student stud[3];
 int i,index;
 float sum,ave,max;
 sum=0;
 for(i=0;i<3;i++)
 {
     cin>>stud[i].no>>stud[i].name>>stud[i].score;
     sum=sum+ stud[i].score;
 }
ave=sum/3.0;
max=stud[0].score;
index=0;
for(i=0;i<3;i++)
    if(max<stud[i].score)
    {
     max= stud[i].score;
    index=i;}
    cout<<"\n average is "<<ave;
    cout<<"\n max  score  is "<<stud[index].no<<"  "<<stud[index].name<<"  "<<stud[index].score ;
 }
```

运行结果：

```
1 zhangsan 92
2 lisi 85
3 wangwu 88
 average is 88.3333
 max score is 1 zhangsan 92
```

10.2.5 结构指针

1. 结构指针定义

结构指针是指向结构的指针，它由一个加在结构变量名前的"*"操作符来定义，一般形式为：

```
struct 结构类型名 *结构指针名;
```

例如：

```
struct student *st;
```

定义了一个指向 student 结构类型的指针 st。例中指针 st 还未确定具体指向哪个结构变量的地址，需要在程序中把结构变量的地址赋给 st；或者在定义结构指针 st 时进行初始化，这样结构指针才能指向具体的结构变量。例如：

```
struct  student  stud1;
struct  student  *st=&stud1;
```

或

```
struct  student  stud1;
struct  student  *st;
st=&stud1;
```

2. 用结构指针引用结构成员

前面讲述了通过"结构变量名.成员名"这种形式来引用结构成员。下面介绍利用结构指针来访问成员数据的两种方法。

（1）(*结构指针名).成员名。例如：

(*st).no

st 是结构指针，(*st)表示 st 指向结构变量 stud1，(*st).no 表示引用了 st 所指的结构变量中的成员 no，(*st).no 的意义是先访问结构指针所指向的结构变量，再访问该结构变量中的成员。由于结构成员运算符"."优先于指针运算符"*"，所以(*st).no 中的括号()不能省略。

（2）结构指针->成员名。C++提供了另一个运算符"->"用于引用指针所指向的结构变量中的成员。使用这种形式，上例可表示为：

st->no

st 是结构指针，"->"是指向结构成员运算符，由减号和大于号组成。st->no 和(*st).no 的功能完全相同。下面通过一个简单的例子来了解结构指针的用法。

【例 10.6】 输入 5 个学生的学号、姓名和数学、物理、英语课成绩，存入结构数组 student 中。求 3 门课的平均成绩，并按平均成绩由高到低排序输出结果，同时统计每个学生不及格科目个数。

程序如下：

```
#define N 5
#include <iostream.h>
#include <iomanip.h>
struct student                          //定义一个结构体
{
 int    num;
 char   name[30];
 char   classno;
 float  scores[4];
 int    fail;
```

```
    } students[N],tempstru,*ps,*pt;                    //说明具有 5 个元素的结构体数组
void main()
{
int   i,j,count;
char  name[20];
float  sum,tempf;
ps=students;
pt=&tempstru;
for(i=0;i<N;i++)                                //输入数据
{
     cout<<"\nNo.:";
     cin>>(ps+i)->num;
     cout<<"Name:";
     cin>>(ps+i)->name;
     cout<<"Input math phys engl scores:";
     for(count=0,j=0;j<3;j++)                    //统计每人的不及格科目数
     {
          cin>>tempf;
          (ps+i)->scores[j]=tempf;
          if((ps+i)->scores[j]<60)count++;
     }
     (ps+i)->fail=count;
     for(sum=0,j=0;j<3;j++)                      //求和、求平均
          sum+=(ps+i)->scores[j];
     (ps+i)->scores[3]=sum/3;
}
for(i=0;i<N-1;i++)                              //按平均分排序
     for(j=i+1;j<N;j++)
          if((ps+i)->scores[3]<(ps+j)->scores[3])
          {
               *pt=*(ps+i);
               *(ps+i)=*(ps+j);
               *(ps+j)=*pt;
          }
          cout<<"\n----------------score report----------------";   //输出
          cout<<"\nNo. Name Math Phys Engl Average Fail";
          for(i=0;i<N;i++)
          {
               cout<<"\n"<<setw(2)<<(ps+i)->num;
               cout<<setw(5)<<(ps+i)->name;
               for(j=0;j<4;j++)
                    cout<<setw(5)<<setprecision(2)<<(ps+i)->scores[j];
               cout<<setw(2)<<(ps+i)->fail;
          }


}
```

运行结果:

```
No.:1↙
Name:zhang↙
Input math phys engl scores:98 92 89↙

No.:2↙
Name:wang↙
Input math phys engl scores:67 75 45↙

No.:3↙
Name:li↙
Input math phys engl scores:45 65 55↙

No.:4↙
Name:zhao↙
Input math phys engl scores:33 25 51↙

No.:5↙
Name:ma↙
Input math phys engl scores:66 72 83↙

--------------------score report--------------------
No. Name Math Phys Engl Average Fail
1  zhang  98  92  89   93      0
5   ma    66  72  83   74      0
2  wang   67  75  45   62      1
3   li    45  65  55   55      2
4  zhao   33  25  51   36      3
```

结构指针有两个重要的用途:一是在函数调用时用来传递参数;二是利用结构指针建立链表及其他动态数据结构,不过很多时候各种链表可以通过 C++类实现。

10.3 共 用 体(联 合)

共用体(联合)是另一个构造型数据类型,它可以用于表示几个不同类型的变量共用一段同一起始地址的存储单元。直观地讲,共用体可以把相同的数据部分当做不同的数据类型来处理,或用不同的变量名引用相同的数据部分,但在同一时刻只能有一个变量起作用。共用体常被用于对数据进行类型转换、压缩数据字节或程序移植等方面。

共用体类型的定义形式及共用体变量的说明、引用方式与结构类型及结构变量十分相似,但实际功能是完全不同的。共用体变量与结构变量的本质差别在于两者的存储方式不同:结构的成员变量存储时各占不同起始地址的存储单元,而共用体的成员变量存储时共用同一个起始地址。

10.3.1 共用体类型的定义

共用体类型一般定义形式为:

```
union   共用体名
{
  类型名   成员名1;
  类型名   成员名2;
…
  类型名   成员名n;};
```

其中，union 为关键字，标识共用体类型。从定义形式上看，除关键字以外其他和结构体类型定义一样，但实质不同，主要体现在内存分配上。例如：

```
union    data
{ char    cd;
  int     id;
  double  fd;
};
```

同结构一样，共用体定义只是描述了该共用体的"模式"或"形态"，不能为共用体分配存储空间，只有给出了共用体变量之后，编译程序才给其分配存储空间。共用体中各成员的大小不一，编译程序在为共用体变量分配空间时，将会分配一个足以容纳其中最大成员的存储空间。

在一个特定时刻，只能有一个成员的数据存储在共用体变量中。也就是说，共用体变量能够保存其成员的值，但不能同时保持两个以上不同成员的值。

10.3.2　共用体变量的定义方法

共用体变量定义形式和结构体变量定义一样，也有 3 种方法。

（1）先定义共用体类型，再定义共用体变量。

```
union   共用体名
{…};
union   共用体名   变量名表;
```

（2）定义共用体类型的同时定义共用体变量。

```
union   共用体名
{…}变量名表;
```

（3）直接定义共用体变量。

```
union
{…} 变量名表;
```

例如：

```
union  data
{
  char    cd;
  int     id;
  double  fd;
};
union  data  d1,d2;
```

这里定义的共用体类型 union data 中有 3 个成员项：cd、id 和 fd，它们都存放在同一

个起始地址的内存单元中，所定义的共用
体变量 d1 或 d2 所占的存储空间是所有成
员中最长成员所需的字节数。存放形式如
图 10.1 所示。

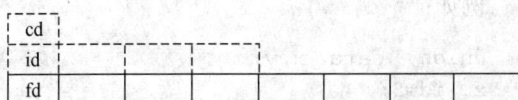

图 10.1　共用体变量内存分配

在图 10.1 中，共用体变量 d1 或 d2 共分
配 8 个字节的存储单元（实线表示），当存储成员 cd 或 id 时，占用 8 个字节中的 1 个或 4 个
存储单元（虚线表示）。

从以上分析可以看到，"共用体"与"结构体"的类型和变量定义形式相似，但它们有着
本质的区别。

结构：结构变量中的每个成员分别占其自己所需的内存单元，结构体变量所占内存长度
是各成员项所占内存长度之和。

共用体：共用体变量中的各个成员共享内存的同一空间，即该内存空间在同一时刻只被
一个成员所占用。共用体变量所占内存的长度是最长成员项的长度，共用体变量在不同时刻
具有不同的身份，使用了覆盖技术。

10.3.3　共用体变量的引用

共用体变量的引用其实是对共用体变量成员项的引用，又因为共用体变量中每一时刻只
保留一个成员，所以要记住当前存放在共用体中的类型是什么，也就是要访问最后存放在存
储单元中的成员值。

1. 引用格式

共用体成员的引用，其语法上类似于结构体成员的引用。其引用格式为：

共用体变量 . 成员项

其中，"."是访问成员运算符。

例如下面 3 条赋值语句：

```
d1.cd='A';
d1.id=3;              //执行该语句将覆盖上一条语句
d1.fd=4.5;            //执行该语句将覆盖上一条语句
```

这时要访问共用体变量中的成员只能访问到 fd 的值，因此，此时使用。

cout<<d1.id;

是不正确的，而

cout<<d1.fd;

才是正确的。

2. 共用体类型数据的特点

（1）共用体变量可以用来存放几种不同类型的成员，但某一时刻只能存放其中一种类型
成员的数据，起作用的是最后一次存入的成员，其他成员不起作用。

（2）共用体变量和其各个成员具有同一个起始地址。如：&d1、&d1.cd、&d1.id、&d1.fd
都表示同一地址。而结构体变量只和第一个成员具有相同的起始地址。

（3）共用体变量不能对其进行初始化和赋值，而结构体变量能被初始化，但不能被整体
赋值，只能对它们的成员项进行赋值。

（4）两个相同类型的共用体变量之间可以互相赋值，赋的是某一个成员项的值。

例如：

```
union   data  x,y;
x. id=3;
y=x;
cout<< x.id<<'\t'<<y.id<<endl;
```

输出结果为：

3　．　　　3

由此可知：共用体变量作函数的参数，将某个成员项的数据传给形参。

（5）共用体与结构体彼此出现在其类型定义之中，即共用体变量或数组可以作为结构体成员；而结构体变量或数组也可以作为共用体成员。

3. 共用体变量的应用

（1）在数据处理中，常用一个数据域存放不同类型的对象。

（2）便于不同类型的转换，如将一段内存空间中的内容拆成几部分用。

【例 10.7】　　N 名职工参加计算机应用职业技能考评。设每个人的数据包括准考证号、姓名、年龄和成绩。规定年龄为 25 岁以下的职工应笔试，成绩百分制，60 分以上者及格；25 岁以上的职工应操作考核，成绩分 A、B、C、D4 级，C 级以上者为合格。统计及格人数，并输出每位考生的成绩。

为方便起见，我们定义 3 名职工。

```cpp
#include < iostream.h>
#define   N  3
struct   person
{
 long   num;
 char   name[20];
 int    age;
 union
 {
     float   exam;
     char    grade;
 }  score;
} p[N];
void main()
{
int i, n=0;
for (i=0;i<N;i++)                          //输入数据
{
     cin>>p[i].num>>p[i].name>>p[i].age;   //输入学号、姓名、年龄

     if(p[i].age<25)                       //输入不同年龄的成绩或等级
     {
          cout<<"输入分数";
          cin>>p[i].score.exam;
     }
     else if(p[i].age>=25)
     {
```

```
            cout<<"输入等级";
            cin>>p[i].score.grade;
        }
        if(p[i].score.exam>=60||p[i].score.grade!= 'D ')
            n++;
    }
    for (i=0;i<N;i++)                        //输出结果
    { if(p[i].age<25)
     cout<<p[i].num<<"␣"<<p[i].name<<"␣"<<p[i].age<<"␣"
    <<p[i].score.exam<<endl;
    else if(p[i].age>=25)
          cout<<p[i].num<<"␣"<<p[i].name<<"␣"<<p[i].age<<"␣"
          <<p[i].score.grade<<endl;
    }
    cout<<n<<endl;
}
```

运行结果：

```
1 zhangsan 45 ✓
输入等级b✓
2 lisi 23 ✓
输入分数 78 ✓
3 wangwu 26 ✓
输入等级 c ✓
1 ␣ zhangsan ␣ 45 ␣ b
2 ␣ lisi ␣ 23 ␣ 78
3 ␣ wangwu ␣ 26 ␣ c
3
```

10.4　自 定 义 数 据 类 型

C++允许用户在现有数据类型的基础上自定义数据类型。使用关键字 typedef 可以实现这种定义，它的形式是：

typedef existing_type new_type_name;

这里 existing_type 是 C++基本数据类型或其他已经被定义了的数据类型，new_type_name 是将要定义的新数据类型的名称。如果一种数据类型的名称太长，想用一个比较短的名字来代替，可使用 typedef。

例如：

```
typedef char C;
typedef unsigned int Ui;
typedef char * string_t;
typedef char field [50];
```

在上面的语句中，定义了 4 种新的数据类型：C、Ui、string_t 和 field，它们分别代替 char、unsigned int、char*和 char[50]。这样，我们就可以安全地使用以下代码：

C achar, anotherchar, *ptchar1;

Ui myword;

string_t ptchar2;

field name;

如果在一个程序中反复使用一种数据类型，而在以后的版本中有可能改变该数据类型，typedef 就很有用。

例如，可以不用像下面这样重复定义有 81 个字符元素的数组：

char line[81];

char text[81];

每当要用到相同类型和大小的数组时，可以利用 typedef 先进行定义，然后使用就可以了。

typedef char Line[81];

Line text, secondline;

getline(text);

习   题

1. 共用体与结构体的区别是什么？

2. 给出下列程序的执行结果。

（1）程序 1

```cpp
#include <iostream.h>
struct score
{
  int math;
  int english;
  int computer;
  float average;
};
void main()
{
  struct score st;
  st.math=80;
  st.english=85;
  st.computer=90;
  st.average=float(st.math+st.english+st.computer)/3;
  cout<<"math:"<<st.math<<endl;
  cout<<"englisg:"<<st.english<<endl;
  cout<<"computer:"<<st.computer<<endl;
  cout<<"average:"<<st.average<<endl;
}
```

（2）程序 2

```cpp
#include <iostream.h>
union type
{
  short i;
  char ch;
};
```

```
void main()
{
  union type data;
  data.i=0x5566;
  cout<<"data.i="<<hex<<data.i<<endl;
  data.ch='A';                          //'A'的 ASCII 码为 0x41
  cout<<"data.ch="<<data.ch<<endl;
  cout<<"data.i="<<hex<<data.i<<endl;
}
```

3．输入 10 个学生的姓名、学号和成绩，将其中不及格者的姓名、学号和成绩输出。

4．定义一个结构变量（包括年、月、日）。计算该日在本年中是第几天。

第三篇 实 用 篇

第11章 类 和 对 象

到目前为止，我们学习的是 C++在面向过程的程序设计中的应用。但是 C++最大的长处是面向对象的程序设计。面向对象程序设计的方法是把数据和处理这些数据的函数封装到一个类中，类可以看做是 C++的一种数据类型，而使用类的变量则称为对象。

类是 C++中最重要的概念，有人说：一旦掌握了类的使用，也就掌握了面向对象编程的精华。类是一组程序模块，可以自己编写也可以通过软件商购买，例如，Microsoft Visual C++软件包括了 MFC 库，即 Microsoft Foundation Class 库。MFC 库中包含了许多有用的代码模块，这些模块可以用于 Windows 应用程序中。在后面的学习过程中，许多地方都能遇到 MFC 库中的类。

11.1 类与对象的基本概念

在前面几章中讨论了基本数据类型、数组、枚举类型以及结构等。数组、枚举和结构类型是构造类型，是由用户自己定义、自己按规则构造出来的。不同的是，数组和枚举类型是由相同类型的数据组成，结构是由不同的数据类型组成，下面的例子定义了一个结构，用来描述学生的基本情况：学号（用整型描述）、姓名（用字符串描述）、性别（用字符串描述）、年龄（用整型描述）和成绩（用浮点数描述）。

```
struct  student
  {
    int num;
    char name[20];
    char sex;
    int age;
    float score;
  };
```

这里用了 3 种不同数据类型的 5 个数据成员来描述一个学生的基本情况。定义了该结构之后，在 main()中就可以使用这一结构了，例如：

```
void main()
{
 student Mysd;
…
…
 Mysd.num=200301;
 Mysd.name[1]='z';
 Mysd.age=18;
…
…
}
```

在这个结构中包含了与之相关的数据（num、name 和 age）。

C++的类与 C++的结构体很相似。但 C++结构体中只包含与结构相关的数据，与结构相比，C++的类中不但包含了与之相关的数据，也包含与之相关的函数。类中的数据称为数据成员，类中的函数称为成员函数。

11.1.1　C++类的定义

在对类做任何操作之前，首先需要在程序中定义类。下面是定义类的例子，CCircle 是类的名称。

```
class  CCircle
{
   public:
     CCircle( );
     Void SetRadius(Void);
     Void GetRadius(Void);
     ~CCircle( );
     private:
     void CalculateArea(void);
      int radius;
      int color;
};
```

类中定义了两个数据成员：

```
int radius;
int color;
```

五个成员函数的原型：

```
CCircle( );
Void SetRadius(Void);
Void GetRadius(Void);
~CCircle( );
Void CalculateArea(void);
```

类的定义包括对数据成员的定义和类中成员函数的原型定义。

定义一个类的一般格式为：

```
class  类名
{    public:
        公有成员
     protected:
        保护成员
     private:
        私有成员
};
```

其中 class 关键字向编译器表明在随后的大括号{}中的代码均属于类的定义部分。在定义结束处不要忘记加上"；"。

定义一个类时应注意以下两点。

（1）类是一种数据类型，定义时系统并不为类分配存储空间，所以不能对类的数据成员初始化。

（2）成员函数可以直接使用类定义中的任一成员，可以处理数据成员，也可调用成员函数。私有的数据成员只有通过公有的函数才能从外部对其进行处理。访问权限的说明直接关系到类的封装性，定义时要仔细推敲。

11.1.2 public、private 和 protected 关键字

在前面已经看到，定义一个类时，在 public 和 private 关键字下列出函数原型和数据成员的定义。

public 和 private 等关键字定义成员函数和数据成员的可访问性。例如，GetRadius( )函数在 public 中定义，表明在程序的任何部分均可调用 GetRadius( )函数。而 CalculateArea( )函数在 private 中定义，故只有 CCirle 类的成员函数可调用 CalculateArea( )函数。同样，数据成员 radius 在 private 中定义，所以只有 CCirle 类的成员函数可以直接更新或读取该数据成员。如果在 public 中定义 radius 数据成员，程序中任何函数均可访问（读或更新）radius 数据成员。public、private 和 protected 下的成员分别成为公有成员、私有成员和保护成员。

保护型的性质和私有的性质类似，其差别在于继承和派生时对产生的新类影响不同。

11.1.3 构造函数和析构函数

在前面定义类中的成员函数中，第一个和第四个函数原型看上去有些特别。第一个原型是 CCirle( )，称为构造函数；第四个是～CCirle( )，称为析构函数。

构造函数是类的特殊成员函数，完成对类的数据成员进行初始化操作和分配内存空间。在编写构造函数原型时应遵守以下原则。

（1）每个类的定义中均要包括构造函数的原型。

（2）构造函数名必须和类名相同。

（3）构造函数必须在 public 关键字之下。

（4）不要给构造函数指定任何返回类型。

（5）构造函数可以有一个或多个参数。

析构函数也是类的特殊成员函数，执行与构造函数相反的操作，释放分配给对象的存储空间。在编写析构函数时，参照以下规则。

（1）析构函数的函数名和类名相同，但前面加波浪号（~）。

（2）不要给析构函数指定任何返回类型。

（3）析构函数没有参数。

（4）一个类仅有一个析构函数，如果类中未定义析构函数，系统会自动加上一个完全不做任何事情的析构函数。

11.1.4 定义类的对象

定义类只是相当于定义了一种数据类型，要使用它，必须定义该类型的变量，也就是该类的对象。对象是类的实体。

在 C++中有两种方法定义类的对象。

第一种是在定义类的同时直接定义类的对象，即在定义类的右大括号"}"后直接写出属于该类的对象名表列，即：

```
class 类名
{
成员变量;
成员函数;
} 对象名表列;
```

另一种是在定义好类之后，再定义对象，其一般格式如下：

```
类名 对象名1[,对象名2,…];
class  CCircle
{
   public:
     void SetRadius(void);
     void GetRadius(void);
   private:
     void CalculateArea(void);
     int radius;
     int color;
}MyCircle;
```

这里的 MyCircle 就是对象名。

11.2　面向对象程序设计——封装

本节将通过一些实例进一步介绍 C++的概念和面向对象程序设计的特点，我们将看到 C++的概念并不复杂，它代表着 C 编程语言的自然发展。使用 C++有助于编写复杂的程序。

11.2.1　类的使用

我们已经学习了在 C++中如何定义一个类。现在可以利用类来编写一个名字为 Circle1.cpp 的程序，该程序的功能是根据圆的半径求出圆的面积。按 3.6.2 所述方法输入 Circle1.cpp 程序。

1. 编写 Circle1.cpp 程序代码

```
//定义一个类Circle
#include <iostream.h>
class CCircle
{
public:
   CCircle(int r);                    //构造函数
   void DisplayArea(void);
   ~CCircle();                        //析构函数
private:
   float CalculateArea(void);
   int m_Radius;
   int m_Color;
};
//构造函数
CCircle::CCircle(int r)
{
        m_Radius=r;
}
//析构函数
CCircle::~CCircle()
{
}

// DisplayArea 函数
void CCircle::DisplayArea(void)
```

```
{   float fArea;
    fArea=CalculateArea();
    cout<<"The area of the circle is:"<<fArea<<endl;
}

//CalculateArea 函数
float CCircle::CalculateArea(void)
{
    float f;
    f=3.14*m_Radius*m_Radius;
    return f;
}

//主函数
void main()
{
    CCircle Mycircle(10);
    Mycircle.DisplayArea();
}
```

注意：类名通常以字母 C 开头（CCircle）类。数据成员名通常以字母 m 开头（m_Radious, m_Colors 等）。这种规定命名并非是 Visual C++的规定，但这样命名有助于区分类名和数据成员名。

2. 分析 Circle1.cpp 程序代码

由于使用了 cout 进行输出，因此在程序开始用#include "iostream.h" 命令包含 iostream.h 头文件，接着 Circle1.cpp 程序定义了 CCircle 类：

```
class CCircle
{
public:
    CCircle(int r);              //构造函数
    void DisplayArea(void);
    ~CCircle();                  //析构函数
private:
    float CalculateArea(void);
    int m_Radius;
    int m_Colir;
};
```

public 部分包括 3 个函数原型，第一个是构造函数原型：

```
CCircle(int r);
```

如前所述，构造函数的原型中不能指定函数的返回值，但可以具有参数，如 int r。

接下来是 DisplayArea( )，用来完成计算和显示圆的面积。

```
void DisplayArea(void);
```

这些函数被说明在 public 部分，是公有成员函数，所以可在程序的任何函数内调用。第三个函数是析构函数：

```
~CCircle();
```

析构函数的原型中也同样不指定函数返回值。

CCircle 类定义的私有部分包含一个成员函数和两个数据成员：

```
private:
    float CalculateArea(void);
    int m_Radius;
    int m_Color;
```

因此 CalculateArea( ) 函数只能在 CCircle 类的成员函数中被调用。

现在我们来看 main( ) 函数：

```
void main()
{
    CCircle Mycircle(10);
    Mycircle.DisplayArea();
}
```

main( ) 中的第一条语句 CCircle Mycircle(10); 用来定义 CCircle 类的一个对象。这条语句引起构造函数的执行，看上去执行构造函数的方式有些奇怪。关于构造函数的执行过程将在后续的章节中逐步讲述，目前认为这是执行构造函数的正确方法即可。

再来看一下构造函数的定义：

```
CCircle::CCircle(int r)
{
    m_Radius=r;
}
```

与原型的声明一致，构造函数具有一个参数：int r。注意函数的第一行，其中的 "::" 称为作用域分辨符（作用域运算符），用来说明 CCircle( ) 函数是 CCircle 类的成员函数。C++ 中类成员函数的定义既可以在类定义的内部完成，即在定义类的同时给出成员函数的定义，也可以在类定义之外进行，本例是在类之外定义的。当成员函数在类外定义时，需要使用作用域分辨符 "::" 指明成员函数所属的类。

作用域分辨符的一般格式为：

＜类名＞::＜成员函数名＞(＜参数表＞) 或 ＜类名＞::＜数据成员名＞

构造函数的代码只有一条语句：

```
m_Radius=r;
```

r 是传递给构造函数的参数，即给成员变量 m_Radiu 值赋为 r。

当 main( ) 函数中建立了一个 CCircle Mycircle 对象：

```
CCircle Mycircle(10);
```

参数 10 即被传给构造函数。构造函数便立即得到执行，将 m_Radius 赋值为 10。m_Radius 为 CCircle 类的数据成员，因此 CCircle 类中任何成员函数（包括公有或私有）都可对 m_Radius 读取或更新。

至此，CCircle 类的一个对象 MyCircle 就被建立了，其数据成员 m_Radius 由构造函数初始化为 10。

main( ) 中的另一条语句是执行成员函数 DisplayArea( )：

```
MyCircle.DisplayArea( );
```

在前面定义 CCircle 类时，DisplayArea( )函数位于公有部分，因此，main( )函数可以调用它，当调用成员函数的时候，通常指定该函数在哪个对象上操作。其语法是使用点操作符"."。点操作符"."连接对象名 MyCircle 与 DisplayArea( )函数，向编译器表明：执行 MyCircle 对象中的 DisplayArea( )函数。

DisplayArea( )函数的功能是显示 MyCircle 对象的面积。看一下函数的代码：

```
void CCircle::DisplayArea(void)
{
    float fArea;
    fArea=CalculateArea();
    cout<<"The area of the circle is:"<<fArea<<endl;
}
```

由于函数前的 CCircle::说明，编译器知道该函数是 CCircle 类的一个成员函数。函数定义了一个局部变量，变量名为 fArea：

```
float fArea;
```

接下来的语句是执行 CalculateArea( )函数，并将返回值赋给变量 fArea：

```
fArea=Calculate( );
```

CalculateArea( )函数也是 CCircle 类的一个成员函数，因此，DisplayArea( )函数可以直接调用该函数。

最后一条语句是输出 fArea 的值：

```
cout<<"The area of the circle is:"<<fArea;
```

上述语句把 fArea 的值和字符"The area of the circle is:"输出到屏幕。

接下来分析 CalculateArea( )函数，该函数的功能是：计算并返回半径为 m_Radius 的圆的面积。

```
float CCircle::CalculateArea(void)
{
    float f;
    f=3.14*m_Radius*m_Radius;
    return f;
}
```

注意：CalculateArea( )函数并没有形参，圆的半径是如何传递到 m_Radius 中去的呢？我们来看一下 Circle 程序的执行过程。

首先，main( )创建 MyCircle 对象：

```
CCircle  MyCircle(10);
```

该代码导致构造函数执行，使数据成员 m_Radius 的被赋为 10。然后 main( )函数执行 DisplayArea( )函数：

```
MyCircle.DispayArea( );
```

DisplayArea( )函数调用 CalcutateArea( )函数：

```
fArea=CalcutateArea( );
```

CalcutateArea( )函数是 CCircle 类成员函数，m_Radius 是 CCircle 类的数据成员，所以，CalcutateArea( )函数可以直接访问 m_Radius，计算出结果。

最后看一下析构函数：

```
CCircle::~CCircle()
{      }
```

前面已经讲过，它是一种特殊的类成员函数，没有返回类型，没有参数，不能够随意调用，也不能重载，只是在类对象生命期结束时，由系统自动调用。因此在 Circle 程序结束时，自动调用了~CCircle()，以释放 MyCircle 对象。

3. 编译连接 Circle1.cpp 程序

执行 Build→Build 命令。

4. 执行 Circle1.exe 程序

执行 Build→Execute Circle.exe 命令，或单击工具栏上的 ▮ 按钮运行应用程序。运行结果如图 11.1 所示。

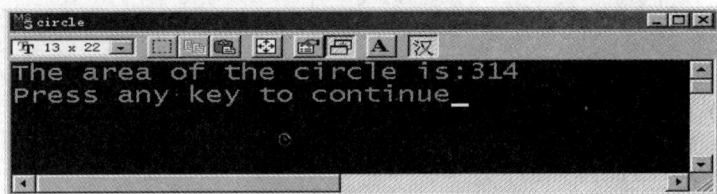

图 11.1　Circle1 程序运行结果

11.2.2　类的封装

至此，我们已经定义了一个名为 CCircle 的类，生成一个 CCircle 类的对象（MyCircle），计算并显示了 MyCircle 对象的面积。虽然 main( )函数看上去设计得很完整、精练，但该函数并没有体现出面向对象程序设计中对象的特点。下面再看一个名字为 Circle2.cpp 例程。

1. 编写 Circle2.cpp 程序代码

```
//定义一个类
#include <iostream.h>
class CCircle
{
public:
  CCircle(int r);                    //构造函数
  void SetRadius(int r);
  int GetRadius(void);
  void DisplayArea(void);
  ~CCircle();                        //析构函数
private:
  float CalculateArea(void);
  int m_Radius;
  int m_Color;
};
//构造函数
CCircle::CCircle(int r)
{
```

```
    m_Radius =r;
}
//析构函数
CCircle::~CCircle()
{
    }
//CalculateArea 函数
float CCircle::CalculateArea(void)
{
    float f;
    f=3.14*m_ Radius *m_ Radius;
    return f;
}
// DisplayArea 函数
void CCircle::DisplayArea(void)
{
    float fArea;
    fArea=CalculateArea();
   cout<<"The area of the circle is:"<<fArea<<endl;
}
//主函数
void main()
{   CCircle MyCircle(10);
    CCircle HerCircle(20);
    CCircle HisCircle(30);
    MyCircle.DisplayArea( );
    HerCircle.DisplayArea( );
    HisCircle.DisplayArea( );
}
```

2. 分析 Circle2.cpp 程序代码

从 Circle2.cpp 程序清单可以看到，其类的定义、构造函数、析构函数、DisplayArea( )函数和 CalculateArea( )函数与 Circle1.cpp 完全相同，唯一不同的是 main( )函数。

```
void main()
{   CCircle  MyCircle(10);
    CCircle  HerCircle(20);
    CCircle  HisCircle(30);
    MyCircle.DisplayArea( );
    HerCircle.DisplayArea( );
    HisCircle.DisplayArea( );
}
```

第一条语句生成 CCircle 类的一个对象，名为 MyCircle，注意 MyCircle 对象建立时，其数据成员 m_ Radius 等于 10。接下来的两条语句定义了 CCircle 类的另外两个对象：

```
CCircle  HerCircle(20);
CCircle  HisCircle(30);
```

HerCircle 对象生成时，其数据成员 m_ Radius 被赋值为 20，HisCircle 对象的 m_ Radius 则为 30。3 个对象生成后，main( )函数调用相应对象中的成员函数 DisplayArea( )显示各个圆的面积：

```
MyCircle.DisplayArea( );
HerCircle.DisplayArea( );
HisCircle.DisplayArea( );
```

看一下第一个 DisplayArea( ) 函数的执行。DisplayArea( ) 函数执行时调用 CalculateArea( )。根据前面的内容，CalculateArea( ) 将操作 m_Radius 数据成员，那么使用哪个 m_Radius 呢？我们已经通过 "." 运算符指明了 DisplayArea( ) 函数的使用对象为 MyCircle，因此调用时将使用 MyCircle 对象的 m_Radius，其值为 10。

与此相似，其后的两条语句

```
HerCircle.DisplayArea( );
HisCircle.DisplayArea( );
```

分别使用了 HerCircle 对象和 HisCircle 对象的数据成员 m_Radius 来计算并显示相应对象中圆的面积。

我们注意到通过使用对象，可以显示不同半径的圆的面积。对于用户，不必知道计算和显示圆面积这两个成员函数的内部结构，只需定义对象，通过对象去执行这些成员函数即可。这一点体现了面向对象的程序设计的一个特点——封装性。

封装（encapsulation）就是将抽象得到的数据和行为（或功能）相结合，形成一个有机的整体，也就是将数据与操作数据的源代码进行有机的结合，形成"类"，其中数据和函数都是类的成员。

封装的目的是增强安全性和简化编程，使用者不必了解具体的实现细节，而只需要通过外部接口和特定的访问权限来使用类的成员。

通过封装使一部分成员充当类与外部的接口，而将其他的成员隐蔽起来，这样就达到了对成员访问权限的合理控制，使不同类之间的相互影响降低到最低限度，进而增强数据的安全性和简化程序的编写工作。

3. 编译、连接 Circle2.cpp 程序

执行 Build→Build 命令。

4. 执行 Circle2.exe 程序

执行 Build→Execute Circle2.exe 命令，或单击工具栏上的 ! 按钮。

如图 11.2 所示即为该程序的运行结果。

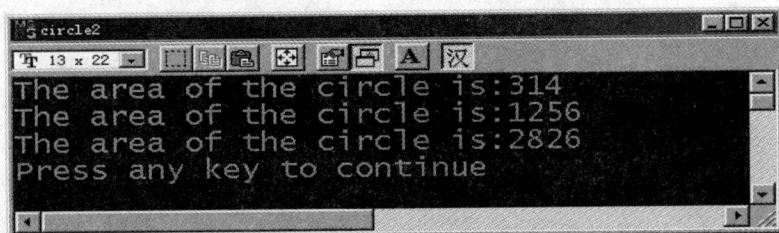

图 11.2　Circle2 程序运行结果

11.2.3　存取函数的使用

在 Circle.cpp 和 Circle2.cpp 程序中，数据成员 m_Raduis 由构造函数赋值，而在 main( ) 函数内不能改变 m_Raduis 的值。原因是在类定义中 m_Raduis 被放在私有部分。如果要在

main( )内改变 m_Raduis 的值，必须把 m_Raduis 的定义从私有部分移到公有部分。

```
class CCircle
{
public:
  CCircle(int r);                         //构造函数
  Void DisplayArea(void);
  ~CCircle();                             //析构函数
  int m_Raduis;
private:
  float CalculateArea(void);
  //int m_Raduis;移到公有部分
  int m_Color;
};
```

这样，在 main( )中就可以读写 m_Raduis 的值。

```
void main()
{
    CCircle Mycircle(10);
    Mycircle.DisplayArea();
    Mycircle.m_Raduis=20;
    Mycircle.DisplayArea();
}
```

在 main( )函数内部直接读取并更新 m_Raduis 的值并没有错误，但建议对于类中的重要数据成员还是放在私有部分，这样可以起到保护作用，即数据的隐藏，这也是类的封装性所要求的。这样就需要设计对外的接口函数来实现类数据的访问，那么存取函数可以起到这个作用。使用存取函数的优点还可以在函数代码中加入其他功能，比如，可加入一段代码检查赋给 m_Raduis 的值是否为正数等。

下面的例程 Circle3.cpp，用来说明如何用存取函数读取和设置 m_Raduis 的值。

1. 编写 Circle3.cpp 代码

```
//定义一个类
#include <iostream.h>
class CCircle
{
public:
  CCircle(int r);                         //构造函数
  void SetRadius(int r);
  int GetRadius(void);
  void DisplayArea(void);
  ~CCircle();                             //析构函数
private:
  float CalculateArea(void);
  int m_Raduis;
  int m_Color;
};
//CalculateArea 函数
float CCircle::CalculateArea(void)
{
  float f;
```

```
    f=3.14*m_Radius*m_Radius;
    return f;
}

//SetRadius 函数设置 m_R 值
void CCircle::SetRadius(int r)
{
    m_Radius=r;
}

//GetRadius 函数返回 m_R 值
CCircle:: GetRadius(void)
{
    return m_Radius;
}

//构造函数
CCircle::CCircle(int r)
{
        m_Radius=r;
}
//析构函数
CCircle::~CCircle()
{
    }

// DisplayArea 函数
void CCircle::DisplayArea(void)
{
    float fArea;
    fArea=CalculateArea();
    cout<<"The area of the circle is:"<<fArea<<endl;
}

//主函数
void main(void)
{   CCircle Mycircle(10);
    Mycircle.DisplayArea();
    Mycircle.SetRadius(20);
    cout<<"The m_R is:"<<endl;
    cout<<Mycircle.GetRadius();
    cout<<endl;
    Mycircle.DisplayArea();
}
```

2. 分析 Circle3.cpp 程序代码

Circle3.cpp 程序代码与 Circle.cpp 和 Circle2.cpp 程序很相似。Circle3.cpp 中数据成员 m_Radius 在私有部分定义，因此，main( )函数不能直接访问该数据成员。比如，下面的语句是错误的：

```
MyCircle.m_Radius=20;
```

为实现数据访问功能，可使用存取函数。SetRadius( )成员函数用于设置数据成员 m_Radius，称为存函数，GetRadius( )成员函数用于读取 m_Radius 的值，称为取函数。在 Circle3.cpp 中 SetRadius( )函数和 GetRadius( )函数在公有部分说明，充当类与外界的接口。因此在 main( )函数中可以使用这两个函数。

```
void main(void)
{
    CCircle Mycircle(10);
    Mycircle.DisplayArea();
    Mycircle.SetRadius(20);
    cout<<"The m_R is:"<<endl;
    cout<<Mycircle.GetRadius();
    cout<<endl;
    Mycircle.DisplayArea();
}
```

SetRadius 函数设置 m_Radius 值：

```
void CCircle::SetRadius(int r)
{
  m_Radius=r;
}
```

GetRadius 函数返回 m_Radius 值：

```
CCircle:: GetRadius(void)
{
  return m_Radius;
}
```

使用存取函数可以很方便地对数据成员进行读取和更新。

3. 编译、连接并执行 Circle3.cpp 程序

执行 Build→Build 命令。

执行 Build→Execute Circle3.exe 命令，或单击工具栏上的 ! 按钮。

如图 11.3 所示即为该程序的运行结果。

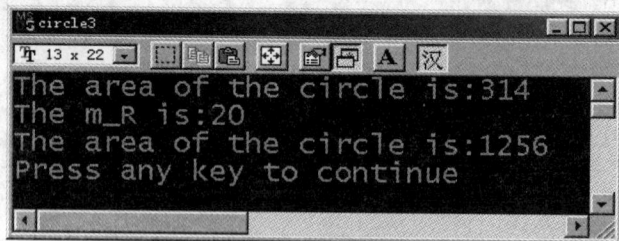

图 11.3　Circle3 程序运行结果

11.3　面向对象程序设计——继承与派生

继承是面向对象程序设计语言的基本特性之一。是用来表达基类与派生类之间特定关系的一种机制，该机制自动为派生类提供来自基类的操作和数据。可以说，如果没有掌握继承

性就等于没有掌握类和对象的精华，也就没有掌握面向对象程序设计的真谛。

11.3.1 为什么使用继承

下面的 RECT1 例程说明继承与派生的概念及使用。

1. 编写 RECT1.cpp 程序代码

```cpp
//定义一个类
#include <iostream.h>
class CRect
{
  public:
    CRect(int w,int h);
    void DisplayArea(void);
    ~CRect( );
    int m_Width;
    int m_Height;
};
//构造函数
CRect::CRect(int w,int h)
{  cout<<"这是构造函数\n";
    m_Width=w;
    m_Height=h;
  }

//析构函数
 CRect::~CRect()
{cout<<"这是析构函数\n";
    }

//DisplayArea( )函数
void CRect::DisplayArea(void)
{   int iAea;
    iAea=m_Width*m_Height;
    cout<<"Area="<<iAea<<endl;
}

//主函数
void main()
{
  CRect MyRect(10,5);
 MyRect.DisplayArea();
}
```

2. 分析 RECT1.cpp 程序代码

程序 RECT1 定义 CRect 类，该类中包含了构造函数、析构函数、DisplayArea( )函数和两个数据成员。

构造函数完成对数据成员的初始化任务，并在屏幕上显示"这是构造函数"字样。析构函数中在屏幕上显示"这是析构函数"字样。

DisplayArea( )函数计算并显示矩形的面积值。

主函数中定义一个 CRect 类的对象，名为 MyRect：

```
CRect MyRect(10,5);
```

并把 10、5 传递给构造函数，故矩形的长为 10，宽为 5。

然后主函数显示矩形的面积：

```
MyRect.DisplayArea( );
```

显然，CRect 类计算了矩形的面积。如图 11.4 所示即为该程序的运行结果。

图 11.4 RECT1 程序运行结果

再计算一宽为 20、高为 5 的矩形面积，如何改变程序？当然可以用前边讲过的方法，在主函数中再定义一个对象，通过该对象调用计算矩形面积的函数，从而得到要求的面积。

这里用另外一种方法，在 CRect 类中加上设置 m_Width 值和 m_Height 值的成员函数。这样 CRect 类定义将如下所示：

```
//定义一个类
class CRect
{
  public:
    CRect(int w,int h);              //构造函数
    void DisplayArea(void);
    void SetWidth(int w);
    void SetHeight(int h);
    ~CRect( );                       //析构函数
    int m_Width;
    int m_Height;
};
```

SetWidth( )和 SetHeight( )成员函数如下：

```
void CRect::SetWidth(int w)
{
    m_Width=w;
}

void CRect::SetHeight(int h)
{
    m_Heigh=h;
}
```

主函数如下：

```
void main()
{
CRect  MyRect(10,5);
 MyRect.DispayArea( );
```

```
MyRect.SetWidth(20);
MyRect.SetHeight(5);
MyRect.DispayArea( );
}
```

其运行结果如图 11.5 所示。

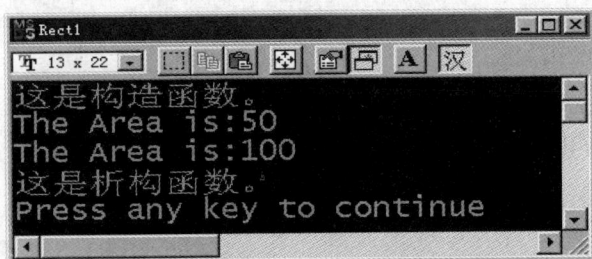

图 11.5　修改 RECT1 程序后的运行结果

显然，这个程序的实现没有任何错误，但是做出该修改的前提是必须有 CRect 类的源代码，而且可以在需要时任意修改。我们知道在大多数情况下，软件销售商不提供类的源代码，因为软件商不愿意把源代码交付客户，而且也不愿意让用户修改类的源代码，不合理的修改有可能破坏类结构和功能。

可许多情况下确实需要增加一些自己的成员函数，像在 CRect 类中加入 SetWidth( )和 SetHeight( )一样。如何在不改变 CRect 类定义的情况下来增加新的函数？这就要用到 C++ 中继承和派生的特性。

11.3.2　派生类的定义

要解决上一节讨论的问题，可使用 C++ 中派生类的概念。派生类是在已有类的基础上生成新类，已有类称为基类（父类），从原有类基础上生成的类称为派生类（子类）。派生类继承了基类的数据成员和成员函数，而在生成派生类时可以加入新的数据成员和成员函数。

派生类的定义格式为：

```
class 派生类名:[继承方式] 基类名 1[,继承方式 基类名 2,…继承方式 基类名 n]
{派生类增加的数据成员和成员函数};
```

其中，定义中的基类名必须是已有类的名称，派生类则是新的类名。一个派生类可以只有一个基类，称为单继承；也可以同时有多个基类，称为多重继承。派生类也可以作为基类继续派生子类。

继承方式有 3 种，公有继承（public）、私有继承（Private）和保护继承（Protected）。如果省略继承关键字，系统默认是私有继承。不同的继承方式，派生类自身及其使用者对基类成员的访问权限也不同。

本小节要在 CRect 类的基础上生成一个名为 CNewRcet 的新类，即基类为 CRect，派生类为 CNewRect。

1. 编写 RECT2.cpp 程序代码

```
//定义一个类
#include <iostream.h>
class CRect
```

```cpp
{
  public:
    CRect(int w,int h);
    void DisplayArea(void);
    ~CRect( );
    int m_Width;
    int m_Height;
};
//基类构造函数
CRect::CRect(int w,int h)
{   cout<<"这是基类的构造函数\n";
  m_Width=w;
  m_Height=h;
  }
//基类的析构函数
 CRect::~CRect()
{cout<<"这是基类的析构函数\n";
    }
//基类的 DisplayArea( )函数
void CRect::DisplayArea(void)
{    int iAea;
    iAea=m_Width*m_Height;
    cout<< "Area="<<iAea<<endl;
}

//定义一个新类 CNewRect
class CNewRect:public CRect
{
  public:
    CNewRect(int w,int h);
    void SetWidth(int w);
    void SetHeight(int h);
    ~CNewRect();
    };

//派生类的构造函数
CNewRect::CNewRect(int w,int h):CRect(w,h)
 {
      cout<<"这是派生类的构造函数\n";
 }

//派生类的析构函数
CNewRect::~CNewRect( )
{
cout<<"这是派生类的析构函数\n";
}

//派生类的 SetWidth( )函数
void CNewRect::SetWidth(int w)
{    m_Width=w;
}
```

```
//派生类的 SetHeight( )函数
void CNewRect::SetHeight(int h)
{    m_Height=h;
}


//主函数
void main()
{
  CNewRect MyRect(10,5);
  MyRect.DisplayArea();
  MyRect.SetWidth(100);
  MyRect.SetHeight(20);
  MyRect.DisplayArea();
}
```

2. Rect2.cpp 源代码分析

Rect2.cpp 程序对类 CRect 的定义与 Rect1.cpp 程序相同。Rect2.cpp 程序中定义了一个名为 CNewRect 的类,该类从 CRect 类中派生。

```
class CNewRect:public CRect
{ …
   …
};
```

其中,public CRect 表明 CNewRect 是从 CRect 类中派生出来的,而派生类的继承方式是公有的。

派生类中包括一个构造函数、一个析构函数、SetWidth( )函数和 SetHeight( )。新类 CNewRect 具有 CRect 类的所有特征,从基类中继承了基类的成员函数 DisplayArea( )和数据成员 m_Width、m_Height。

基类的构造函数设置数据成员的值:

```
CRect::CRect(int w,int h)
{  cout<<"这是基类的构造函数\n";
   m_Width=w;
   m_Height=h;
}
CRect::~CRect()
{
cout<<"这是基类的析构函数\n";
}
```

在基类的构造函数和析构函数中使用了 cout 语句输出,以便确认在程序运行过程中函数的执行情况。

基类的 DisplayArea( )函数用来计算并显示面积值。

```
void CRect::DisplayArea(void)
{    int iAea;
    iAea=m_Width*m_Height;
```

```
cout<< "Area= "<<iAea<<endl;
}
```

现在来看派生类的构造函数。

```
CNewRect::~CNewRect( int w,int h):CRect(w,h)
{
cout<<"这是派生类的构造函数\n";
}
```

由于派生类不能继承基类的构造函数，因此对继承过来的基类成员的初始化工作也要由派生类的构造函数承担。解决这一问题的方法是在执行派生类的构造函数时，调用基类的构造函数。函数第一行中的:CRect(w,h)的作用就是：在 CNewRect 对象生成时执行基类的构造函数，同时要把参数（w 和 h）传递给基类构造函数。

派生类的 SetWidth( )和 SetHeight( )函数的功能是设置数据成员：m_Width 和 m_Height 的值。

下面来分析一下主函数。main( )函数在起始部分生成 CNewRect 类的一个对象 MyRect：

```
CNewRect MyRect(10,5);
```

同时执行了基类的构造函数，将数据成员 m_Width 和 m_Height 的值分别设为 10 和 5。

因 CNewRect 从 CRect 中派生，所以可以调用基类的成员函数 DisplayArea( )：

```
MyRect.DisplayArea();
```

注意虽然在 CNewRect 类定义中没有出现 DisplayArea( )成员函数，但 CNewRect 类从基类 CRect 中继承了该函数，计算并显示边长为 10 和 5 的矩形面积。

接下来，main( )函数调用两个成员函数 SetWidth( )和 SetHeight( )设置 m_Widgh 和 m_Height 的值：

```
MyRect.SetWidth(100);
MyRect.SetHeight(20);
```

在程序结束处，main( )函数调用 DisplayArea( ) 函数计算和显示宽和高分别为 100 和 20 的矩形的面积：

```
MyRect.DisplayArea( );
```

如图 11.6 所示即为该程序的运行结果。

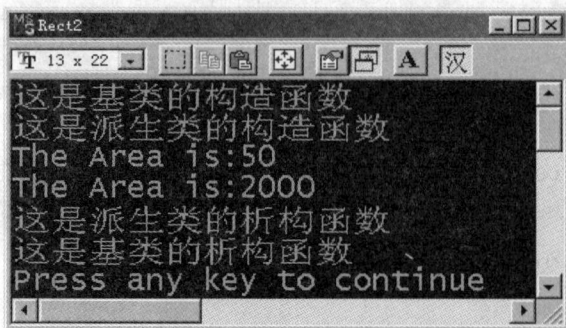

图 11.6　Rect2 程序运行结果

从运行结果中可以看到，Rect2 程序首先执行基类的构造函数，然后执行派生类的构造函数。这是由于在 main( )函数中使用了下述语句：

```
CNewRect MyRect(10,5);
```

Rect2 程序显示宽为 10、高为 5 的矩形面积。接着程序显示宽为 100、高为 50 的矩形面积。main( )函数执行末尾处将释放 MyRect 对象，可以看到首先执行派生类的析构函数，然后执行基类的析构函数。

注意在对象建立时，首先执行基类构造函数，然后执行派生类构造函数。反之在释放时，首先执行派生类的析构函数，然后执行基类析构函数。

11.3.3　类层次图形表示

1. 简单的类层次图

如图 11.7 所示为 CRect 和 CNewRcet 之间的类层次关系。

上述所示类关系十分简单，只有一层派生类，似乎没有必要做这样的示意图。其实类层次关系可以是非常复杂的。例如，还可以从 CNewRect 再生成另一派生类，名为 CNewNewRect，该类从 CNewRcet 中派生，在上述情况下，CNewNewRect 的定义形式如下：

```
class CNewNewRect:public CNewRect
{
 …
 …
};
```

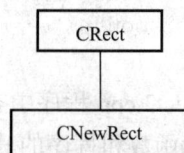

图 11.7　CRect 和 CNewRect
层次关系

上述类定义中，CNewNewRect 类是以 CNewRect 为基类的派生类。同样，也可以以 CNewNewRect 类为基类再派生出其他类。

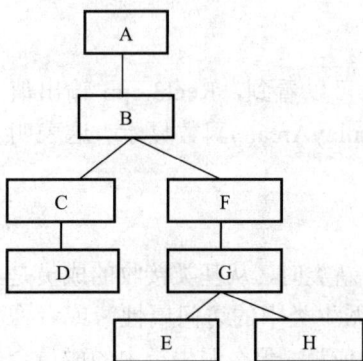

图11.8　一个复杂的类层次

2. 复杂的类层次图

如图 11.8 所示为一个较为复杂的类层次。这个类层次并非只在理论上存在，实际上，在本书后续部分将看到 MFC 库的类层次比图 11.8 所示的类层次结构复杂得多。

通过分析这个类层次结构可以确定可执行的成员函数，可以在类 B、C、D、E、F、G 和 H 中执行 A 类的成员函数，也可以对类 G、E 和 H 执行 F 类的成员函数，但不能把 F 中的成员函数用于 A、B、C 和 D 中。

11.3.4　重写一个成员函数——派生类的使用

有时往往需要重写某一个特定的成员函数。比如已经购买了 CRect 类库，而且认为这个类很好并想把它用在程序设计中，但有一点不令人满意，就是你不喜欢 CRect 类中设计者编写的 DisplayArea( )函数。那么能否重写这个函数？回答是肯定的，下面的 Rect3.cpp 程序说明了如何实现重写一个函数。

Rect3.cpp 与 Rect2.cpp 十分相似，不同是在 Rect3.cpp 程序中的 CNewRect 类定义中重新定义了 DisplayArea( )函数，类 CNewRect 的定义形式如下：

```
class CNewRect:public CRect
{
   public:
    CNewRect(int w,int h);
    DisplayArea(void);
     void SetWidth (int w);
     void SetHeight (int h);
    ~CNewRect();
   };
```

在上例中加入了 DisplayArea( )函数原型。在 RECT3.cpp 程序中加入 DisplayArea( )函数代码。派生类 DisplayArea( )函数代码如下：

```
RECT3CNewRect::DisplayArea(void)
{
    int iAea;
    iAea= m_Width*m_Height;
    cout<<"========\n";
    cout<<"The area is:";
    cout<<iAea<<"\n";
    cout<<"========\n";
};
```

Rect3.cpp 程序中有两个 DisplayArea( )函数，一个定义在基类中，一个定义在派生类中。main( )函数和程序的其他部分都与 Rect2.cpp 完全一样：

```
void main()
{
  CNewRect MyRect(10,5);
  MyRect.DisplayArea();
  MyRect.SetWidth(100);
  MyRect.SetHeight(20);
  MyRect.DisplayArea();
}
```

如图 11.9 所示即为 Rect3.cpp 程序的执行结果。从结果可以看到，Rect3.cpp 输出值与 Rect2.cpp 输出值相同，唯一不同是面积通过派生类的 DisplayArea( )函数显示。这表明当执行

```
MyRect.DisplayArea( );
```

语句时，调用了派生类的 DisplayArea( )函数。从某一基类派生新类时，从基类接收的成员是无法选择的，不过可以进行某些调整，比如改变基类成员在派生类中的访问属性，或者像 Rect3.cpp 程序中一样，在派生类中声明一个和基类成员同名的成员，那么派生类中的成员会覆盖基类的同名成员，但应注意：如果是成员函数，不仅应使函数名相同，而且函数的参数表也应相同，如果不同就成为函数重载而不是覆盖了。用这种方法可以用新成员取代基类中的成员。

图 11.9 Rect3 程序运行结果

11.3.5 派生类的继承方式

派生类继承了基类的全部数据成员和除了构造函数、析构函数以外的成员函数,通过不同的继承方式,派生类可以调整自身及其使用者对基类成员的访问权限。继承方式有 3 种,分别是公有继承、私有继承和保护继承。

1. 公有继承

以公有继承方式定义的派生类对基类各种成员访问权限如下。

(1) 基类公有成员相当于派生类的公有成员,即派生类可以像访问自身的公有成员一样访问基类的公有成员。

(2) 基类保护成员相当于派生类的保护成员,即派生类可以像访问自身的保护成员一样访问基类的保护成员。

(3) 对于基类的私有成员,派生类内部成员无法直接访问。派生类的使用者也无法通过派生类对象直接访问基类的私有成员。

2. 私有继承

以私有继承方式定义的派生类对基类各种成员访问权限如下。

(1) 基类公有成员和保护成员都相当于派生类的私有成员,派生类只能通过自身的函数成员访问它们。

(2) 对于基类的私有成员,无论派生类内部成员或派生类的使用者都无法直接访问。

3. 保护继承

以保护继承方式定义的派生类对基类各种成员访问权限如下。

(1) 基类的公有成员和保护成员都相当于派生类的保护成员,派生类可以通过自身的成员函数或其子类的成员函数访问它们。

(2) 对于基类的私有成员,无论派生类内部成员或派生类的使用者都无法直接访问。

11.3.6 使用指向对象的指针

在很多情况下使用对象的指针十分方便。下面的 Rect4.cpp 程序说明了这一点。

Rect4.cpp 程序和 Rect3.cpp 程序基本上一样,唯一不同的只是主函数。下面是 Rect4.cpp 的主函数:

```
void main()
{
  CNewRect MyRect(10,5);
  CNewRect *pMyRect=&MyRect;
  pMyRect->DisplayArea();
  pMyRect->SetWidth(100);
  pMyRect->SetHeight(20);
  pMyRect->DisplayArea();
}
```

主函数在第一行

```
CNewRect MyRect(10,5);
```

定义了类 CNewRect 的对象

Main() 函数同时声明了一个 CNew Rect 类型的指针 My Rect。

```
CNewRect *pMyRect=&MyRect;
```

则定义了对象指针 pMyRect，并把 MyRect 对象的地址赋给 pMyRect。

main( )函数的其他语句与 Rect3.cpp 中的 main( )函数语句相似。但与 Rect3.cpp 程序不同的一点是 Rect4.cpp 程序中 main( )函数使用指向对象 MyRect 的指针执行成员函数。如执行 DisplayArea( )函数按下述方式调用：

```
pMyRect->DisplayArea();
```

执行 SetWidth()和 SetHeight()按如下方式调用：

```
pMyRect->SetWidth(100);
pMyRect->SetHeight(20);
```

编译并连接 Rect4.cpp 程序，得到 Rect4.exe 程序，可以看到执行 Rect4.exe 程序的结果与 Rect3 程序结果相同。

11.4　面向对象程序设计——多态

多态性是面向对象程序设计的一个重要特征，利用多态性可以设计和实现一个易于扩展的系统。顾名思义，多态的意思就是一个事物有多种形态，在面向对象程序设计中，一般将多态表述为：向不同的对象发送同一消息，不同的对象会产生不同的反应和结果。其实我们已经接触过多态性的现象，在本书第 6 章函数部分所叙述的函数重载就是多态现象。

所谓函数重载是指同一个函数名可以对应着多个函数的实现，即多个函数可共用一个函数名。例如，在 CCircle 类的定义中可声明两个 SetRadius( )函数。下面的 Circle4.cpp 例程说明了如何使两个函数共用同一函数名。

1. 编写 circle4.cpp 程序代码

```
//定义一个类
#include <iostream.h>
class CCircle
{
public:
    CCircle(int r);                      //构造函数
    void SetRadius(int r);
    void SetRadius(int r,int c);
    int GetRadius(void);
    void DisplayArea(void);
    ~CCircle();                          //析构函数
    int m_Color;
private:
  float CalculateArea(void);
  int m_Radius;
  //int m_Color;
};

//构造函数
CCircle::CCircle(int r)
{   m_Radius =r;
    m_Color=0; }
//析构函数
```

```
CCircle::~CCircle()
{
    }

// DisplayArea 函数
void CCircle::DisplayArea(void)
{
    float fArea;
    fArea=CalculateArea();
    cout<<"The area of the circle is:"<<fArea<<endl;
}
//函数名: SetRadius( )
void CCircle::SetRadius(int r,int c)
{
        m_ Radius =r;
        m_Color=c;
}
//函数名: SetRadius( )
void CCircle::SetRadius(int r)
{
        m_ Radius =r;
        m_Color=255;
}

//GetRadius 函数返回 m_ Radius 值
CCircle:: GetRadius(void)
{
    return m_ Radius
}

//CalculateArea 函数
float CCircle::CalculateArea(void)
{
    float f;
    f=3.14*m_ Radius *m_ Radius;
    return f;
}

//主函数
void main( )
{ CCircle MyCircle(10);
  cout<<"The m_R is:"<<MyCircle.GetRadius( )<<"\n";
  cout<<"The m_Color is:"<<MyCircle.m_C;
  cout<<"\n";
  Mycircle.SetRadius(20);
  cout<<"The m_R is:"<<Mycircle.GetRadius( )<<"\n";
  cout<<"The m_Color is:"<<MyCircle.m_C;
  cout<<"\n";
  Mycircle.SetRadius(40,100);
  cout<<"The m_R is:"<<Mycircle.GetRadius( )<<"\n";
  cout<<"The m_Color is:"<<MyCircle.m_C;
  cout<<"\n";
}
```

2. 分析 Circle4.cpp 程序代码

先看一看 CCircle 类的说明：

```cpp
class CCircle
{
  public:
    CCircle(int r);           //构造函数
    void SetRadius(int r);
    void SetRadius(int r,int c);
    int GetRadius(void);
    void DisplayArea(void);
    ~CCircle();               //析构函数
    int m_C;
  private:
    float CalculateArea(void);
    int m_R;
    //int m_C;
};
```

CCircle 类的定义与前几个程序中的定义相似, 不同的仅仅是数据成员 m_Color 从私有部分移到了公有部分。另外, 在 CCircle 类定义中包含了下面一组重载函数：

```cpp
void SetRadius(int r);
void SetRadius(int r,int c);
```

也就是说, CCircle 类有两个 SetRadius( )函数：其中一个只有一个参数 int r, 另外一个带有两个参数 int r,int c。

构造函数除了设置 m_ Radius 值外, 把数据成员 m_Color 的值设为 0：

```cpp
CCircle::CCircle(int r)
{
    m_Radius =r;
    m_Color=0;
}
```

析构函数与前面介绍的析构函数完全相同。

再看看两个 SetRadius( )函数是如何定义的：一个把 m_ Radius 设为传递给该函数的参数值, 并把 m_Color 设为 255：

```cpp
void CCircle::SetRadius(int r)
{
    m_Radius =r;
    m_Coor=255;
}
```

另外一个 SetRadius( )函数把 m_ Radius 和 m_Color 都设为传递给该函数的参数值：

```cpp
void CCircle::SetRadius(int r,int c)
{
    m_Radius =r;
    m_Color=c;
}
```

GetRadius( )函数与前面程序介绍的相同。

最后看一下 Circle4.cpp 的主函数：

```
void main(void )
{ CCircle MyCircle(10);              //定义一个对象并使 m_ Radius 的值等于 10
  cout<<"The m_R is:"<<MyCircle.GetRadius( )<<"\n";    //显示 m_ Radius 的值
  cout<<"The m_C is:"<<MyCircle.m_Color;              //显示 m_Color 的值
  cout<<"\n";
  MyCircle.SetRadius(20);          //设置 MyCircle 的 m_ Radius 的值为 20
  cout<<"The m_R is:"<<Mycircle.GetRadius( )<<"\n";    //显示 m_ Radius 的值
  cout<<"The m_C is:"<<MyCircle.m_Color;              //显示 m_Color 的值
  cout<<"\n";
  MyCircle.SetRadius(40,100);  //使用另一个 SetRadius( )函数, 设置 MyCircle 的
                                   m_Radius 的值为 40, m_Color 的值为 100
  cout<<"The m_R is:"<<Mycircle.GetRadius( )<<"\n";    //显示 m_Radius 的值
  cout<<"The m_C is:"<<MyCircle.m_Color;              //显示 m_Color 的值
  cout<<"\n";
}
```

主函数的第一行：

```
CCircle  MyCircle(10);
```

定义一个对象。前面讲过在建立对象时执行构造函数，参数 10 使得构造函数设置 MyCircle 对象的 m_ Radius 成员为 10，同时构造函数设置 m_Color 等于 0。因此当 MyCircle 对象生成后，MyCircle 对象的 m_Radius 等于 10，m_Color 等于 0。

从主函数的下面几条语句的执行结果可以验证上述的结论：

```
cout<<"The m_R is:"<<MyCircle.GetRadius( )<<"\n";
cout<<"The m_C is:"<<MyCircle.m_Color;
cout<<"\n";
```

注意，m_Color 可以以 MyCircle.m_Color 的方式访问，是因为在类的定义中 m_Color 已移到公有部分。

上述语句执行后，输出信息 The m_R is: 10 和 The m_C is: 0 。

main( )函数中的下一条语句设置 MyCircle 的数据成员 m_ Radius 为 20：

```
MyCircle.SetRadius(20);
```

前面定义了两个 SetRadius( )函数，那么在此执行哪一个 SetRadius( )函数呢？C++的编译器是智能化的，知道有两个 SetRadius( )函数，由于在 MyCircle.SetRadius(20)中仅给定一个参数，因此编译器断定要执行的是仅带一个参数的 SetRadius( )函数。

main( )函数中的下面几条语句显示 m_ Radius 和 m_Color 的值，其结果可以验证编译器确实使用了只有一个参数的 SetRadius( )函数：

```
cout<<"The m_R is: "<<Mycircle.GetRadius( )<<"\n";
cout<<"The m_C is:"<<MyCircle.m_Color;
cout<<"\n";
```

上面语句将显示 The m_R is:20 和 The m_C is:255。

从 SetRadius(int r)函数中可知：

```
void CCircle::SetRadius(int r)
{
    m_ Radius =r;
    m_Color=255;
}
```

确实是：m_ Radius 应为 20，m_Color 为 255。

main( )函数的下一条语句调用了另一个 SetRadius( )函数：

```
Mycircle.SetRadius(40,100);
```

该语句调用了具有两个参数的 SetRadius( )函数。该函数使 m_ Radius 为 40，m_Color 为 100。主函数中下面语句的执行可以验证这个结果是正确的。

如图 11.10 所示即为该程序的运行结果。

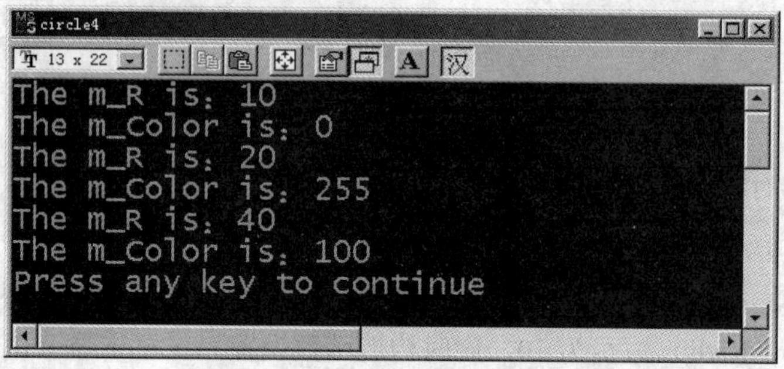

图 11.10　Circle4 程序运行结果

Circle4.cpp 程序举例说明了如何使用和实现重载函数，但并未体现出在实际中如何应用。我们考虑一下计算圆和矩形面积的程序，从中可以理解重载函数的实际应用。圆的面积计算公式：

圆的面积＝半径×半径×3.14

矩形面积计算公式：

矩形面积＝边长 A×边长 B

要同时计算圆和矩形的面积，实现方法之一编写如下的函数：

```
CalculateArea(Radius)
```

和

```
CalculateArea(Side A,Side B)
```

若采用函数重载的概念，在程序中可只用一个函数：CalculateArea( )。CalculateArea( )函数是一个重载函数。当只传给函数一个参数时，程序知道当前要计算圆的面积，当传给两个参数给函数时，程序知道要计算矩形的面积。

初看上去函数重载对程序似乎没有什么帮助，因最终还是要设计两个程序，一个计算圆的面积，另一个计算矩形的面积。那么，重载函数的真正作用是什么？

考虑一下 main 函数的设计，用户不必记住程序中有一个函数计算圆的面积，另外一个函数计算矩形的面积，只需记住程序中有一个 CalculateArea( )函数，该函数既可计算圆的面积又可以计算矩形的面积。Visual C++有数百个很有用的 Windows 函数，其中很大一部分是重载函数，在设计程序时使用这些函数将使程序易写、易读且易于维护。

在 C++中实现真正的多态性需要使用虚函数，虚函数是一种成员函数，它可以在该类的派生类中被重新定义并被赋予另外一种处理功能。本书对虚函数不作过多阐述，有兴趣的读者可参阅其他的相关书籍。

习　　题

1. 简述下列各题。

（1）类都包含什么成员？

（2）什么是对象？

（3）公有类型成员与私有类型成员有什么区别？ public 和 private 的作用分别是什么？

（4）构造函数和析构函数的作用是什么？

（5）成员函数可以是私有的吗？数据成员可以是公有的吗？

（6）函数重载时通过什么来区分？

2. 设计并测试一个名为 Rectangle 的矩形类，包含长、宽两个数据成员和计算矩形面积的成员函数。

3. 定义一个 animal 类，包含 age、weight 属性以及对这些属性操作的函数。实现并测试这个类。

4. 定义一个 Circle 类，包含数据成员 Radius（半径）、成员函数 CalculateArea(void)和 DisplayArea(void)，计算并显示圆的面积。

5. 定义一个 DataType（数据类型）类，能处理包含字符型、整型、浮点型的数据，给出其构造函数。

6. 设计一个图形基类，从图形基类派生圆类，从圆类派生圆柱类，设计成员函数输出它们的面积和体积。

7. 阅读下面的程序，写出运行结果。分析程序的执行过程以及调用构造函数和析构函数的过程。

（1）程序：

```cpp
#include<iostream.h>
class A
{public:
   A( ){a=0;b=0;}
   A(int i){a=i;b=0;}
   A(int i,int j) {a=i;b=j;}
   void display(){cout<<"a="<<a<<"b="<<b;}
private:
   int a;
   int b;
};
class B:public A
{public:
   B(){c=0;}
   B(int i):A(i){c=0;}
```

```
   B(int i,int j):A(i,j){c=0;}
   B(int i,int j,int k):A(i,j){c=k;}
   void display1( )
 {display( );
  cout<<"c="<<c<<endl;}
private:
  int c;
};
void main()
{B b1;
 B b2(1);
 B b3(1,3);
 B b4(1,3,5);
 b1.display1( );
 b2.display1( );
 b3.display1( );
 b4.display1( );
 }
```

（2）程序：

```
#include<iostream.h>
class A
{public:
   A( ){cout<<"这是基类A的构造函数"<<endl;}
   ~A( ){cout<<"这是基类A的析构函数"<<endl;}
};

class B:public A
{public:
   B( ){cout<<"这是派生类B的构造函数"<<endl;}
   ~B( ){cout<<"这是派生类B的析构函数"<<endl;}
};

class C:public B
{public:
   C( ){cout<<"这是派生类C的构造函数"<<endl;}
   ~C( ){cout<<"这是派生类C的析构函数"<<endl;}
};

void main()
{C c1;
 }
```

8. 有以下程序结构，请分析访问属性，并回答下面的问题。

```
#include<iostream.h>
class A
{public:
   void f1( );
   int i;
protected:
   void f2( );
   int j;
```

```
private:
    int k;
};
class B:public A
{public:
    void f3( );
protected:
    int m;
private:
    int n;
};

class C:public B
{public:
    void f4( );
private:
    int p;
};

void main()
{ A a1;
  B b1;
  C c1;
}
```

问题:

（1）在 main 函数中能否用 b1.i、b1.j 和 b1.k 引用派生类 B 对象 b1 中基类 A 的成员?

（2）派生类 B 中的成员函数能否调用基类 A 中的成员函数 f1 和 f2?

（3）派生类 B 中的成员函数能否引用基类 A 中的数据成员 i、j、k?

（4）能否在 main 函数中用 c1.i、c1.j、c1.k、c1.m、c1.n、c1.p 引用基类 A 的成员 i、j、k，派生类 B 的成员 m、n，以及派生类 C 的成员 p?

（5）能否在 main 函数中用 c1.f( )、c1.f2( )、c1.f3( )和 c1.f4( )调用 f1、f2、f3、f4 成员函数?

（6）派生类 C 的成员函数 f4 能否调用基类 A 的成员函数 f1、f2 和派生类中的成员函数 f3?

第 12 章　编写 Windows 应用程序

前面已经学习了面向对象程序设计的一些基本概念，从本章开始将学习如何使用 C++编写 Windows 应用程序。Windows 应用程序具有界面和操作风格统一的优点，便于用户学习和掌握，可用各种程序设计语言进行编写，比如 C++、C#、Basic、Java 等。为了使我们的程序设计任务变得轻松一些，多数 Windows 程序的开发工具都支持可视化编程，可视化的开发工具使界面的生成简单、美观、统一，减少了开发者的劳动量。

目前针对 C++的可视化集成开发环境有很多种，其中 Microsoft 公司的 Visual C++和 Borland 公司的 C++ builder 是此类开发工具中的佼佼者。本书选择 Visual C++ 6.0 作为应用程序的开发工具，通过 Visual C++可以对窗口、对话框、菜单、位图和图标进行可视化设计；Visual C++提供了多种 Wizard（向导）程序，这些向导程序可以帮助开发者轻松地生成应用程序框架、完成类的派生等工作；另外，Visual C++软件包同时提供了一组功能很强的类库，所以，使用 Visual C++可在短时间内编写出功能强、结构复杂且很专业的应用程序。

编写 Windows 应用程序需要了解 Windows 独特的事件和消息机制（消息驱动）和丰富的应用接口函数（API）。

12.1　Windows 编程的基本思想

Windows 程序是围绕事件或消息的产生来驱动相应处理函数的。什么是消息？消息是描述事件发生的信息。消息系统对于一个 Win32 程序来说十分重要，它是一个程序运行的动力源泉。一个消息，是系统定义的一个 32 位的值，它唯一的定义了一个事件，向 Windows 发出一个通知，告诉应用程序某件事情发生了。例如，单击鼠标、改变窗口尺寸、按下键盘上的一个键都会使 Windows 发送一个消息给应用程序。

在事件驱动的程序结构中，程序的控制流程不再由事件的预定顺序来决定，而是由实际运行时各种事件的实际发生来触发，而事件的发生可能是随机的、不确定的，并没有预定的顺序。事件驱动的程序允许用户用各种合理的顺序来安排程序的流程。事件驱动是一种面向用户的程序设计方法，在程序设计过程中除了完成所需要的程序功能外，更多考虑了用户可能的各种输入（消息），并有针对性地设计相应的处理程序。事件驱动程序设计思想也是一种"被动"式的程序设计方法，程序开始运行时，处于等待消息状态，然后取得消息并对消息作出相应的反应，处理完毕后又返回处于等待消息状态。如图 12.1 所示为使用事件驱动原理的程序的工作流程。

Windows 应用程序的消息来源有以下 4 种。

（1）输入消息：包括键盘和鼠标的输入。这一类消息首先放在系统消息队列中，然后由 Windows

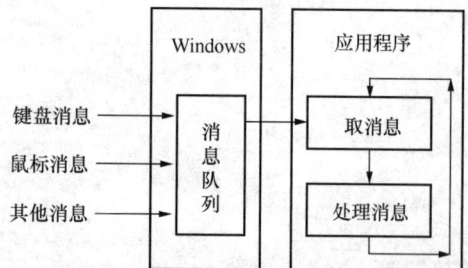

图 12.1　工作流程

将它们送入应用程序队列中，由应用程序来处理消息。

（2）控制消息：用来与 Windows 的控制对象，如列表框、按钮、检查框等进行双向通信。当用户在列表框中改动当前选择或改变了检查框的状态时发出此类消息。这类消息一般不经过应用程序消息队列，而是直接发送给控制对象。

（3）系统消息：对程序化的事件或系统时钟中断作出反应。

（4）用户消息：这是程序员自己定义并在应用程序中主动发出的，一般由应用程序的某一部分内部处理。

下面的描述对我们更好地理解消息会有一定的帮助。

首先，一个消息由一个消息名称（UINT）和两个参数（WPARAM，LPARAM）构成。当用户进行了输入或是窗口的状态发生改变时系统都会发送消息到某一个窗口。当然用户可以定义自己的消息名称，也可以利用自定义消息来发送通知和传送数据。

其次，一个消息必须由一个窗口接收，在窗口的过程（WNDPROC）中可以对消息进行分析，对自己感兴趣的消息进行处理。其实在 Windows 中大量的消息是用户应用程序不感兴趣的，也就是说用户应用程序并不处理这些消息，那么，这些消息由谁来负责处理呢？Microsoft 为窗口编写了默认的窗口过程，这个窗口过程将负责处理那些用户不处理的消息。正因为有了这个默认窗口过程，我们才可以专注于应用程序功能的实现而不必过多关注窗口各种消息的处理。

12.2　MFC 概　述

上一节说到 Visual C++给开发者提供了功能强大的类库，MFC 就是其中之一。MFC 的英文全称是 Microsoft Fundation Class，即微软基础类库，其中包含用来开发 Windows 应用程序的一组类。这些类用来表示窗口、对话框、设备环境、公共 GDI 对象（如画笔、调色板）、控制框和其他标准的 Windows 部件，封装了大部分的 Windows API（Application Programming Interface，应用程序接口）函数。使用 MFC，可以减少 Windows 编程的工作量。

MFC 精心设计的类库结构以一种直观的软件包的形式把进行 Windows 应用程序开发这一过程所需的各种程序模块有机地组织起来，经验丰富的 C++开发人员可以使用 MFC 实现 C++中的高级功能。

MFC 编程方法充分利用了面向对象技术的优点，使我们在编程时极少关心对象的实现细节，类库的强大功能足以完成程序的绝大部分功能。同时，利用"继承"功能，可以从基础类库中派生出功能更具特色和强大的类，当然，我们也可以根据需要创建全新的类。

学习 MFC，最重要的一点是要学会抽象地把握问题，不求甚解。不要一开始学习 Visual C++就试图了解整个 MFC 类库。一般的学习方法是，先大体上对 MFC 有个了解，知道它的概念、组成等之后，从较简单的类入手，由浅入深、循序渐进、日积月累地学习。

一开始使用 MFC 提供的类时，只需要知道它的一些常用方法、外部接口，不必要去了解它的细节和内容实现。在学到一定程度时，再深入研究，采用继承的方法对原有的类进行修改和扩充，派生出自己所需的类。

在研究 MFC 的类时要充分利用 MSDN 的帮助信息。很重要的一点是理解 MFC 应用程序的框架结构，而不是被迫记忆大量类的数据成员、成员函数及其参数等细节。

12.3 典型的 Windows 程序设计

本节通过典型的 Windows 程序设计，学习使用 Visual C++编写 Windows 应用程序。典型的 Windows 应用程序结构有以下 4 种。

（1）控制台应用程序。本书第 1～10 章介绍的所有程序均为控制台应用程序。控制台应用程序结构简单，可以不使用 MFC 库。

（2）基于框架窗口的应用程序。某些应用程序仅需最小的用户界面和简单的窗口结构，这时可以使用基于框架窗口方案。在此方案中，主应用程序窗口为框架窗口 CFrameWnd。

（3）基于对话框的应用程序。基于对话框的应用程序与基于框架窗口的应用程序差别不大，只是用 CDialog 派生类对象代替了 CFrameWnd 派生类对象作为应用程序的主窗口。

（4）基于文档/视图结构的应用程序。分为单文档和多文档界面。

由于 Visual C++已经自动生成了应用程序的大部分代码，所以用 Visual C++编写应用程序非常简单。

编写 Visual C++ Windows 应用程序包括以下两个步骤：可视化编程阶段和代码编程阶段。

在可视化编程阶段主要使用 Visual C++软件包提供的软件工具来设计应用程序界面。使用这些软件工具可只用键盘和鼠标来完成，而不需要输入任何代码，只需要知道如何使用软件包提供的可视化工具放置各个对象（例如菜单、按钮和滚动条）到开发的 Windows 应用程序中即可。

在代码编写阶段使用 Visual C++提供的文本编辑器，输入由 C++语句组成的程序代码。这些代码基本上是各种消息的处理程序，通常被称为消息响应函数。

Visual C++之所以能够自动生成应用程序大部分的代码，是由于它的最重要的技术之一"向导（Wizard）"的作用。向导在 Developer Studio 环境下运行，每个向导为一种特殊的应用程序建立项目，并在创建新项目时自动生成一个源程序文件，其中包括了许多通用代码。Visual C++的向导很多，功能很强大，本书只讨论 Visual C++的主向导，即 AppWizard（应用程序向导）。

AppWizard 用于为使用 MFC 的典型 C++ Windows 应用程序建立项目。它主要的用途是创建基于文档/视图结构的应用程序框架和基于对话框的应用程序。通过下面的例子可以了解 AppWizard 的使用及其作用。

12.3.1 单文档界面（SDI）应用程序

顾名思义，在单文档界面（SDI）应用程序中，用户在同一时刻只能操作一个文档。记事本程序就是一个单文档的例子，它附带在 Windows 中，记事本程序允许用户浏览及编辑多种类型的文本文档。但是，在任一给定的时刻，用户只能浏览或编辑一个文件，用户不能在一个记事本程序中同时打开多个文件。

下面通过一个最简单的 SDI 程序来学习如何使用 MFC 应用程序框架进行编程以及学习使用 Visual C++设计 Windows 应用程序的过程。

1. 创建 SDI 应用程序的项目文件

启动 Visual C++后，执行 File→New 命令，在 New 对话框中单击 Projects 标签，选择 MFC AppWizard（exe），然后在对话框的右半部分的 Location（目录）文本框中输入项目的存储路径（现假设为 E:\C++程序设计）。在其上方的项目名称文本框中输入准备创建的项目名称 MySd（如图 12.2 所示），单击 OK 按钮。

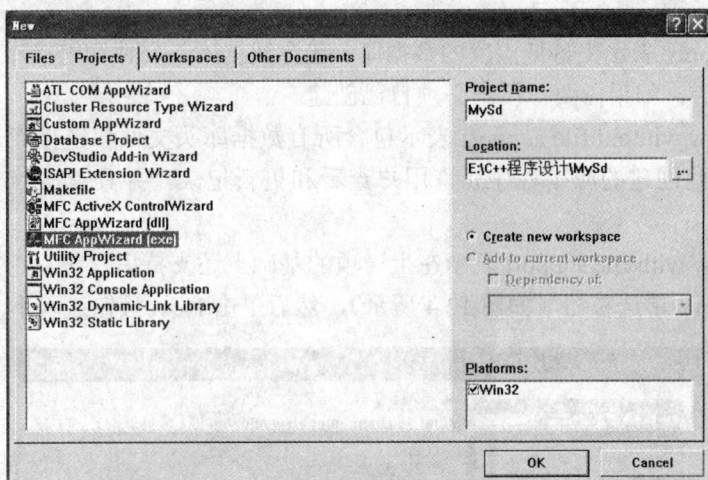

图 12.2 New 对话框的 Projects 选项卡

此时，Visual C++将显示 AppWizard-Step 1 对话框，如图 12.3 所示。

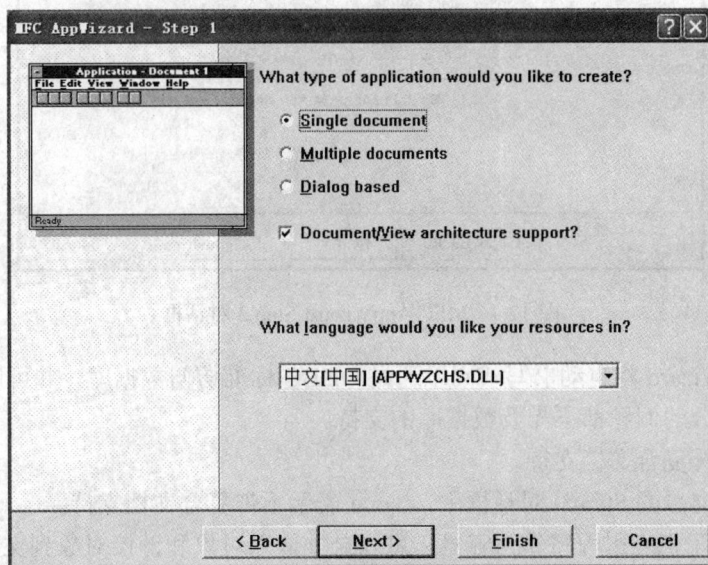

图 12.3 MFC AppWizard-Step 1 对话框

第一步，选择应用程序结构。

在应用程序向导的 Step 1 对话框中，Single document 表示单文档界面，Multiple documents 表示多文档界面，Dialog based 表示基于对话框的应用程序。

选中 Single document 单选按钮，并单击 Next 按钮进入下一步。

说明：Step 1 对话框的下部可以选择语言，一般使用中文。选择程序结构时对话框左上角会显示与所选择结构对应的外观。

第二步，选择数据库支持的选项。

在应用程序向导的 Step 2 对话框中，None 表示不支持数据库，如果应用程序不使用数据库则应选择这一项。

Header files only 表示支持低限度的数据库，包含数据库头文件和链接库，但不创建任何与数据库相关的类，如果需要，用户必须自己创建。

Database view without file support 表示包含所有数据库头文件和链接库，并创建与数据库相关的类。由此创建的应用程序允许用户查看和更新记录，并具有文档支持，但不支持串行化。

Database view with file support 表示在上一项的基础上还支持串行化。

这里选中 None 单选按钮（如图 12.4 所示），然后单击 Next 按钮进入下一步。

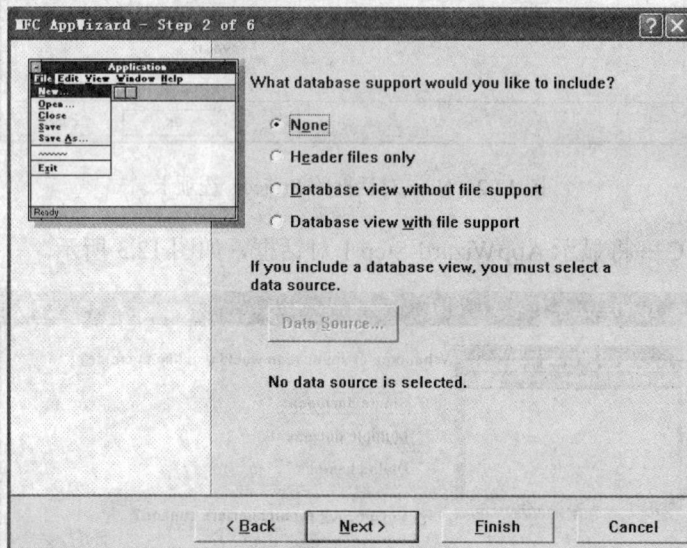

图 12.4　MFC AppWizard-Step 2 对话框

说明：AppWizard 将自动书写代码以通过 ODBC 标准访问数据库，并可以支持上百种不同数据库。本部分的例题都不需要数据库的支持。

第三步，选择复合文档支持。

在应用程序向导的 Step 3 对话框中，None 表示不带复合文档支持。

Container 表示把应用程序作为容器，可以合并嵌入对象和链接对象到文档中。

Mini-server 表示支持复合文档对象，但不能单独运行，仅支持嵌入对象。

Full-server 表示应用程序既可创建复合文档对象，对文档进行管理，又可单独运行，同时还支持链接和嵌入对象。

Both container and server 表示应用程序既作为容器，又作为服务器。

下面还有两项可供选择。

第一项询问是否要复合文档支持。Yes,please 表示使用复合文件，这样就能在一个文件中保存一个或多个自动化对象，并允许被单独的自动化对象访问。No,thank you 表示不使用复合文件格式。

　　第二项询问是否需要自动化支持，以及是否使用 ActiveX 控件。Automation 表示应用程序支持自动化，这样程序可以访问其他程序创建的对象。ActiveX Controls 表示应用程序支持 ActiveX 控件。

　　这里选中 None 单选按钮（如图 12.5 所示），单击 Next 按钮，进入下一步。

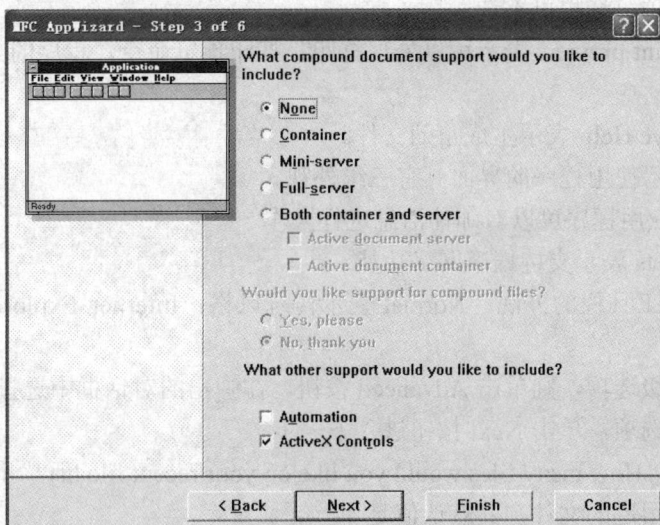

图 12.5　MFC AppWizard-Step3 对话框

　　说明：所谓复合文档就是在文档中可以加入其他程序的对象，例如，可以在 Word 文档中加入一个其他程序创建的电子表格或图片，还可以要求 AppWizard 添加对 Microsoft 构件对象模型（COM）的支持。COM 可以使程序能自动控制 Visual Basic 程序所使用的 ActiveX 控件。

　　本书的例程中都不使用 ActiveX 控件支持。

　　第四步，选择用户界面（如图 12.6 所示）。

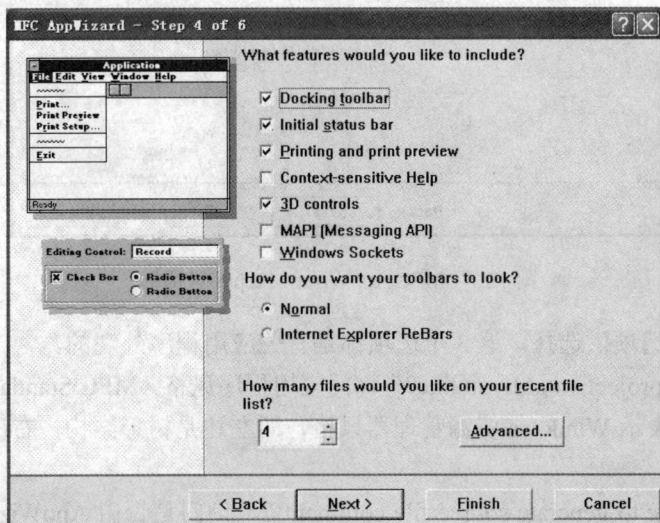

图 12.6　MFC AppWizard-Step 4 对话框

Docking toolbar 表示添加工具栏到应用程序中。该工具栏含有"新建"、"打开"、"保存"、"剪切"、"复制"和"粘贴"等常用按钮。

Initial status bar 表示添加状态栏到应用程序中，可以显示某些键（如 Num Lock 等）的状态，也可以显示菜单和工具栏的帮助信息。如果应用程序不需要创建新的状态栏或修改已有的状态栏，则这一项可选也可不选。

Printing and print preview 表示可以处理打印、打印预览命令，程序的文件菜单中会有相应选项。

Context-sensitive Help 表示生成帮助文件。

3D controls 表示使用程序的界面具有三维外观。

MAPI 表示使应用程序可以对邮件消息进行操作。

Windows Sockets 表示支持程序网络功能。

下面还要选择工具栏的外观：Normal 表示传统风格；Internet Explorer ReBars 表示 IE 风格。

如果要选择高级选项，则单击 Advanced 按钮，在弹出的对话框中选择所需要的内容。

这里接受默认选项，单击 Next 按钮进入下一步。

说明：下面的"How many files would you like on your recent file list?"询问在 File 菜单底部列出几个最近使用过的文件，其默认值是 4。

第五步，选择应用程序外观（如图 12.7 所示）。

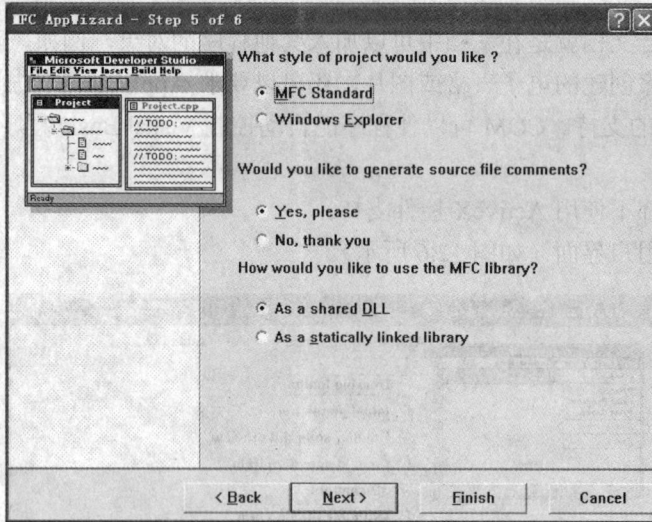

图 12.7　MFC AppWizard-Step 5 对话框

这一步有 3 个选项供选择，这 3 个选项都是有关应用程序外观的。

"What style of project would you like?"询问应用程序风格。MFC Standard 表示标准风格；Windows Explorer 表示 Windows 资源管理器风格，即左边是树形结构，右边是文件列表。本书采用标准风格。

"Would you like to generate source file comments?"询问是否由 AppWizard 在源文件中插入相应的注释以帮助用户编写程序。本书中都使用 Yes,please 项，即添加注释。

"How would you like to use the MFC library？" 询问是静态还是动态链接 MFC 库。如果是程序运行时调用 MFC 库，则选择 As a shared DLL；如果是创建时与静态 MFC 库链接，则选择 As a statically linked library。这里选择前者（都接受默认设置），单击 Next 按钮，进入下一步。

第六步，Step 6 对话框中列出了 AppWizard 生成的每个 C++类（如图 12.8 所示）。

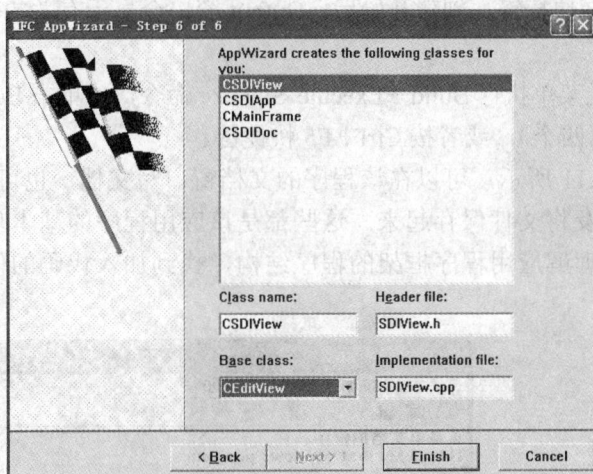

图 12.8 MFC AppWizard-Step 6 对话框

选择其中一个，下面 4 个编辑框中就会分别显示类名、头文件（扩展名为.h）、基类和实现文件（扩展名为.cpp）。

本例中将 CSDIView 的基类选择为 CEditView，选择该项可以使视图窗口具有编辑功能，不用任何代码就能够在窗口中读写文本文件，并进行复制、粘贴等操作。单击 Finish 按钮。

此时弹出如图 12.9 所示的 New Project Information 对话框，对上述六步进行了总结，列

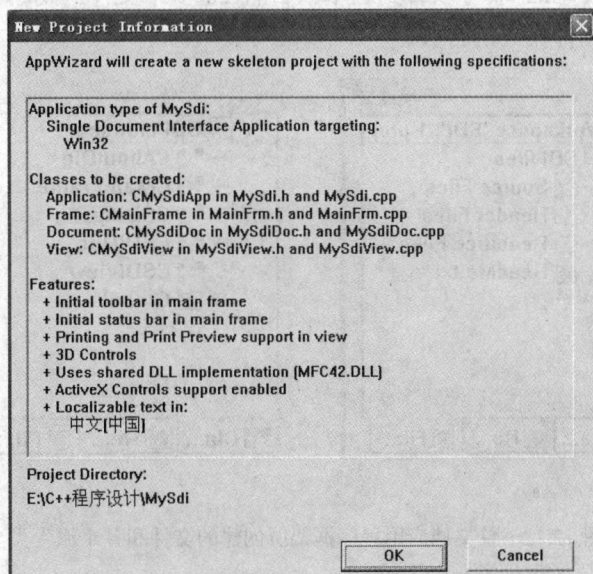

图 12.9 New Project Information 对话框

出了程序所具有的各种外观、功能特性。如果发现哪一步出错了，可单击 Cancel 按钮回到上一步；如果确认无误，则单击 OK 按钮，完成项目。

2. 创建和运行程序

创建该应用程序有 3 种方式。

从主菜单执行 Build→Build SDI.exe 命令；或在 Build 工具栏上单击 Build 按钮（图 12.10 左数第二个）；或按 F7 快捷键。创建开始后，Output 窗口会显示有关的信息，随时给出错误提示，并进行统计。

要运行程序则从主菜单执行 Build→Execute SDI.exe 命令，或单击 Build 工具栏上 Execute 按钮（图 12.10 左数第四个），或者按 Ctrl＋F5 快捷键。

运行结果如图 12.11 所示，可以在该程序的文档窗口写文档，也可以执行打开、粘贴、复制、剪切命令，以及将文件保存起来。这些都是该应用程序的基本功能，要实现其他功能，则需要由程序员理解应用程序框架的程序结构，找到加入代码的位置并加入合适的代码来实现。

图 12.10　Build 工具栏　　　　　　　图 12.11　SDI 程序的运行结果

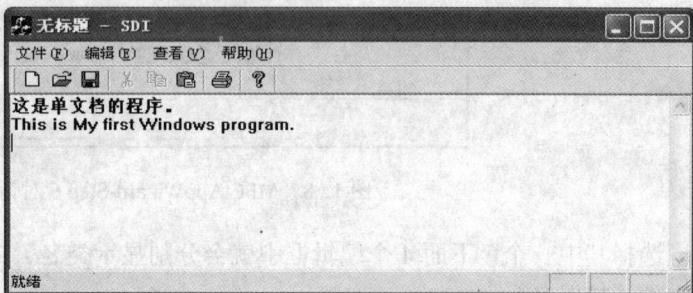

浏览 SDI 项目，切换窗口到项目窗口的 File View 选项卡，可以看到如图 12.12（a）所示的树型结构。展开 SDI files 项可以看到这个项目有 20 多个文件。初学者无需对所有文件进行分析并试图弄懂每一行代码的含义。

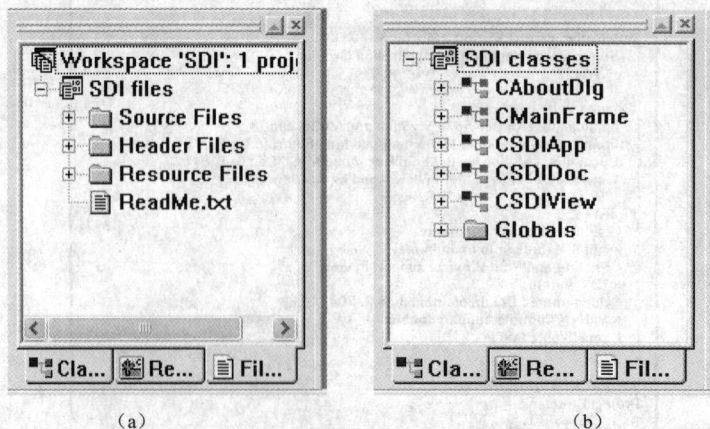

（a）　　　　　　　　　　　　　　（b）

图 12.12　单文档应用程序框架所创建的文件和各个派生类

（a）File View;（b）Class View

切换窗口到 Class View 选项卡,可以看到如图 12.12(b)所示的树形结构。展开 SDI classes 项,会发现 AppWizard 已经建立了单文档应用程序框架所需的各个派生类,它们是:

CAboutDlg,about 对话框类。

CMainFrame,主框架窗口类,由 CFrameWnd 派生。

CSDIApp,应用程序类,由 CWinApp 派生。

CSDIDoc,文档类,由 CDocument 派生。

CSDIView,视图类,由 CView 派生。

这些类之间的关系比较复杂,初学者没有必要完全弄懂。

仔细阅读程序还会发现,该程序似乎不完整,其中既没有主函数〔在一般的 Windows 程序中应为 WinMain( )函数〕,也没有实现消息循环的程序段。其实,这是一种误解,因为 MFC 已经把它们封装起来。在程序运行时,MFC 应用程序首先调用由框架提供的标准 WinMain( )函数。在 WinMain( )函数中,先初始化由 CSDIApp 定义的唯一全局对象 theApp, 然后调用由 CWinApp 类继承的 Run( )成员函数,进入消息循环。程序结束时调用 CWinApp 的 ExitInstance( )函数退出。

应用程序框架不仅提供了构建应用程序所需要的类,还规定了程序的基本执行结构。所有应用程序都在这个基本结构的基础上完成不同的功能。

如果在创建的第六步中,将 CSDIView 的基类选择为 CView(如图 12.13 所示),视图窗口则不具有编辑功能。要想在运行窗口中显示文字,就要求用户在合适的地方加入相应的程序代码。

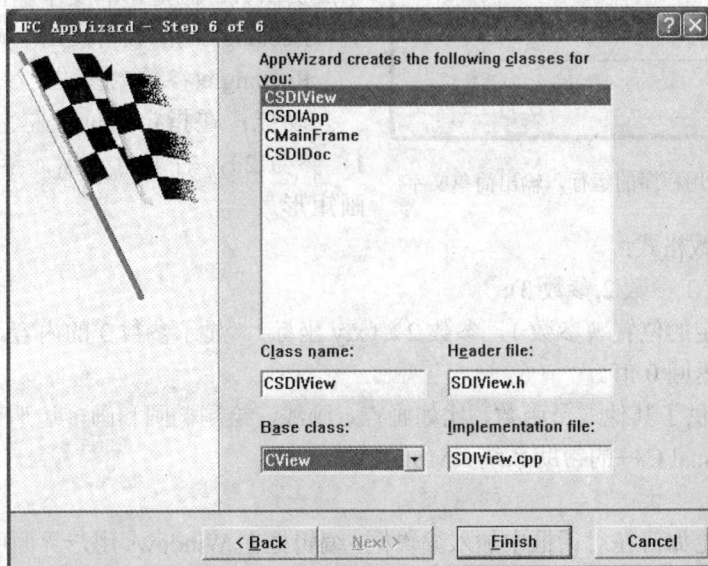

图 12.13　MFC AppWizard-Step 6 对话框,选择 CView 作为基类

例如,想在窗口的客户区输出"Hello This is my first C++ program.",就需要对 CView 类的成员函数 OnDraw( )进行扩充,这个函数的作用是绘制窗口客户区内容。每当窗口需要被重绘时,应用程序框架都要调用 OnDraw( )函数。当用户改变了窗口尺寸或者当窗口恢复了先前被遮盖的部分,或者当应用程序改变了窗口数据时,窗口都需要被重绘,应用程序框架

会自动调用 OnDraw( )函数；值得注意的是，如果程序中的某个函数修改了数据，则必须通过调用视图所继承的 Invalidate（或 InvalidateRect）成员函数通知 Windows，从而触发对 OnDraw( )的调用。

在 Class View 选项卡中定位到 OnDraw( )函数，并双击 OnDraw( )函数，然后加入如下代码：

```
void CSDIView::OnDraw(CDC* pDC)
{
    CSDIDoc* pDoc = GetDocument();
    ASSERT_VALID(pDoc);
    // TODO: add draw code for native data here
    pDC->Rectangle(10,10,310,110);
    pDC->TextOut(15,25,"Hello This is my first C++ program.");
}
```

这一操作就是在 AppWinzard 所生成代码的基础上进行的，这里只给出了要修改的函数，并且用灰色底纹表示需要增加的代码，正常色显示的是 AppWizard 生成的代码，一般不需要修改。

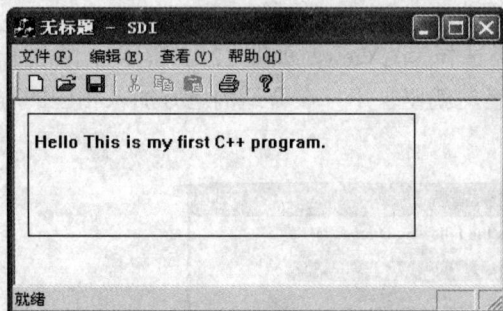

创建并运行程序，结果如图 12.14 所示，窗口中显示了一个矩形框，框内显示了相应文字。

对程序进行分析可以看到，本程序对 OnDraw( )函数进行扩展，使用了 CDC 类的两个成员函数：画矩形和文字输出。

Rectangle( )函数格式：

Rectangle(参数 1,参数 2,参数 3,参数 4);

功能：在指定的位置左上角坐标（参数 1，参数 2），右下角坐标（参数 3，参数 4）画矩形。

图 12.14　SDI 应用程序的运行，输出简单文字

TextOut( )函数格式：

TextOut(参数 1,参数 2,参数 3);

功能：在指定的位置（参数 1，参数 2）（x,y 坐标），显示参数 3 的内容。显示成功则返回非 0 值，否则返回 0 值。

CDC 类还提供了其他成员函数，比如画点、画线、绘制椭圆和画多边形等函数，读者需要时可以查看 Visual C++的帮助系统（MSDN）。

12.3.2　编辑框

本节主要讨论如何在对话框中加入编辑框。编辑框在 Windows 用户界面中有着重要的地位，主要用来接收用户输入的文本，也可以用于显示文本，是一种重要的交互工具。通过选取相应的样式（Style），可使编辑框具有如下功能。

（1）自动转换用户输入。

（2）使用某个字符（*）代替用户输入的显示。

（3）支持多行编辑等。

设计项目名为 MyEdit、界面如图 12.15 所示的应用程序。主窗口是一个对话框，其中有

上下两个编辑框，7 个按钮。

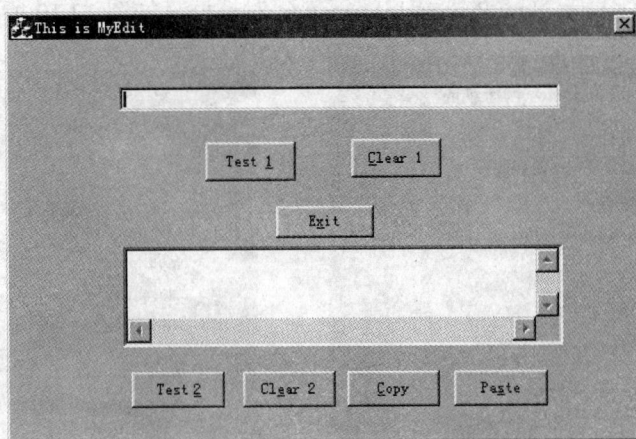

图 12.15　MyEdit 应用程序运行结果

该程序的功能如下。

（1）单击 Test 1 按钮，MyEdit 将文本 This is a test 放入上部的编辑框中。

（2）单击 Clear 1 按钮，MyEdit 清除上部编辑框的内容。

（3）单击 Test 2 按钮，MyEdit 将文本 You clicked the Test 2 button 放置在下部编辑框中。

（4）单击 Clear 2 按钮，MyEdit 清除下部编辑框的内容。

（5）单击 Copy 按钮，MyEdit 将下编辑框的内容复制到剪贴板。

（6）单击 Paste 按钮，MyEdit 将剪贴板上的内容粘贴到下面的编辑框中。

（7）单击 Exit 按钮，MyEdit 程序终止执行。

1. 生成 MyEdit 应用程序的项目文件

按下述步骤生成 MyEdit 应用程序项目文件。

（1）启动 Visual C++。

（2）执行 File→New 命令。

（3）单击 New 对话框中的 Projects 标签，然后选择 MFC AppWizard（exe）选项。

（4）输入项目文件名 MyEdit 并设置其存放位置。

（5）单击 OK 按钮。

（6）进入 MFC AppWizard 的 Step 1，选择 Dialog based，确定应用程序的结构为对话框（如图 12.16 所示），单击 Next 按钮。

（7）设置 Step 2 各选项。选中 About Box 复选框，并选中 3D Controls 复选框，确定用户界面（如图 12.17 所示），单击 Next 按钮。

（8）设置 Step 3 各选项。选中 MFC Standard 单选按钮，表示使用标准风格；选择生成的项目文件包括注释代码；选择应用程序从动态链接库中调用 MFC，确定应用程序的外观（如图 12.18 所示），单击 Next 按钮。

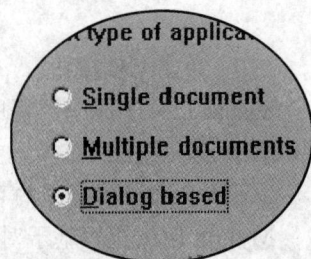

图 12.16　Step1

（9）单击 Step 4 对话框的 Finish 按钮。

此时，Visual C++显示 New Project Information 对话框（如图 12.19 所示）。

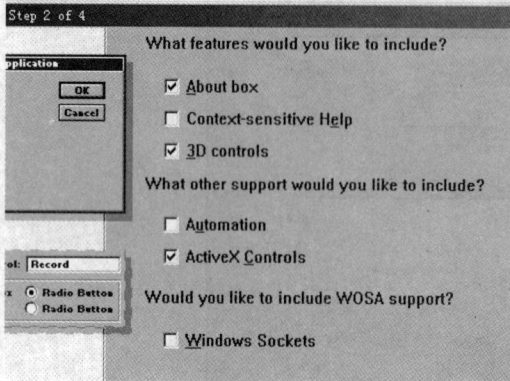

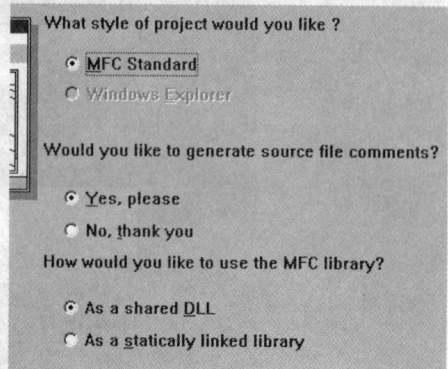

图 12.17 Step2　　　　　　　　　　　　　　　　图 12.18 Step3

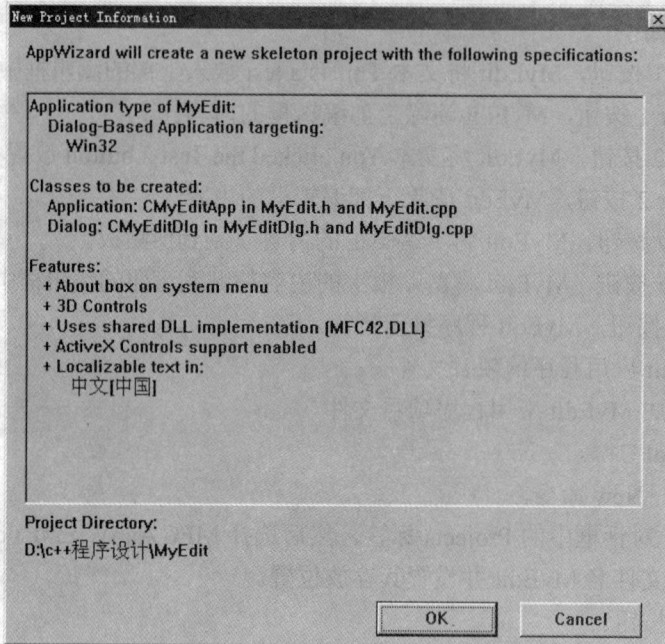

图 12.19 New Project Information 对话框

（10）单击 OK 按钮。

Visual C++生成应用程序的项目文件和所有的框架文件。按上节介绍的方法浏览项目，可以看到该项目的所有类、文件和资源。

2. MyEdit 应用程序的可视化实现

MyEdit 应用程序基于对话框，在用 AppWizard 生成项目文件和框架文件时，AppWizard 生成一个对话框并把它作为应用程序的主窗口。命名为 IDD_MYEDIT_DIALOG，并在工作区显示这个对话框和一个工具栏（如图 12.20 所示）。

按照表 12.1 的说明定制该对话框，在定制完成后，对话框应具有如图 12.21 所示的形式。

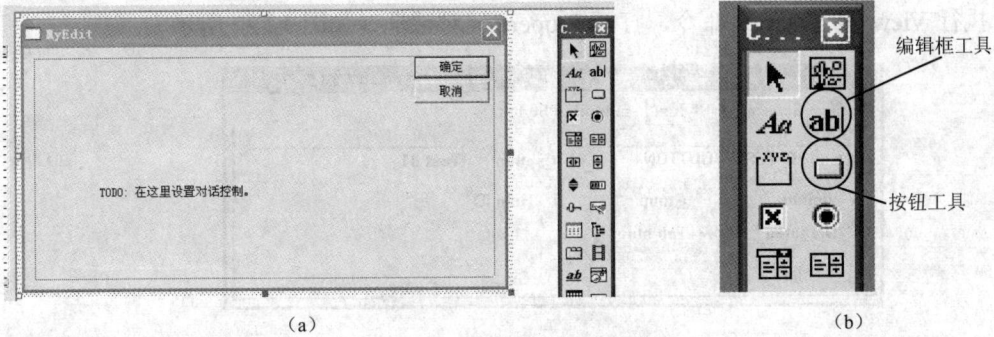

图 12.20　程序主窗口和工具栏

(a) 程序主窗口；(b) 工具栏

表 12.1　　　　　　　　　　　IDD_MYEDIT_DIALOG

对　象	ID	Caption
对话框	IDD_MYEDIT_DIALOG	MyEdit
编辑框	IDC_EDIT1	
按钮	IDC_TEST1_BUTTON	Test & 1
按钮	IDC_CLEAR1_BUTTON	&Clear 1
编辑框	IDC_EDIT2	
按钮	IDC_TEST2_BUTTON	Test & 2
按钮	IDC_CLEAR2_BUTTON	&Clear 2

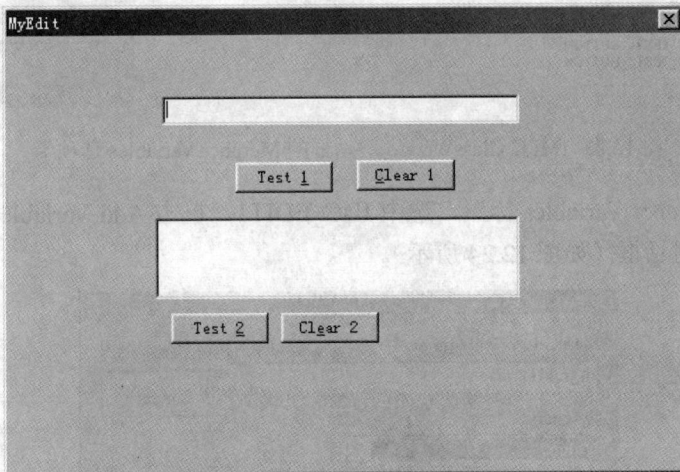

图 12.21　MyEdit 程序主窗口

　　注意：表 12.1 指明要在对话框中设置两个编辑框和四个按钮，Tools 窗口中的编辑框工具和按钮工具见图 12.20。操作方法：单击所需要的工具，此时鼠标指针变成"＋"形，在窗口需要控件的位置拖动鼠标即可。

　　按表 12.1 的说明设置各个控件的属性。操作方法如下（以 Test 1 按钮为例）：

　　（1）选中要设置属性的控件。

（2）执行 View→Properties 命令，打开 Properties 对话框（如图 12.22 所示）。

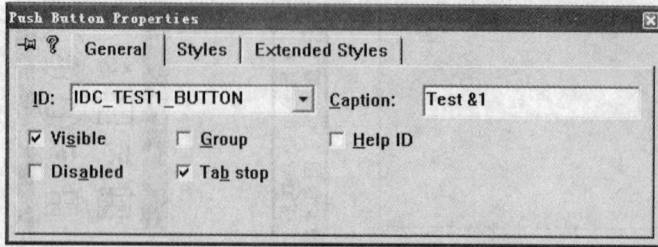

图 12.22　Properties 对话框

（3）在 ID 文本框中输入该控件的 ID 号 IDC_TEST1_BUTTON；在 Caption 文本框中输入该控件的标题：Test &1。符号"&"表示跟在其后的字符是该控件功能的快捷方式。

按上述方法设置表 12.1 中其他控件的属性。

3. 将变量与 MyEdit 程序对话框连接

在变量 m_Edit1 与编辑框 IDC_EDIT1 之间建立联系。

（1）执行 View→Class Wizard 命令，弹出 MFC ClassWizard 对话框（如图 12.23 所示）。

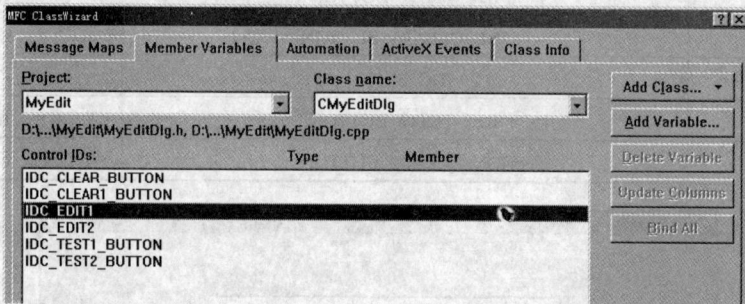

图 12.23　MFC ClassWizard 对话框的 Member Variables 选项卡

（2）单击 Member Variables 标签，选中 IDC_EDIT1，单击 Add Variable 按钮，弹出 Add Member Variable 对话框（如图 12.24 所示）。

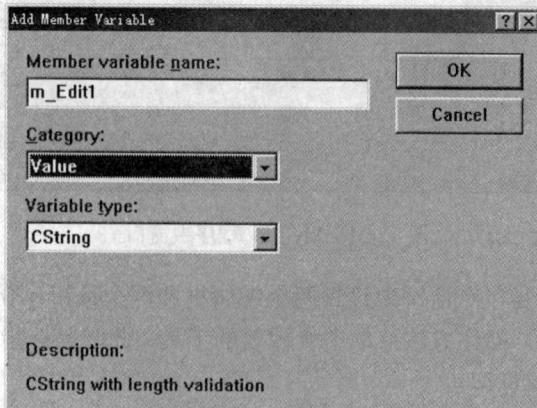

图 12.24　Add Member Variable 对话框

（3）输入变量名 m_Edit1，选择变量的种类为 Value，选择变量的类型为 CString。单击 OK 按钮。

4. 将代码连接至 Test 1 和 Clear 1 按钮的 BN_CLICKED 事件

根据前面提到的功能：当用户单击 Test 1 按钮时，将在上面的编辑框中显示文本。现在就来实现将执行代码与 Test 1 按钮的 Click 事件（BN_CLICKED）进行连接。

（1）执行 View→Class Wizard 命令，显示 MFC ClassWizard 对话框，单击 Message Maps 标签，将 Class name 设置为 CMyEditDlg（如图 12.25 所示）。

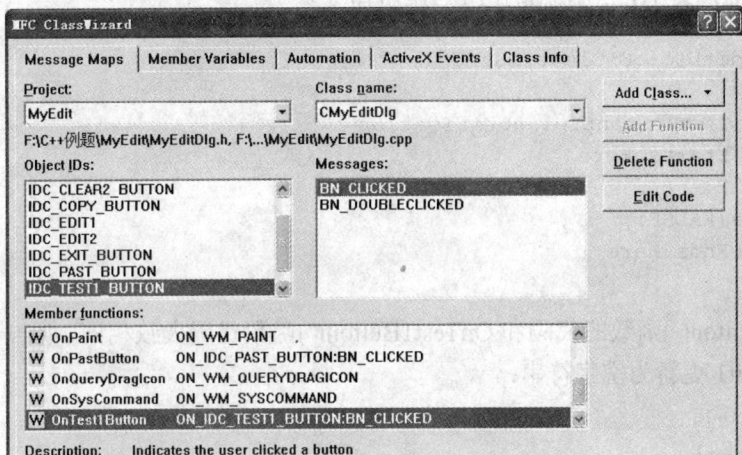

图 12.25　MFC ClassWizard 对话框的 Message Maps 选项卡

（2）选择 IDC_TEST1_BUTTON 选项及 BN_CLICKED 选项。

（3）单击 Add Function 按钮，接受 Visual C++建议的函数名 OnTest1Button( )。

（4）单击 Edit Code 按钮，打开 MyEditDlg.cpp 文件，使函数 OnTest1Button( )处于编辑状态。

（5）写入 OnTest1Button 函数代码，代码如下：

```
void CMyEditDlg::OnTest1Button()
{
//TODO: Add your control notification
//My Code Starts Here
m_Edit1="This is a test.";
UpdateData(FALSE);
//My Code Ends Here
}
```

分析：语句

```
m_Edit1="This is a test.";
```

更新了变量 m_Edit1 的值（该变量与 IDC_EDIT1 编辑框相连接），然而，对变量 m_Edit1 的更新并不能使程序在编辑框内显示 m_Edit1 的内容。要想将 m_Edit1 变量的内容传递至 IDC_EDIT1 控件显示，需调用 UpdateData( )函数并将其参数设置为 FALSE：

```
UpdateData(FALSE);
```

接着给 Clear 1 按钮的 BN_CLICKED 事件连接代码：

（1）执行 View→Class Wizard 命令，弹出 MFC ClassWizard 对话框，单击 Message Maps 标签，将 Class name 设置为 CMyEditDlg。

（2）选择 IDC_CLEAR1_BUTTON 选项及 BN_CLICKED 选项。

（3）单击 Add Function 按钮，接受 Visual C++建议的函数名 OnClear1Button( )。

（4）单击 Edit Code 按钮，打开 MyEditDlg.cpp 文件，使函数 OnClear1Button( )处于编辑状态。

（5）写入 OnClear1Button 函数代码，代码如下：

```
void CMyEditDlg::OnClear1Button()
{
//TODO: Add your control notification
//My Code Starts Here
m_Edit1=" ";
UpdateData(FALSE);
//My Code Ends Here
}
```

OnClear1Button( )函数的代码和 OnTest1Button( )函数代码大致相同，唯一的区别在于前者将变量 m_Edit1 更新为空字符串：

```
m_Edit1=" ";
```

编译连接并运行 MyEdit 程序，单击 Test 1 按钮，MyEdit 程序将文本"This is a test."显示在上面的编辑框中；单击 Clear 1 按钮，MyEdit 程序清除编辑框的内容，与预期的效果一致。

5. 给下方的编辑框连接控件变量

用将变量 m_Edit1 与上方编辑框相连同样的操作把变量 m_Edit2 与下方的编辑框相连。

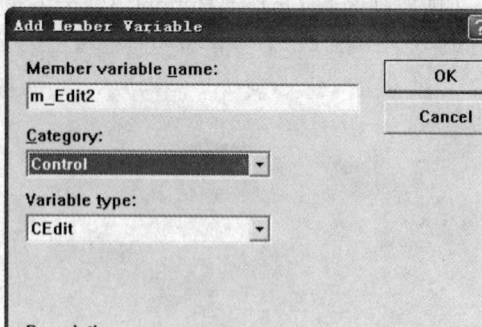

（1）执行 View→ClassWizard 命令，显示弹出 MFC ClassWizard 对话框。

（2）单击 Member Variables 标签，选中 IDC_EDIT2，单击 Add Variable 按钮，弹出 Add Member Variable 对话框（如图 12.26 所示）。

（3）输入变量名 m_Edit2，选择变量的种类为 Control，选择变量的类型为 CEdit。单击 OK 按钮。

注意确保前面的每一步操作都正确，然后编译连接并执行 MyEdit 程序。对 MyEdit 程序的界面进行操作，可以注意到下方编辑框的几个现象：

图 12.26 Add Member Variable 对话框

（1）可以单击编辑框并输入文本，但不能换行；

（2）IDC_EDIT2 没有水平滚动条也没有垂直滚动条。

终止 MyEdit 程序。

6. 修改 IDC_EDIT2 编辑框的特性

下面对 IDC_EDIT2 编辑框做一定的修改使之能够输入多行文本。

首先显示 IDD_MYEDIT_DIALOG 对话框，即选中项目窗口的 Resource View 标签，展开 MyEdit Resource 文件夹，双击 Dialog 文件夹，然后双击 IDD_MYEDIT_DIALOG 项，Visual C++以设计方式显示 IDD_MYEDIT_DIALOG 对话框。

（1）选中 IDC_EDIT2 编辑框，打开 Edit Properties 对话框，单击 Styles 标签（如图 12.27 所示）。

（2）选中 Multiline 复选框。

（3）选中 Horizontal scroll、Auto HScroll、Vertical scroll、Auto VScroll、Want return 和 Border 复选框。

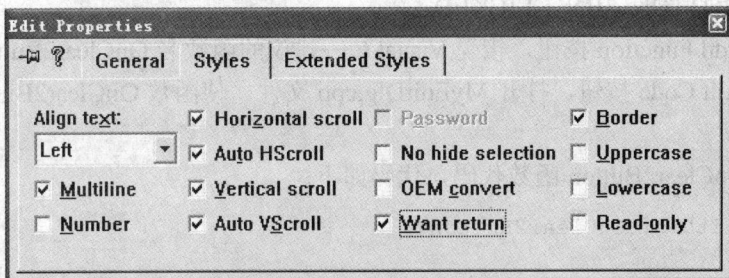

图 12.27　Edit Properties 对话框

编辑框属性中最为重要的复选框是 Want return。该属性允许用户按回车键。

用同样的方法设置 IDC_EDIT1 编辑框的属性，选中 Multiline、Auto HScroll、Auto VScroll、Want return 和 Border 复选框。

编译连接并执行 MyEdit 程序。测试 MyEdit 程序，上部的编辑框和下部的编辑框都能接收多行输入了。

7．把 Test 2 按钮与代码相连

当单击 Test 2 按钮时，将在编辑框中放入文本。现在将代码与 Test 2 按钮相连。

（1）执行 View→Class Wizard 命令，弹出 MFC ClassWizard 对话框。单击 Message Maps 标签，将 Class name 设置为 CMyEditDlg。

（2）选择 IDC_TEST2_BUTTON 选项及 BN_CLICKED 选项。

（3）单击 Add Function 按钮，接受 Visual C++建议的函数名 OnTest2Button( )。

（4）单击 Edit Code 按钮，打开 MyEditDlg.cpp 文件，使函数 OnTest2Button( )处于编辑状态。

（5）写入 OnTest2Button 函数代码，代码如下：

```
void CMyEditDlg::OnTest2Button()
{
//TODO: Add your control notification
//My Code Starts Here
m_Edit2.SetSel(0,-1);
m_Edit2.ReplaceSel("You clicked the test 2 button.");
//My Code Ends Here
}
```

分析：程序第一行选中编辑框中的全部文本（如果编辑框中已有文本）；第二行的作用是以新文本代替已有文本。

由变量 m_Edit2 执行函数 SetSel()和 ReplaceSel()。在把变量 m_Edit2 与 IDC_EDIT2 编辑框相连时，已把 m_Edit2 设置为具有 CEdit 类型的变量，因此 m_Edit2 是 CEdit 类的一个对象。CEdit 类是 MFC 专为编辑框设定的类，它包含了功能强大的成员函数，这些函数使得对编辑框的操作变得十分容易。

8. 把 Clear 2 按钮与代码相连

当单击 Clear 2 按钮时，将编辑框中文本清除。现在将代码与 Clear 2 按钮相连。

（1）执行 View→ClassWizard 命令，然后选择事件（如图 12.25 所示）：CMyEditDlg、IDC_CLEAR2_BUTTON、BN_CLICKED。

（2）单击 Add Function 按钮，接受 Visual C++建议的函数名 OnClear2Button( )。

（3）单击 Edit Code 按钮，打开 MyEditDlg.cpp 文件，使函数 OnClear2Button( )处于编辑状态。

（4）写入 OnClear2Button 函数代码，代码如下：

```
void CMyEditDlg::OnClear2Button()
{
//TODO: Add your control notification
//My Code Starts Here
m_Edit2.SetSel(0,-1);
m_Edit2.ReplaceSel(" ");
//My Code Ends Here
}
```

编译连接并运行 MyEdit 程序。

（5）单击 Test 2 按钮，MyEdit 将文本"You clicked the test 2 button."放入 IDC_EDIT2 编辑框中（如图 12.28 所示）。

（6）单击 Clear 2 按钮，MyEdit 清除 IDC_EDIT2 编辑框中的内容。

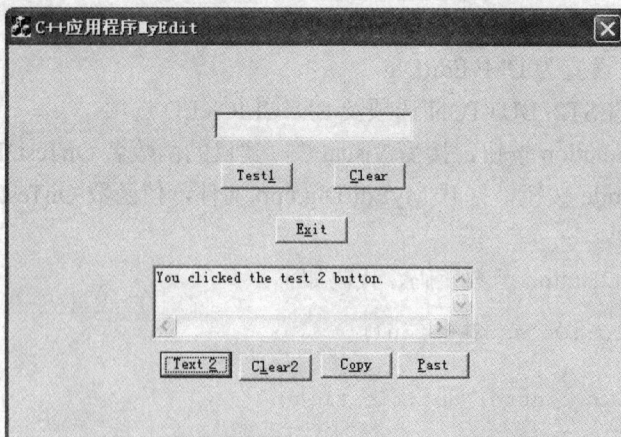

图 12.28　单击 Test 2 按钮后的 IDC_EDIT2 编辑框

注意：两个变量 m_Edit1 和 m_Edit2 的区别。

在可视阶段，m_Edit1 被设为 Value 种类的 CString 类型，IDC_EDIT1 编辑框的写入操作如下：

```
m_Edit1="This is a test.";
UpdateData(FALSE);
```

而 m_Edit2 被设为 Control 种类的 CEdit 类型，IDC_EDIT2 编辑框的写入操作如下：

```
m_Edit2.SetSel(0,-1);
m_Edit2.ReplaceSel(" .");
```

初看上去，可能认为将编辑框对应变量设为 CString 类型比设为 CEdit 类的对象要简单些，但事实并非如此，将 m_Edit2 设置为 CEdit 类的对象具有许多优点，使用 m_Edit2 可以执行 CEdit 类的所有成员函数。在下面实现 Copy 和 Paste 按钮功能时读者将对其优点有所理解。

9. 将 Copy 按钮和 Paste 按钮与代码相连

首先按表 12.2 的说明在对话框中加入控件。

表 12.2   IDD_MYEDIT_DIALOG

对 象	ID	Caption
按钮	IDC_COPY_BUTTON	C&opy
按钮	IDC_PASTE_BUTTON	&Paste
按钮	IDC_EXIT_BUTTON	E&xit

给 Copy 按钮连接代码。

（1）执行 View→ClassWizard 命令，并选择事件：CMyEditDlg、IDC_COPY_BUTTON、BN_CLICIKED。

（2）单击 Add Funtion 按钮，接受 Visual C++建议的函数名 OnCopyButton( )。

（3）单击 Edit Code 按钮，写入 OnCopyButton 函数代码。代码如下：

```
void CMyEditDlg::OnCopyButton()
{
//TODO: Add your control notification
//My Code Starts Here
m_Edit2.SetSel(0,-1);
m_Edit2.Copy();
//My Code Ends Here
}
```

Copy( )是 CEdit 类的成员函数。代码 m_Edit2.Copy();的作用是将编辑框 2 中内容复制到 Windows 的剪贴板。

编译连接并运行 MyEdit 程序。

（4）输入一些字符到下方的编辑框中，然后单击 Copy 按钮。MyEdit 程序将下方编辑框中的内容复制到剪贴板。

（5）切换到一个字处理程序。

（6）将剪贴板内容粘贴到字处理程序，可以看到对 Copy 按钮的操作，确实是把 IDC_EDIT2 编辑框内容复制到剪贴板中。

（7）终止 MyEdit 程序的执行。

用同样的方法给 Paste 按钮连接代码。Visual C++建议的函数名是 OnPasteButton( )，代码如下：

```
void CMyEditDlg::OnPasteButton()
{
//TODO: Add your control notification
//My Code Starts Here
m_Edit2.SetSel(0,-1);
m_Edit2.Paste();
//My Code Ends Here
}
```

执行代码

```
m_Edit2.Paste();
```

MyEdit 程序将剪切板中的内容拷贝到 IDC_EDIT2 编辑框中。

编译连接并运行 MyEdit 程序，可以验证 Paste 按钮的功能。

注意：可以看到实现类似 Copy 和 Paste 等标准 Windows 的功能是多么容易！这是把 m_Edit2 变量设为 CEdit 类一个对象的结果。用它可以执行 Copy( )、Paste( )等 CEdit 类的成员函数。

读者试着给 Exit 按钮连接代码，代码为：

```
OnOK();
```

作用是终止程序的执行。

10. 小结

本节主要学习和掌握如下内容。

（1）如何使用 AppWizard 设计编辑框应用程序的项目和框架文件。

（2）如何使用 Visual C++的可视化工具箱可视地设计编辑框控件。

（3）如何用 ClassWizard 给对话框的控件连接变量及如何利用对象执行 CEdit 类的成员函数。

（4）如何用 ClassWizard 给对话框的控件连接代码。

（5）CEdit 类是 CWnd 类的直接派生类，具有 CWnd 类的功能。

（6）CEdit 类中常用的成员函数。

①Copy( )、Cut( )、Paste( )、Undo( )（该函数的作用是取消刚才的操作）。

②SetSel，在编辑框控件中选择字符范围。

```
void SetSel( int nStartChar, int nEndChar)
```

③ReplaceSel，用指定的文本代替编辑框中选择的文本。

```
void ReplaceSel( LPCTSTR lpszNewText)
```

④UpdateData，将变量的内容是否传递到编辑框。

```
UpdateData(BOOL bModified = TRUE )
```

12.3.3　菜单

菜单是用户和应用程序交互时命令的存放处。这里要编写的应用程序是基于对话框的，即该应用程序的主窗口是一个对话框。本节主要学习如何设计菜单条、如何链接菜单条与对话框及如何给菜单选项链接相应代码。

应用程序名字为 MyMenu，界面如图 12.29 所示。主窗口是一个对话框，其中有一个包含三项的菜单条和 4 个按钮。

各菜单项分别包括下述菜单命令：

File→Show，File→Exit；Beep→Beep1，Beep→Beep2；Help→About。

其功能为：

（1）单击 Beep 1 按钮，产生一声系统的蜂鸣声。

（2）单击 Beep 2 按钮，产生两声系统的蜂鸣声。

图 12.29 MyMenu 应用程序

（3）单击 Show 按钮，弹出一个对话框。

（4）单击 Exit 按钮，停止程序运行。

（5）执行 About 菜单命令，显示一个 About 对话框。

菜单项中其他菜单的功能与对应按钮的功能相同。

1. 生成 MyMenu 应用程序的项目文件

按下述步骤生成 MyMenu 应用程序项目文件。

（1）启动 Visual C++。

（2）执行 File→New 命令。

（3）选择 New 对话框中的 Projects 标签，然后选择 MFC AppWizard(exe)。

（4）输入项目文件名 MyMenu 并设置其存放位置。

（5）单击 OK 按钮。

（6）进入 MFC AppWizard 向导的第一步，选择 Dialog based，确定应用程序的结构为对话框（见图 11.16），单击 Next 按钮。

（7）设置 Step 2 各选项。选中 About Box 复选框，并选中 3D Controls 复选框，确定用户界面（见图 11.17），单击 Next 按钮。

（8）设置 Step 3 各选项。选中 MFC Standard 单选按钮，表示使用标准风格；选择生成的项目文件包括注释代码；选择应用程序从动态链接库中调用 MFC，确定应用程序的外观（见图 11.18），单击 Next 按钮。

（9）单击 Step 4 对话框中的 Finish 按钮，Visual C++显示 New Project Information 对话框。

（10）单击 OK 按钮。

此时，Visual C++生成应用程序的项目文件和所有的框架文件。按上节介绍的方法浏览项目，可以看到该项目的所有类、文件和资源。

2. MyMenu 程序的可视化实现

MyMenu 应用程序基于对话框，在用 AppWizard 生成项目文件和框架文件时，AppWizard 生成一个对话框并把它作为应用程序的主窗口。AppWizard 命名该对话框为 IDD_MYMENU_DIALOG。现在就按表 12.3 指定的控件属性设置各个控件（此例是 4 个按钮）。

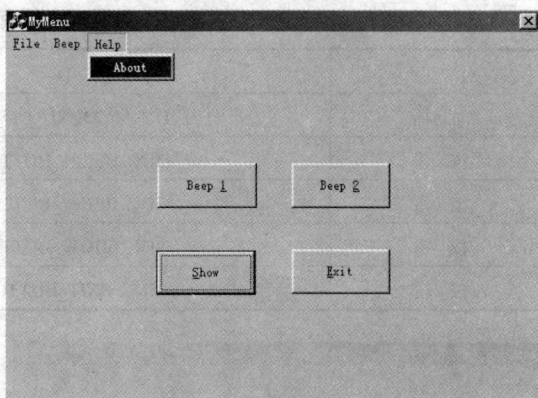

表 12.3　　　　　　　　　　　　对话框中所有控件的属性

对　　象	ID	Caption
对话框	IDD_MYMENU_DIALOG	MyMenu
按　钮	IDC_BEEP1_BUTTON	Beep &1
按　钮	IDC_BEEP2_BUTTON	Beep &2
按　钮	IDC_SHOW_BUTTON	&Show
按　钮	IDC_EXIT_BUTTON	&Exit

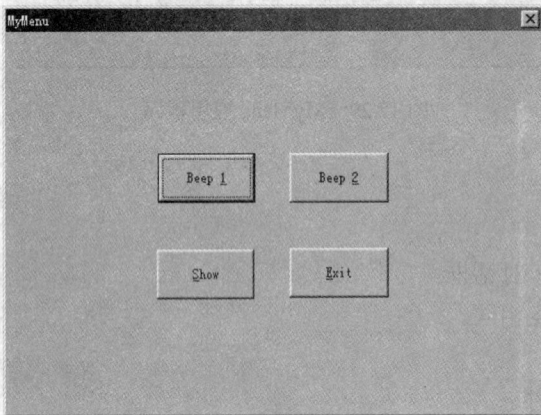

图 12.30　　MyMenu 应用程序

单击左下角的 按钮（或按 Ctrl＋T 快捷键），可以看到 MyMenu 应用程序的外观，与预期结果一致（如图 12.30 所示）。

不用编译连接就可以看到应用程序运行时的外观，这也是 Visual C++可视化的特点。

3．菜单条的可视化实现

图 12.29 所示的 MyMenu 应用程序的菜单条有 3 个弹出式菜单：File、Beep 和 Help，下面设计 MyMenu 程序的菜单。

AppWizard 生成的对话框中是没有菜单的，需要在应用程序的资源中增加一个菜单资源。

（1）执行 Insert→Resource 命令，弹出 Insert Resource 对话框（如图 12.31 所示）。

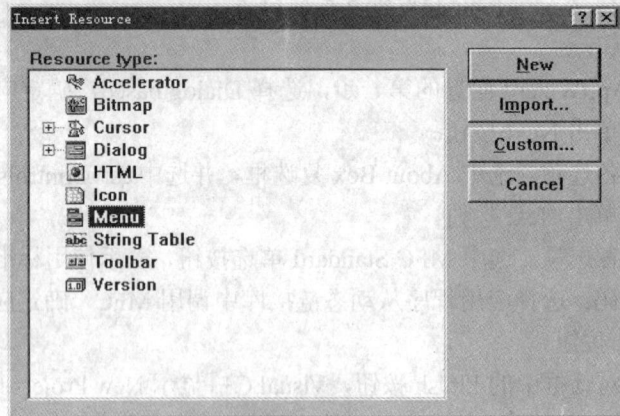

图 12.31　Insert Resource 对话框

（2）选择 Menu 选项，单击 New 按钮，这样就在资源文件中增加了一项资源——菜单，并显示菜单的编辑工作区（如图 12.32 所示）。

（3）双击矩形框，打开菜单属性对话框（如图 12.33 所示），在其中设置该菜单项的标题为&File。

按表 12.4 的说明设计其他菜单项的属性。

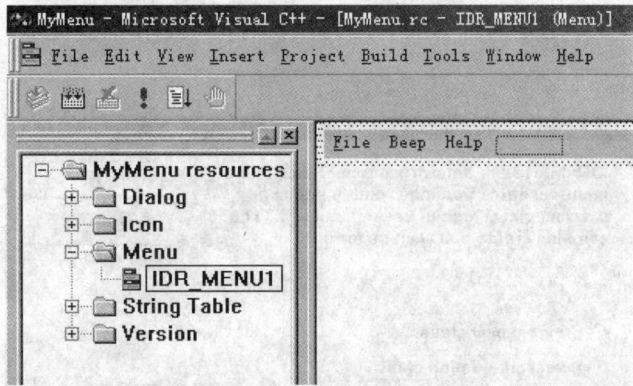

图 12.32　编辑菜单窗口

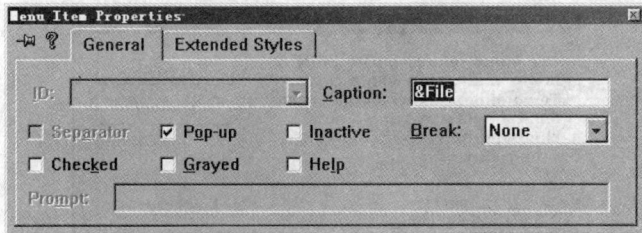

图 12.33　Menu Item Progerties 对话框

表 12.4　　　　菜 单 的 属 性

ID	Caption
	&File
ID_FILE_SHOW	&Show
ID_FILE_EXIT	&Exit
	Beep
ID_BEEP_BEEP1	Be&ep1
ID_BEEP_BEEP2	Bee&p2
	Help
ID_HELP_ABOUT	About

注意：如果当前工作区不是菜单编辑区，可按如下操作显示菜单编辑区。

（1）执行 View→Workspace 命令，显示 MyMenu 程序的项目窗口。

（2）选择项目窗口中的 Resource View 标签。

（3）选择 Resource View 窗口中的 Menu 项，显示该资源的 ID 号为 IDR_MENU1。

（4）双击 IDR_MENU1，显示可编辑的菜单栏。

4．给菜单连接一个类

菜单是一个对象，需要给它连接一个类。IDR_MENU1 菜单要连接的类为 CMyMenuDlg。

CMyMenuDlg 类是与 IDD_MYMENU_DIALOG 对话框相关联的类，因此，后面要向 IDR_MENU1 菜单项连接代码，在代码中可以访问该对话框的数据成员和成员函数。

按下述步骤使 IDR_MENU1 与 CMyMenuDlg 相联系：

（1）将鼠标指针移到编辑状态的菜单上，单击鼠标右键，在弹出的快捷菜单中选择 ClassWizard 命令，打开 Adding a Class 对话框（如图 12.34 所示），选中 Select an existing class 单选按钮，单击 OK 按钮。

（2）在 Select Class 对话框中选择 CMyMenuDlg，这样就完成了菜单与一个类的连接（如图 12.35 所示）。

运行该程序，观察其运行效果，会发现一个问题，菜单并没有按照我们预想的样子出现在应用程序的主窗口中，这是为什么呢？因为，还有一项工作需要完成，那就是将菜单连接给主窗口。

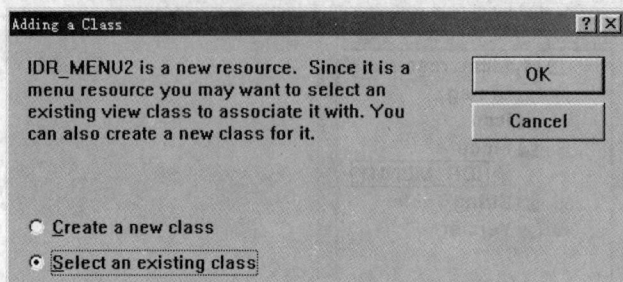

图 12.34　Adding a Class 对话框

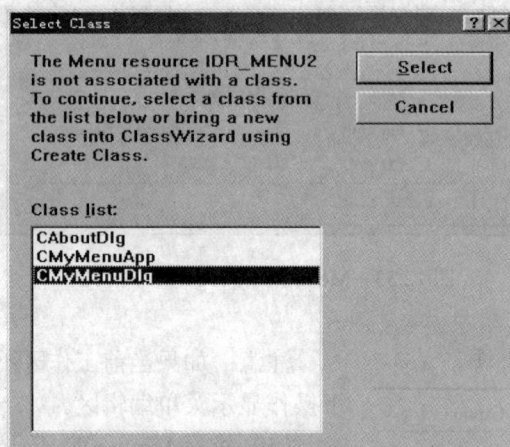

图 12.35　Select a Class 对话框

5. 将菜单连接至应用程序的主窗口

（1）显示 IDD_MYMENU_DEALOG 对话框。

（2）在对话框的空白区域单击鼠标右键，在弹出的快捷菜单中选择 Properties 命令，打开 Dialog Properties 对话框（如图 12.36 所示）。

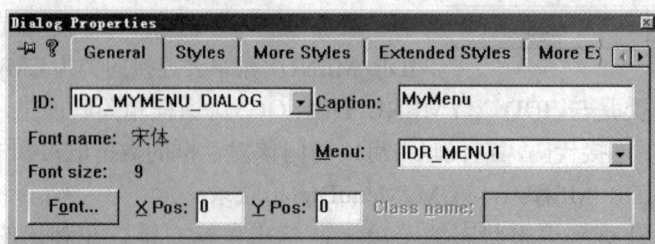

图 12.36　Dialog Properties 对话框

（3）在对话框的 Menu 下拉列表框中选择 IDR_MENU1。

再次运行程序，我们期望的结果终于出现了，不过，单击菜单项时不会有任何反应，还需要进一步完成代码的编写。

6. 给各菜单项连接代码

（1）给 File 菜单的 Exit 菜单项连接代码。

当用户从 File 菜单下选择 Exit 命令时，MyMenu 程序应停止执行。现在要给 Exit 菜单项的 COMMAND 事件连接代码。当用户选择某一菜单时，产生该菜单项的 COMMOND 事件。

①执行 View→Class Wizard 命令。弹出 MFC ClassWizard 对话框，如图 12.37 所示。

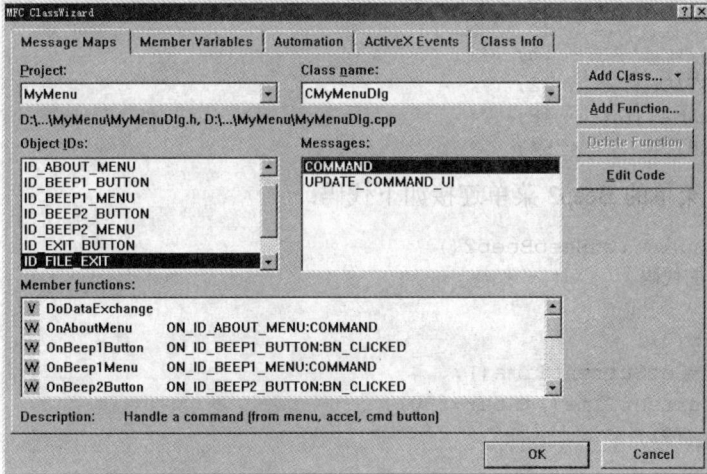

图 12.37　MFC ClassWizard 对话框

②单击 Message Maps 标签。

③依次选择 CmyMenuDlg、IDC_FILE_EXIT、COMMAND。

④单击 Add Funtion 按钮，接受 Visual C++建议的函数名 OnFileExit( )。

⑤单击 Edit Code 按钮，给 Exit 菜单项添加如下代码：

```
void CMyMenuDlg::OnFileExit()
{// 添加自己的代码
 //--代码开始--
 OnOK( );
 //--代码结束--
}
```

（2）给 File 菜单的 Show 菜单连接代码，操作步骤同（1），代码如下：

```
void CMyMenuDlg::OnFileShow()
{// 添加自己的代码
 //--代码开始--
 MessageBox("这是我的菜单");
 //--代码结束--
}
```

MessageBox( )；函数用来显示提示消息，提示消息显示在一个消息对话框中。

（3）给 Beep 菜单的 Beep1 菜单连接如下代码：

```
void CMyMenuDlg::OnBeepBeep1()
{// 添加自己的代码
 //代码开始
```

```
MessageBeep(0);
//代码结束
}
```

MessageBeep(UINT uType);函数是 Windows 的 API 函数，作用是让计算机发出一声蜂鸣声。其参数是个常数，根据不同的常数发出不同的声音。

```
// uType 参数可选值:
MB_OK                = 0;
MB_ICONHAND          = 16;
MB_ICONQUESTION      = 32;
MB_ICONEXCLAMATION   = 48;
MB_ICONASTERISK      = 64;
```

（4）给 Beep 菜单的 Beep2 菜单连接如下代码：

```
void CMyMenuDlg::OnBeepBeep2()
{// 添加自己的代码
 // 代码开始
 MessageBeep(0);
 DWORD Star=GetCurrentTime();
 while(GetCurrentTime()<Star+500);
 MessageBeep(0);
 // 代码结束
}
```

GetCurrentTime( )作用为返回系统时间。整个程序的作用是响一声蜂鸣声后，延迟 500ms 再响一声。

（5）给 Help 菜单的 About 菜单连接如下代码：

```
void CMyMenuDlg::OnHelpAbout()
{// 添加自己的代码
 //--代码开始
 CAboutDlg dlgAbout;
 dlgAbout.DoModal();
 //--代码结束
}
```

显示 About 对话框。

7. 给各按钮连接代码

按钮的功能和对应菜单的功能相同，因此，直接调用对应菜单的函数即可。

（1）给 Beep 1 按钮连接代码：

```
void CMyMenuDlg::OnBeep1Button( )
{// 添加自己的代码
 // 代码开始
 OnBeepBeep1( );
 // 代码结束
}
```

（2）给 Beep 2 按钮连接代码：

```
void CMyMenuDlg::OnBeep2Button( )
{// 添加自己的代码
```

```
//代码开始
OnBeepBeep2( );
//代码结束
}
```

（3）给 Show 按钮连接代码：

```
void CMyMenuDlg::OnShowButton( )
{// 添加自己的代码
// 代码开始
OnFileShow( );
// 代码结束
}
```

（4）给 Exit 按钮连接代码：

```
void CMyMenuDlg::OnExitButton( )
{// 添加自己的代码
// 代码开始
OnFileExit( );
// 代码结束
}
```

至此，程序的菜单和按钮都连接了代码，运行 **MyMenu** 程序，测试各个菜单及按钮的功能，与预期结果相同。

8. 小结

本节主要学习和掌握如下内容。

（1）生成应用程序的项目文件。

（2）作为应用程序主窗口——对话框的可视化实现。

（3）菜单的可视化实现。

（4）如何给菜单连接一个类。

（5）如何将菜单与应用程序主窗口——对话框连接。

（6）给各菜单项连接代码。

（7）给各按钮连接代码。

12.3.4 复选框

复选框在 Windows 应用程序的用户界面中占有重要的地位。在此主要介绍基于对话框类型的应用程序中复选框的设计，程序的主窗口是一个对话框。

窗口布局如图 12.38 所示，名称为"MyCheckBox 应用程序"，并且复选框为选中状态。

程序的功能如下。

（1）单击 My Check Box 复选框，在复选框中去掉选中标志，并在编辑框中显示"My Check Box is NOT checked."文本。

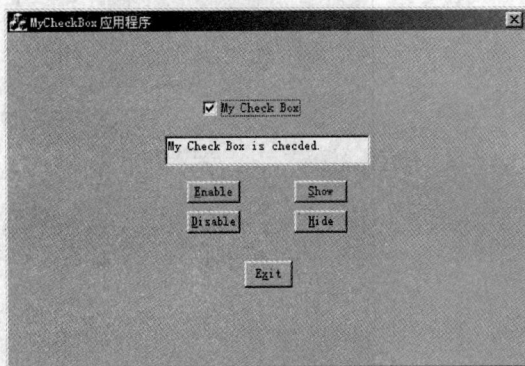

图 12.38 复选框应用程序

（2）再次单击 My Check Box 复选框，将选中标志显示在复选框中，并在编辑框中显示"My Check Box is checked."文本。

（3）单击 Disable 按钮，使复选框无效。

（4）单击 Enable 按钮，使复选框有效。

（5）单击 Hide 按钮，隐藏复选框。

（6）单击 Show 按钮，显示复选框。

（7）单击 Exit 按钮，退出程序运行。

1. 生成 MyCheckBox 应用程序的项目文件及对话框的可视化实现

生成 MyCheckBox 应用程序项目文件的操作步骤如前所述。MyCheckBox 应用程序基于对话框，在用 AppWizard 生成项目文件和框架文件时，AppWizard 生成一个对话框并把它作为应用程序的主窗口，命名为：IDD_MYCHECKBOX_DIALOG。

图 12.39 复选框工具

如图 12.39 所示为复选框工具，按表 12.5 指定的控件属性设置各个控件。

表 12.5 对话框中所有控件的属性

对 象	ID	Caption
复选框	IDC_MY_CHECKBOX	My Check Box
编辑框	IDC_MY_EDITBOX	
按 钮	IDC_SHOW_BUTTON	&Show
按 钮	IDC_HIDE_BUTTON	&Hide
按 钮	IDC_ENABLE_BUTTON	&Enable
按 钮	IDC_DISABLE_BUTTON	&Disable
按 钮	IDC_EXIT_BUTTON	E&xit

在定制完成后，对话框为如图 12.40 所示的形式。

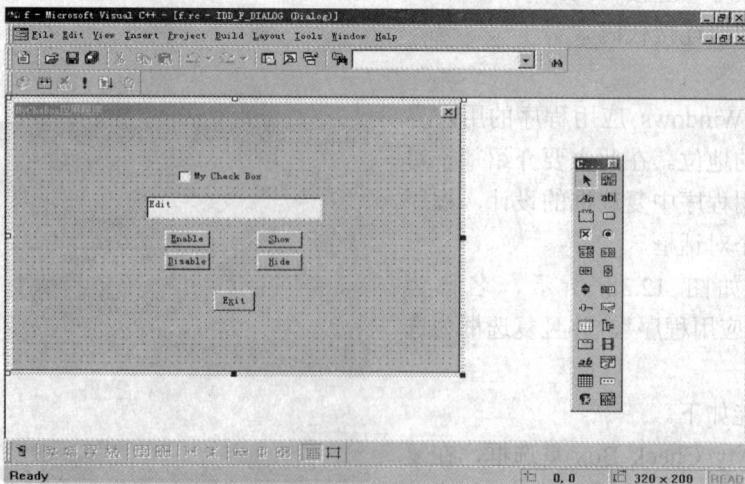

图 12.40 MyCheckBox 程序对话框（设计模式）

2．给 MyCheckBox 程序的控件连接变量

使用 ClassWizard 按表 12.6 的说明给 IDD_MYCHECKBOX_DIALOG 对话框中的控件连接变量。

表 12.6　　　　　　　　　　　　**MyChekBox 程序对话框的变量**

控件 ID	变量名	种　类	类　型
IDC_MY_CHECKBOX	m_MyCheckBox	Value	BOOL
IDC_MY_EDITBOX	m_MyEdit	Value	CString

编译连接运行 MyCheckBox 程序，观察设计的效果。

（1）执行 Build→Build MyCheckBox.exe 命令。

（2）执行 Build→Execute MyCheckBox.exe 命令，Visual C++ 将执行 MyCheckBox 程序，和预期效果相同，所设计的 IDD_MYCHECKBOX_DIALOG 对话框作为应用程序主窗口出现。

（3）单击 MyCheckBox 程序窗口左上角的图标，在弹出的系统菜单中选择 About 选项，显示 About 对话框。

（4）单击 About 对话框中的 OK 按钮关闭该对话框。

（5）观察 My Check Box 复选框，在程序刚开始运行时，复选框并没有被选中。在 My Check Box 复选框上单击鼠标数次。每次单击都引起 MyCheck Box 复选框控件的选中标记的设置与去除。

如果希望程序运行后与预期的效果一样，复选框一开始就处于选中状态，则需要对复选框控件进行初始化设计。

3．初始化对话框控件

MyCheckBox 应用程序初始状态下的 My Check Box 中是没有选中标记的，需要编写代码使得 MyCheckBox 程序启动时，MyCheck Box 中有一个标记。这个过程的实质就是给 IDD_MYCHECKBOX_DIALOG 对话框的 WM_INITDIALOG 事件连接代码。

（1）打开 MFC ClassWizard 对话框，单击 Message Maps 标签。

（2）选择事件 CMyCheckBoxDlg、CMyCheckBoxDlg、WM_INITDIALOG，如图 12.41 所示。

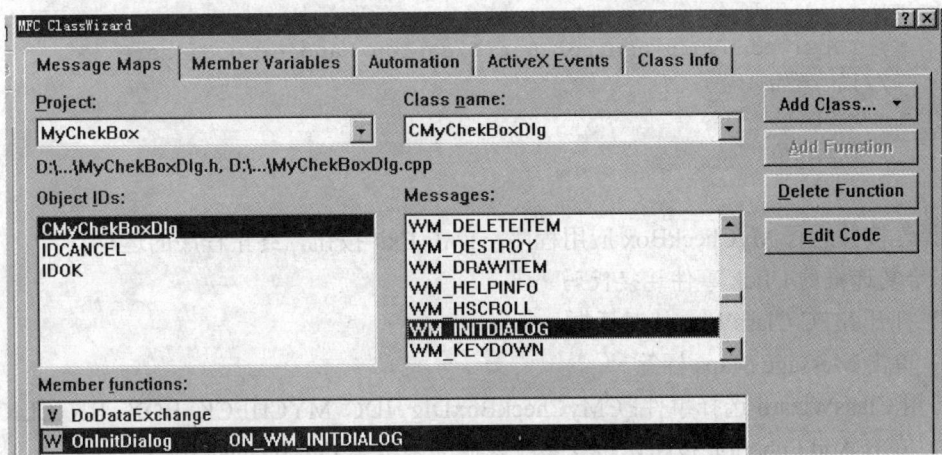

图 12.41　MyCheckBox 程序对话框初始化

（3）单击 Edit Code 按钮，添加代码。

```
// TODO: Add extra initialization here
//代码编写开始
  m_MyCheckBox=TRUE;
  m_MyEditBox=_T("My Check Box is checked.");
  UpdateData(FALSE);
  //代码结束
  return TRUE;  // return TRUE. unless you set the focus to a control
}
```

OnInitDialog( )函数的第一条语句：

```
m_MyCheckBox=TRUE;
```

功能是设置复选框变量为 TRUE，即复选框处于选中状态。下一条语句：

```
m_MyEditBox=_T("My Check Box is checked.");
```

是设置编辑框变量为字符串：My Check Box is checked。注意 m_MyEditBox 变量应赋一个 CString 类型的数据，这也是可以用_T( )宏将字符串转化为 CString 的原因。

最后以 FALSE 为参数调用 UpdateData( )函数将 m_MyCheckBox 和 m_MyEditBox 变量的内容传送至屏幕。

编译连接并运行 MyCheckBox 应用程序，观察初始化代码运行情况，可以看到复选框内有选中标记，同时编辑框中显示 My Check Box is checked。

4. 给 Exit 按钮的 BN_CLICKED 事件连接代码

（1）执行 View→Class Wizard 命令。

（2）在弹出的对话框中单击 Message Maps 标签。

（3）用 ClassWizard 选择事件：CMyCheckBoxDlg、IDC_EXIT_BUTTON、BN_CLICKED。

（4）单击 Add Function 按钮，接受系统建议的函数名 OnExitButton( )。

（5）单击 Edit Code 按钮，按下面给出的代码编制 OnExitButton( )函数。

```
void CMyCheckBoxDlg::OnExitButton()
{
    //TODO: Add your control notification handler code here
    //代码开始
      OnOK();
    //代码结束
}
```

编译连接并运行 MyCheckBox 应用程序，单击 Exit 按钮，终止程序的运行。

5. 给复选框的 Click 事件连接代码

（1）打开 MFC ClassWizard 对话框。

（2）单击 Message Maps 标签。

（3）用 ClassWizard 选择事件：CMyCheckBoxDlg、IDC_MYCHECK_BOX、BN_CLICKED

（4）单击 Add Function 按钮，接受系统建议的函数名 OnMyCheckBox( )。

（5）单击 Edit Code 按钮，按下面给出的代码编制 OnMyCheckBox( )函数。

```
void CMyCheckBoxDlg::OnMyCheckBox()
{
    //TODO: Add your control notification handler code here
    //代码开始
  UpdateData(TRUE);
  if(m_MyCheckBox= =TRUE)
      m_MyEditBox=_T("My Check Box is checked.");
  else
      m_MyEditBox=_T("My Check Box is NOT checked.");
  UpdateData(FALSE);
    //代码结束
}
```

代码分析：

```
UpdateData(TRUE);
```

作用以当前屏幕所显示内容更新控件变量。

根据 m_MyCheckBox 变量值的不同，if-else 语句对编辑框做相应的更新。

```
UpdateData(FALSE);
```

刷新屏幕（使 m_MyEditBox 新值显示于屏幕）。

编译连接并运行程序，单击 MyCheck Box 控件，和预期结果一致。单击 Exit 按钮，结束程序的执行。

6. 给 Hide 和 Show 按钮连接代码

按照本例题功能要求，当用户单击 Hide 按钮时，MyCheck Box 控件变为不可见。下面给 Hide 按钮的 Click 事件连接代码。

要给某个控件连接代码（即打开要编辑的函数），可进行如下简单的操作。

用鼠标指向该控件并双击鼠标左键，显示如图 12.42 所示的对话框，单击 OK 按钮，打开要编辑的函数，输入如下的代码。

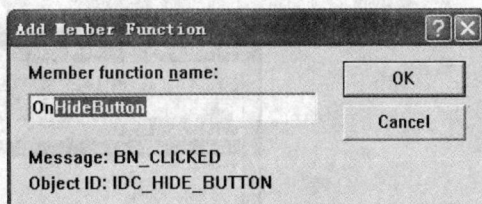

图 12.42　添加成员函数对话框

```
void CMyCheckBoxDlg::OnHideButton()
{
  // TODO: Add your control notification handler code here
  //代码开始
  GetDlgItem(IDC_MYCHECK_BOX)->ShowWindow(SW_HIDE);
  //代码结束
}
```

GetDlgItem( )函数取得一个位于对话框内的控件指针。该函数参数为待提取指针的控件的 ID 号。本功能要得到复选框的指针，因此，参数设为 IDC_MYCHECK_BOX。

ShowWindow( )函数显示和隐藏控件。如果把 SW_HIDE 作为参数传递给 ShowWindow( )函数，则控件变为不可见；如果传递参数为 SW_SHOW，则控件可见。所以要给 show 按钮连接的代码应为：

```
GetDlgItem(IDC_MYCHECK_BOX)->ShowWindow(SW_SHOW);
```

编译连接并运行程序，测试两个按钮的功能是否与预期结果相同。

至此，我们已经用到了多个重要的成员函数，如 GetDlgItem( )和 ShowWindow( )。每当用到一个函数时，我们应该想一想，该函数从何而来。

7．对使用的成员函数进行分析

以 GetDlgItem( )函数为例，操作步骤如下：

（1）执行 Help→Search 命令，打开 Visual C++的帮助窗口，如图 12.43 所示。

（2）在索引文本框中输入 GetDlgItem。

（3）双击列表框中内容，打开主题对话框，如图 12.44 所示。

（4）选择某个主题，单击"显示"按钮。

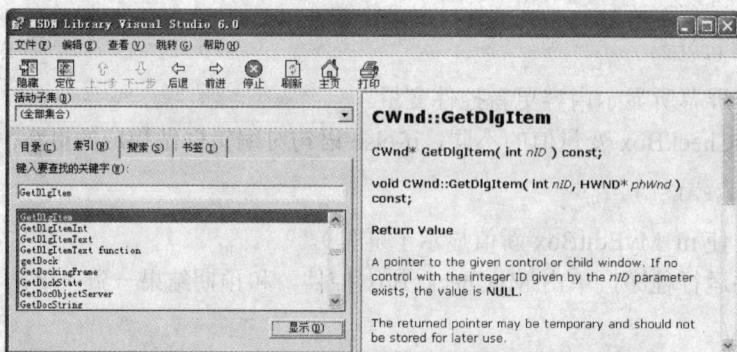

图 12.43　GetDlgItem 函数的帮助窗口

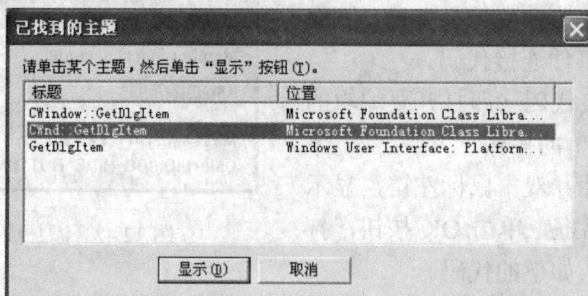

图 12.44　主题对话框

初看上去，似乎前面对该函数的使用出错了，程序中把函数 GetDlgItem( )作为CMyCheckBoxDlg 类的成员函数来用。

```
void CMyCheckBoxDlg::OnHideButton()
{
  // TODO: Add your control notification handler code here
  //代码开始
  GetDlgItem(IDC_MYCHECK_BOX)->ShowWindow(SW_HIDE);
  //代码结束
}
```

换句话说，在 CMyCheckBoxDlg 类的一个成员函数内部调用了 GetDlgItem( )，即认为

GetDlgItem( )是类 CMyCheckBoxDlg 的一个成员函数。但从图 12.43 所示的帮助窗口可见，GetDlgItem( )是 CWnd 类的成员函数。

要想分析清楚其相互关系，首先分析 CDialog 类。

查找 CDialog 类的帮助信息。CDialog 类的帮助窗口如图 12.45 所示。

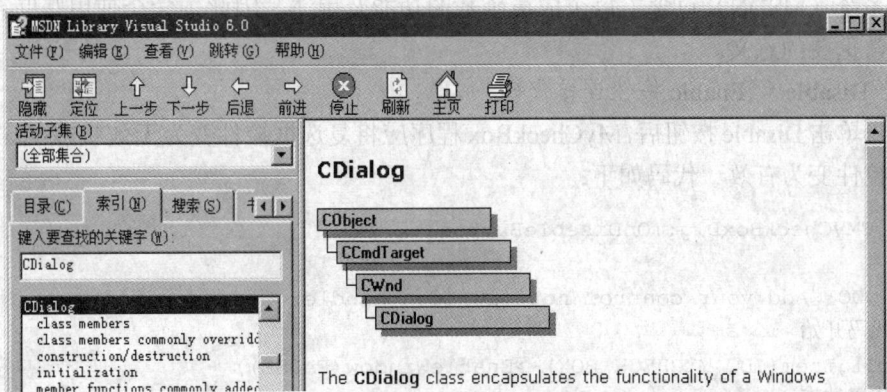

图 12.45　CDialog 类的帮助窗口

由图 12.45 可见，CDialog 类是 CWnd 类的派生类，这表明用 CDialog 类的对象调用 GetDlgItem( )函数是完全正确的，即 CDialog 从其父类继承了成员函数 GetDlgItem( )。

把 GetDlgItem( )看作是 CMyCheckBoxDlg 类的成员函数也是毫无问题的，因 CMyCheckBoxDlg 由 CDialog 类派生，下面证实这一点：

（1）执行 View→Class Wizard 命令，打开 MFC ClassWizard 对话框，单击 Class Info 标签，如图 12.46 所示。

（2）确认 Class Name 设置为 CMyCheckBoxDlg。

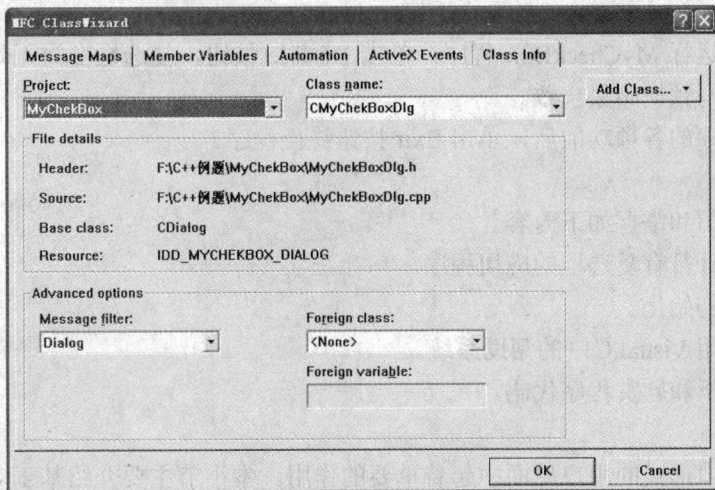

图 12.46　Class Info 窗口

由图 12.46 可知，Base Class 表明 CDialog 是 CMyCheckBoxDlg 类的基类。而 CDialog 是 CWnd 类的一个派生类，故类 CMyCheckBoxDlg 可使用 CWnd 类的 GetDlgItem()成员函数。

同样，可以用 Help 菜单验证 ShowWindow( )是类 CWnd 的一个成员函数。所以可以在由 CWnd 类的派生类中使用该函数。CWnd 类是一个通用类，它有许多功能很强的成员函数。

MFC 为我们提供了多种类及其成员函数，在编程中清楚地知道如何使用成员函数十分重要，帮助系统（MSDN）包含了每个成员函数的功能及用法，因此，学会使用帮助系统对编程具有非常重要的意义。

8. 给 Disable 和 Enable 按钮连接代码

当用户单击 Disable 按钮后，MyCheckBox 程序应将复选框控件变为无效状态；单击 Enable 按钮又使控件变为有效。代码如下：

```
void CMyCheckBoxDlg::OnDisebleButton()
{
  //TODO: Add your control notification handler code here
  //代码开始
  GetDlgItem(IDC_MYCHECK_BOX)->EnableWindow(FALSE);
  //代码结束
}

void CMyCheckBoxDlg::OnEnableButton()
{
  //TODO: Add your control notification handler code here
  //代码开始
  GetDlgItem(IDC_MYCHECK_BOX)->EnableWindow(TRUE);
  //代码结束
}
```

EnableWindow( )使控件有效/无效。显然，当其参数为 FALSE 时使控件无效，参数为 TURE 时使控件有效。

编译连接并运行 MyCheckBox 程序，单击 Disable 按钮，复选框变为无效，单击 Enable 使其变为有效，与预期结果一致。

测试应用程序的各项功能后，单击 Exit 按钮终止程序。

9. 小结

本节主要学习和掌握如下内容。

（1）如何设计带有复选框的应用程序。

（2）程序的初始化。

（3）如何使用 Visual C++的帮助系统。

（4）学会分析和欣赏程序代码。

12.3.5 滚动条

滚动条在窗口形式的用户界面中起着重要的作用。本小节主要介绍基于对话框类型的应用程序中的滚动条的设计，应用程序的名称为 MyScroll。

窗口布局如图 12.47 所示，滚动条设计为 0～100 的数字，初始位置是 50。

程序的功能：

（1）单击出现在滚动条左边或右边的箭头按钮，编辑框内的数字减 1 或加 1。

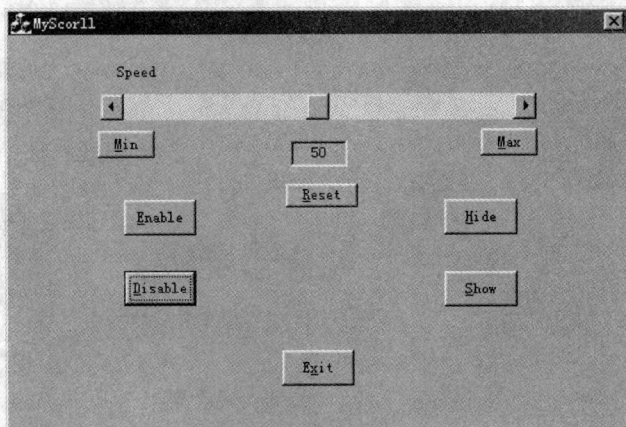

图 12.47 滚动条应用程序

（2）单击滚动条滑块与左边或右边的箭头之间的区域，编辑框中的数字加 10 或减 10。

（3）左右拖动滑块，根据鼠标的移动量使编辑框中的数字增加或减少。

（4）Min 按钮和 Max 按钮使滑块到最小（左）和最大（右）。Reset 按钮使滑块回到 50 位置处。

（5）Enable 按钮和 Disable 按钮，使滚动条有效或无效。

（6）Hide 按钮和 Show 按钮使滚动条隐藏或显示。

（7）单击 Exit 按钮，退出程序运行。

1. 生成 MyScroll 应用程序的项目文件及对话框的可视化实现

生成 MyScroll 应用程序项目文件的操作步骤如前所述。MyScroll 应用程序基于对话框，使用 AppWizard 生成一个对话框并把它作为应用程序的主窗口，命名为：IDD_MYSCROLL_DIALOG。

图 12.48 滚动条工具

如图 12.48 所示为滚动条工具，按表 12.7 指定的控件属性设置各个控件。可视实现完成后 MyScroll 程序主窗口的对话框如图 12.49 所示。

表 12.7 对话框中所有控件的属性

对　象	ID	Caption
对话框	IDD_MYSCROLL_DIALOG	MyScroll
静态框	IDC_STATIC	Speed
滚动条	IDC_MYSCROLL	
编辑框	IDC_MY_EDIT	
按　钮	IDC_SHOW_BUTTON	&Show
按　钮	IDC_HIDE_BUTTON	&Hide
按　钮	IDC_ENABLE_BUTTON	&Enable
按　钮	IDC_DISABLE_BUTTON	&Disable
按　钮	IDC_EXIT_BUTTON	E&xit
按　钮	IDC_MIN_BUTTON	&Min
按　钮	IDC_MAX_BUTTON	M&ax

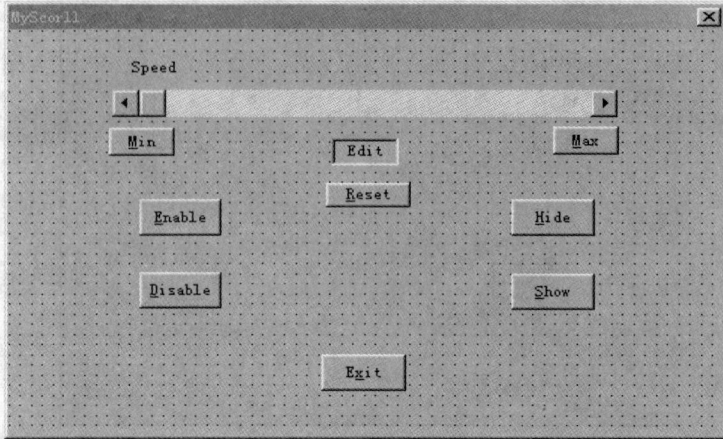

图 12.49　滚动条应用程序的主窗口设计

2. 给 MyScroll 程序的控件连接变量

按表 12.8 使用 ClassWizard 为 IDD_MYSCROLL_DIALOG 对话框中的控件连接变量。

表 12.8   对 话 框 的 变 量

控件 ID	变量名	种 类	类 型
IDC_MY_EDIT	m_MyEdit	Control	CEdit
IDC_MYSCROLL	m_MyScroll	Control	CScrollBar

注意：连接的变量 m_MyEdit 和 m_MyScroll 的种类必须是 Control 型。

单击测试按钮观察可视效果，与预期结果一样。

3. 对话框控件的初始化

MyScroll 应用程序初始状态下是使滚动条将其滑块放在 50 的位置，而且滚动条所表示的最小值是 0，最大值是 100。

因为 MyScroll 程序的编辑框总是显示滚动条的值，则初始化代码也应使编辑框显示值 50。现在就向 IDD_MYSCROLL_DIALOG 对话框的 WM_INITDIALOG 事件连接代码。

（1）打开 MFC ClassWizard 对话框，单击 Message Maps 标签。

（2）选择事件 CMyScrollDlg、CMyScrollDlg、WM_INITDIALOG，如图 12.50 所示。

（3）单击 Edit Code 按钮，在 OnInitDialog( )函数内编写如下所示的代码：

```
// TODO: Add extra initialization here
//输入代码
m_MyScroll.SetScrollRange(0,100);
m_MyScroll.SetScrollPos(50);
char sPos[25];
itoa(m_MyScroll.GetScrollPos(),sPos,10);
m_MyEdit.SetSel(0,-1);
m_MyEdit.ReplaceSel(sPos);
UpdateData(FALSE);
//代码结束
```

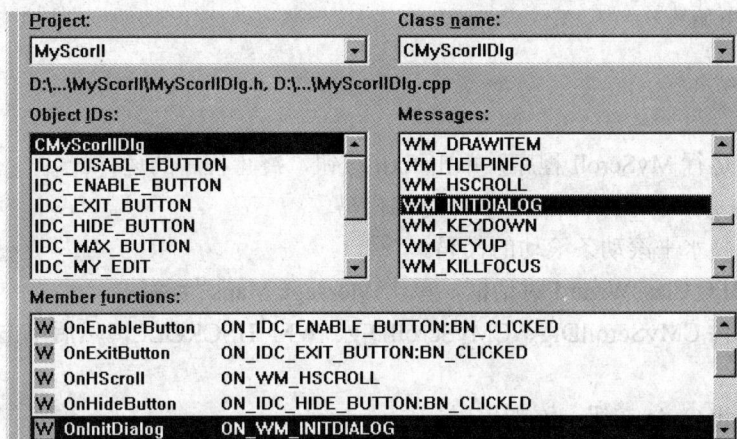

图 12.50　MyScroll 程序对话框初始化

分析代码：

```
m_MyScroll.SetScrollRange(0,100);
```

用 CScrollBar 类的成员函数 SetScrollRange( )来设置滚动条的范围，滚动条的最小值为 0，最大值为 100。

```
m_MyScroll.SetScrollPos(50);
```

设置滚动条的当前位置为 50。显然 SetScrollPos( )也是 CScrollBar 类的成员函数，作用是设置滚动条的当前位置。

```
char sPos[25];
itoa(m_MyScroll.GetScrollPos(),sPos,10);
```

sPos 字符串变量存放滚动条当前位置的值，函数 GetScrollPos()得到滚动条当前的位置，函数 itoa( )将得到的滚动条的当前位置填入字符串变量 sPos 中。

```
m_MyEdit.SetSel(0,-1);
m_MyEdit.ReplaceSel(sPos);
UpdateData(FALSE);
```

这 3 行代码功能我们已经知道了，就是将滚动条的当前位置的值在编辑框中显示。

编译连接并运行 MyScroll 程序，观察滚动条的当前位置以及编辑框中显示的值，与预期结果一致，关闭程序。

4. 给 Exit 按钮的 BN_CLICKED 事件连接代码

（1）执行 View→Class Wizard 命令。

（2）在弹出的对话框中单击 Message Maps 标签。

（3）用 ClassWizard 选择事件：CmyScrollDlg、IDC_EXIT_BUTTON、BN_CLICKED。

（4）单击 Add Function 按钮，接受系统建议的函数名 OnExitButton( )。

（5）单击 Edit Code 按钮，按下面给出的代码编制 OnExitButton( )函数。

```
void CMyScrollDlg::OnExitButton()
{
    //TODO: Add your control notification handler code here
```

```
    //代码开始
    OnOK( );
    //代码结束
}
```

编译连接并运行 MyScroll 程序，单击 Exit 按钮，终止程序的运行。

5. 为对话框的 WM_HSCROLL 事件连接代码

下面编写能使水平滚动条滚动的代码。

（1）打开 MFC ClassWizard 对话框，单击 Message Maps 标签。

（2）选择事件 CMyScrollDlg、CMyScrollDlg、WM_HSCROLL，然后单击 Add Function 按钮。

（3）单击 Edit Code 按钮，添加代码。

注意：在上述操作过程中，可以看到在 MFC ClassWizard 对话框中并没有与滚动条相联系的事件。要向水平滚动条添加事件，就必须要选择如下事件：

```
CMyScrollDlg->CMyScrollDlg->WM_HSCROLL
```

只要用户改变对话框内的水平滚动条，就发生 WM_HSCROLL 事件。另外，Visual C++ 并不询问函数的名称，这是因为 Visual C++强迫为 WM_HSCROLL 事件使用 OnHScroll( ) 函数。

代码如下：

```
void CMyScorllDlg::OnHScroll(UINT nSBCode, UINT nPos, CScrollBar* pScrollBar)
{
  //TODO: Add extra initialization here
    //输入代码
int iCurrent;
char sPos[25];
switch (nSBCode)
{
  case SB_THUMBPOSITION:
  m_MyScroll.SetScrollPos(nPos);
  itoa(m_MyScroll.GetScrollPos(),sPos,10);
  m_MyEdit.SetSel(0,-1);
  m_MyEdit.ReplaceSel(sPos);
  UpdateData(FALSE);
  break;
  //代码结束
}
}
```

分析代码：

首先定义了一个字符串变量：

```
char sPos[25];
```

然后使用了一个 switch 语句。

```
switch (nSBCode)
{
case SB_THUMBPOSITION:
```

```
    …
    …
break;
}
```

如果 nSBCode 等于 SB_THUMBPOSITION，就执行 case SB_THUMBPOSITION 内的代码。

看一下 OnHScroll( )函数：

```
void CMyScorllDlg::OnHScroll(UINT nSBCode, UINT nPos, CScrollBar* pScrollBar)
{
…
}
```

可以看到，nSBCode 是这个函数的第一个参数，该参数表示要对滚动条发生哪一个操作，而每一个操作产生一个消息。这些操作有：拖动滑块、单击左右箭头和单击滑块与左右箭头之间的区域。

按上述操作顺序产生的消息所对应的参数分别是：SB_THUMBPOSTION、SB_LINEDOWN、SB_LINEUP、SB_PAGEDOWN、SB_PAGEUP。如果 nSBCode 等于 SB_THUMBPOSTION，就知道用户拖动了滚动条的滑块。可能有读者要问：哪一个滚动条？因为在一个窗口中可以有几个水平滚动条，当其参数 nSBCode 等于 SB_THUMBPOSTION 时执行 OnHScroll( )函数，就知道某个水平滚动条的滑块被拖动了。在 MyScroll 程序中只有一个水平滚动条，因此不用考虑这个问题，但如果在窗口中有多个滚动条时，就要编写代码来确定哪一个滚动条与事件相联系，这个问题稍后讨论。

OnHScroll( )函数的第二个参数 nPos 用来传递滑块的新位置，下面的语句就将滑块设为由 nPos 参数规定的值。

```
m_MyScroll.SetScrollPos(nPos);
```

由下面的语句将滚动条当前位置的值添入 sPos 变量中：

```
itoa(m_MyScroll.GetScrollPos(),sPos,10);
```

接下来的三行代码，就是将滚动条的当前位置的值在编辑框中显示。

编译连接并运行程序，做拖动滚动条的操作，正如所期望的，MyScroll 程序改变了滚动条的状态，并把新的状态显示在编辑框中。单击 Exit 按钮，终止程序的执行。

6. 确定哪一个滚动条与事件相联系

如前面提到的，对于有多个水平滚动条的应用程序，需要编写代码来确定哪一个水平滚动条与所执行的事件相联系。

编辑 OnHScroll( )函数，使其如下所示：

```
void CMyScorllDlg::OnHScroll(UINT nSBCode, UINT nPos, CScrollBar* pScrollBar)
{
//TODO: Add extra initialization here
  //输入代码
  char sPos[25];
 if(pScrollBar= = &m_MyScroll)
switch (nSBCode)
```

```
{
  case SB_THUMBPOSITION:
  M_My Scroll.SetScrollPos(nPos);
  itoa(m_MyScroll.GetScrollPos(),sPos,10);
  m_MyEdit.SetSel(0,-1);
  m_MyEdit.ReplaceSel(sPos);
  UpdateData(FALSE);
  break;
  //代码结束
}
}
```

可以看到，添加了一个 if 语句，它把 OnHScroll( )函数的第三个参数 pScrollBar 与 &m_MyScroll 相比较。如果满足了 if 条件，就确定了引起事件的滚动条。显然，OnHScroll( )函数的第三个参数是指针变量，所传递是与被操作的滚动条相联系的变量的地址。

7. 向其他滚动条消息添加代码

到此为止，滚动条只对其滑块的拖动作出反应。现在要给 OnHScroll( )函数添加另外的代码，使这个滚动条以标准滚动条的方式作出反应。

（1）单击左箭头，使滚动块左移，且编辑框的数字减 1，代码如下：

```
case SB_LINEUP:
iCurrent=m_MyScroll.GetScrollPos();
iCurrent=iCurrent-1;
if(iCurrent<0)
iCurrent=0;
m_MyScroll.SetScrollPos(iCurrent);
itoa(m_MyScroll.GetScrollPos(),sPos,10);
m_MyEdit.SetSel(0,-1);
m_MyEdit.ReplaceSel(sPos);
UpdateData(FALSE);
break;
```

从 switch 语句的执行过程可知，当参数 nSBCode 等于 SB_LINEUP 时，执行这段程序代码。代码使滚动条的当前位置以 1 递减，注意用了一个 if 语句来保证滚动条的位置不低于 0。

（2）单击右箭头，使滑块右移，且编辑框的数字加 1，代码如下：

```
case SB_LINEDOWN:
iCurrent=m_MyScroll.GetScrollPos();
iCurrent=iCurrent+1;
if(iCurrent>100)
iCurrent=100;
m_MyScroll.SetScrollPos(iCurrent);
itoa(m_MyScroll.GetScrollPos(),sPos,10);
m_MyEdit.SetSel(0,-1);
m_MyEdit.ReplaceSel(sPos);
UpdateData(FALSE);
break;
```

上面的代码使滚动条的当前位置以 1 递加，注意用了一个 if 语句来保证滚动条的位置不超过 100。

（3）单击滑块与右箭头之间的区域，使滑块右移，且编辑框的数字加 10，代码如下：

```
case SB_PAGEDOWN:
  iCurrent=m_MyScroll.GetScrollPos();
  iCurrent=iCurrent+10;
  if(iCurrent>100)
  iCurrent=100;
  m_MyScroll.SetScrollPos(iCurrent);
  itoa(m_MyScroll.GetScrollPos(),sPos,10);
  m_MyEdit.SetSel(0,-1);
  m_MyEdit.ReplaceSel(sPos);
  UpdateData(FALSE);
  break;
```

（4）单击滑块与左箭头之间的区域，使滑块左移，且编辑框的数字减 10，代码如下：

```
case SB_PAGEUP:
  iCurrent=m_MyScroll.GetScrollPos();
  iCurrent=iCurrent-10;
  if(iCurrent<0)
  iCurrent=0;
  m_MyScroll.SetScrollPos(iCurrent);
  itoa(m_MyScroll.GetScrollPos(),sPos,10);
  m_MyEdit.SetSel(0,-1);
  m_MyEdit.ReplaceSel(sPos);
  UpdateData(FALSE);
break;
```

编译连接并运行程序，对滚动条做各种操作，观察编辑框中数字变化，同预期结果一致。

注意：做滑块的拖动操作时，仔细观察编辑框中的数字，在拖动过程中数字没有变化，只有停止拖动后，数字显示滑块的新位置。如果将参数 SB_THUMBPOSITION 改为 SB_THUMBTRACK，做滑块的拖动操作时，编辑框中的数字就会随着滑块的移动而改变。

8. 向 Hide 和 Show 按钮添加代码

根据功能要求，当用户单击 Hide 按钮时，滚动条应该消失，单击 Show 按钮，滚动条应重新出现。现在分别给这两个按钮的 Click 事件连接如下代码：

```
void CMyScrollDlg::OnHideButton()
{
//TODO: Add your control notification handler code here
//输入代码
m_MyScroll.ShowWindow(SW_HIDE);
//or
//m_MyScroll.ShowScrollBar(FALSE);
//代码结束
}
void CMyScrollDlg::OnShowButton()
{
    //TODO: Add your control notification handler code here
    m_MyScroll.ShowScrollBar(TRUE);
}
```

ShowWindow( )函数使控件隐藏或显示，在上一节中已经用过了。另外，使滚动条隐藏或显示也可以使用 CScrollBor 类的 ShowScrollBar( )成员函数。

9. 向 Disable 和 Enable 按钮添加代码

当用户单击 Disable 按钮时，滚动条应被禁止，单击 Enable 按钮，滚动条又变为有效。现在分别给这两个按钮的 Click 事件连接如下代码：

```
void CMyScrollDlg::OnDisableButton()
{
    //TODO: Add your control notification handler code here
    m_MyScroll.EnableWindow(FALSE);
}

void CMyScrollDlg::OnEnableButton()
{
    //TODO: Add your control notification handler code here
    m_MyScroll.EnableWindow(TRUE);
}
```

10. 向 Min、Max 和 Reset 按钮添加代码

当用户单击 Min、Max 和 Reset 按钮时，滚动条的位置为 0、100 和 50。现在分别向这些按钮的 Cilck 事件添加代码。

```
void CMyScrollDlg::OnMinButton()
{
    //TODO: Add your control notification handler code here
    m_MyScroll.SetScrollPos(0);
    m_MyEdit.SetSel(0,-1);
    m_MyEdit.ReplaceSel("0");
    UpdateData(FALSE);
}
```

这段代码把滚动条的位置设置为 0，并相应地更新编辑框。

```
void CMyScrollDlg::OnMaxButton()
{
    //TODO: Add your control notification handler code here
    m_MyScroll.SetScrollPos(100);
    m_MyEdit.SetSel(0,-1);
    m_MyEdit.ReplaceSel("100");
    UpdateData(FALSE);
}
```

这段代码把滚动条的位置设置为 100，并相应地更新编辑框。

```
void CMyScrollDlg::OnResetButton()
{
    //TODO: Add your control notification handler code here
    m_MyScroll.SetScrollPos(50);
    m_MyEdit.SetSel(0,-1);
    m_MyEdit.ReplaceSel("50");
    UpdateData(FALSE);
}
```

这段代码把滚动条的位置设置为 50，并相应地更新编辑框。

编译连接并运行程序，测试这些按钮的功能，与预期结果一致。

11. 调试并修改 MyScroll 程序

程序存在的问题：当单击 Disable 按钮时，滚动条变为无效，但是此时单击 Min、Max 和 Reset 按钮时，滚动条却是允许使用的。

向 OnDisableButton( )函数添加代码，禁止 Min、Max 和 Reset 按钮使用。

```
void CMyScrollDlg::OnDisableButton()
{
    //TODO: Add your control notification handler code here
    m_MyScroll.EnableWindow(FALSE);
    //Disable the Min,Max,Reset Button
    GetDlgItem(IDC_MIN_BUTTON)->EnableWindow(FALSE);
    GetDlgItem(IDC_MAX_BUTTON)->EnableWindow(FALSE);
    GetDlgItem(IDC_RESET_BUTTON)->EnableWindow(FALSE);
}
```

向 OnEnableButton( )函数添加代码，允许 Min、Max 和 Reset 按钮使用。

```
void CMyScrollDlg::OnEnableButton()
{
    //TODO: Add your control notification handler code here
    m_MyScroll.EnableWindow(TRUE);
    //Enable the Min,Max,Reset Button
    GetDlgItem(IDC_MIN_BUTTON)->EnableWindow(TRUE);
    GetDlgItem(IDC_MAX_BUTTON)->EnableWindow(TRUE);
    GetDlgItem(IDC_RESET_BUTTON)->EnableWindow(TRUE);
}
```

还要修改 OnShowButton( )和 OnHideButton( )函数隐藏或显示 Min、Max 和 Reset 按钮及编辑框。修改后的 OnShowButton( )和 OnHideButton( )函数如下所示：

```
void CMyScrollDlg::OnHideButton()
{
    //TODO: Add your control notification handler code here
    m_MyScroll.ShowScrollBar(FALSE);
    //隐藏 Min、Max、Reset 按钮和编辑框
    m_MyEdit.ShowWindow(SW_HIDE);
    GetDlgItem(IDC_MIN_BUTTON)->ShowWindow(SW_HIDE);
    GetDlgItem(IDC_MAX_BUTTON)->ShowWindow(SW_HIDE);
    GetDlgItem(IDC_RESET_BUTTON)->ShowWindow(SW_HIDE);
}

void CMyScrollDlg::OnShowButton()
{
    //TODO: Add your control notification handler code here
    m_MyScroll.ShowScrollBar(TRUE);
    //显示 Min、Max、Reset 按钮和编辑框
    m_MyEdit.ShowWindow(SW_SHOW);
    GetDlgItem(IDC_MIN_BUTTON)->ShowWindow(SW_SHOW);
    GetDlgItem(IDC_MAX_BUTTON)->ShowWindow(SW_SHOW);
    GetDlgItem(IDC_RESET_BUTTON)->ShowWindow(SW_SHOW);
}
```

编译连接并运行 MyScroll 程序，测试这些按钮的功能，与预期结果一致。

12. 小结

本节主要学习和掌握如下内容。

（1）如何设计带有滚动条的应用程序。

（2）继续学习使用 Visual C++的帮助系统。

（3）对程序进行初始化。

（4）读懂别人的程序代码。

（5）向对话框的 WM_HSCROLL 事件连接代码。

12.3.6　列表框和组合框

列表框和组合框在 Windows 用户界面中担任了重要的角色。在这一小节中，将学习如何在基于对话框的程序中使用列表框和组合框。

12.3.6.1　MyList 应用程序

建立带有列表框的应用程序，名称为 MyList，窗口布局如图 12.51 所示，列表框在初始状态下含有 3 个选项，每一项是一个字符串。

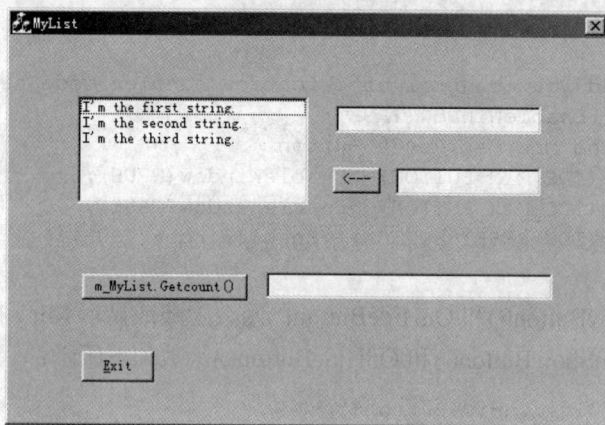

图 12.51　列表框应用程序

程序的功能如下。

（1）双击列表框中的任一选项，MyList 将把被双击的项复制到上面的编辑框中。

（2）再在列表框中双击任一项，被双击的项又被复制到上面的编辑框中并替换原有内容。

（3）在中间的编辑框中输入一些内容，然后单击箭头按钮，MyList 将把编辑框的内容作为新的一项加入到列表框中。

（4）单击 m_MyList.Getcount( )按钮，在第三个编辑框中显示列表框中的项数。

（5）单击 Exit 按钮，退出程序运行。

1. 生成 MyList 应用程序的项目文件及对话框的可视化实现

使用 AppWizard 生成一个对话框并把它作为应用程序的主窗口。命

图 12.52　列表框工具　名为：IDD_MYLIST_DIALOG。

如图 12.52 所示为列表框工具，按表 12.9 指定的控件属性设置各个控件。界面可视化设计完成后，MyList 程序主窗口如图 12.53 所示。

表 12.9 　　　　　　　　　　　　　　对话框中所有控件的属性

对　　象	ID	Caption
对话框	IDD_MYLIST_DIALOG	MyList
列表框	IDC_MYLIST	
按　钮	IDC_EXIT_BUTTON	&Exit
编辑框	IDC_TO_LISTBOX	
按　钮	IDC_TO_LISTBOX_BUTTON	<---
编辑框	IDC_FROM_LISTBOX	
编辑框	IDC_GETCOUNT_EDITBOX	
按　钮	IDC_GETCOUNT_BUTTON	m_MyList.Getcount( )

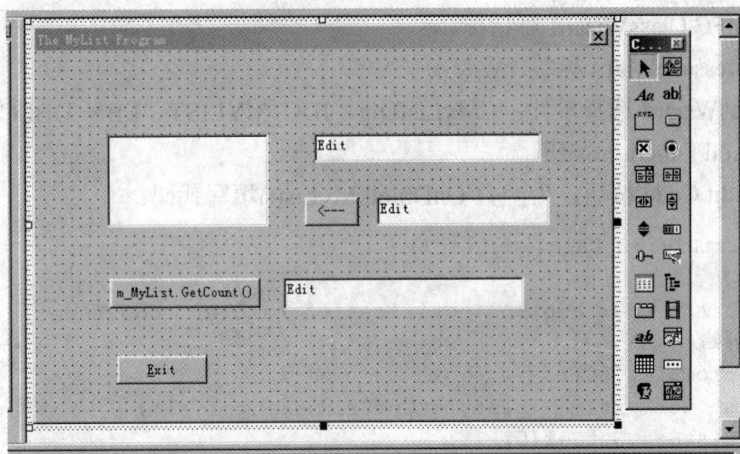

图 12.53　列表框应用程序的主窗口设计

2. 初始化列表框

先给列表框连接一个变量 m_MyList，类别是 Control，类型是 CListBox。

编译连接并运行程序，可以看到在初始状态时列表框是空的，从图 12.51 中可以看到 MyList 程序的初始状态在列表框中有 3 行字符，这需要对列表框进行初始化。

连接一段代码到 IDD_MYLIST_DIALOG 对话框的 WM_INITDIALOG 事件，WM_INITDALOG 事件在显示对话框之前发生。

用 ClassWizard 选择事件：CMyListDlg、CMyListDlg、WM_INITDIALOG。

单击 Edit Code 按钮，添加代码。在 OnInitDialog( )函数内编写如下所示的代码：

```
//TODO: Add extra initialization here
//输入代码
    m_MyList.AddString("I'm the first string.");
    m_MyList.AddString("I'm the second string.");
    m_MyList.AddString("I'm the third string.");
//代码结束
```

函数 AddString( )的作用是将其参数（字符串）添加到列表框中。

编译连接并运行程序，可以看到列表框中有了图 12.51 所示的 3 行字符。

3. 从列表框中读取一项

从列表框中读取一项放入右上角的编辑框中。为编辑框连接一个表 12.10 所列属性的变量。

表 12.10 变 量 属 性

控 件 ID	变 量 名	种 类	类 型
IDC_FROM_LISTBOX	m_FromListBox	Control	CEdit

把变量 m_FromListBox 加到 IDC_FROM_LISTBOX 编辑框控件中时，要保证变量的种类是 Conrtol，它所属的类是 CEdit。这样就可以把类 CEdit 的成员函数提供给编辑框控件了。

将代码连接到 IDC_MYLIST 列表框的 LBN_DBLCLK 事件。当用户在列表框中双击一项时，将产生一个 LBN_DBLCLK 事件。

（1）打开 MFC ClassWizard 对话框。

（2）单击 Message Maps 标签。

（3）用 ClassWizard 选择事件：CMyListDlg、IDC_MYLIST、LBN_DBLCLK。

（4）单击 Add Function 按钮。

（5）单击 Edit Code 按钮，为函数 OnDblclkMyList()填写代码：

```
void CMyListDlg::OnDblclkMyList()
{
    //TODO: Add your control notification handler code here
    //代码开始
    char sFromList[50];
    m_MyList.GetText(m_MyList.GetCurSel(),sFromList);
    m_FromListBox.SetSel(0,-1);
    m_FromListBox.ReplaceSel(sFromList);
    //代码结束
}
```

不论何时只要用户在列表框中双击任一项，函数 OnDblclkMyList( )都将自动执行。分析一下代码。

第一行：

```
char sFromList[50];
```

定义一个字符串变量，用来存放从列表框中双击的项。

第二行：

```
m_MyList.GetText(m_MyList.GetCurSel(),sFromList);
```

函数 GetCurSel( )当作了函数 GetText( )第一个参数。函数 GetCurSel( )返回当前选择项的索引。例如，如果用户在列表框中双击了第一项，则函数 GetCurSel( )返回 0，如果用户在列表框中双击第二项，函数则返回 1，依次类推。

函数 GetText( )的第二个参数是一个变量，它用来存放函数 GetText( )第一个参数提到的字符串。所以变量 sFromList 被用户在列表框中双击的内容来填充。

第三行、第四行是以前用过的，就是在编辑框中显示变量 sFromList 的内容。

给按钮 Exit 连接代码：

```
OnOK();
```

编译连接并运行程序，分别双击列表框中的第一、二、三项，被双击的字符串填充到编辑框中并替换原有内容。

单击 Exit 按钮，终止程序的运行。

4. 以编程方式添加列表框项目

在中间的编辑框中输入一些字符，单击 ← 按钮，将字符串作为新项目添加到列表框中。为中间的编辑框连接一个表 12.11 所列属性的变量。

表 12.11　　　　　　　　　　　　变　量　属　性

控　件　ID	变　量　名	种　类	类　型
IDC_TO_LISTBOX	m_ToListBox	Control	CEdit

根据定义，加入变量 m_ToListBox，把变量的 Category 设置为 Control（非值），变量的 Type 必须是 CEdit，这意味着连接到 IDC_TO_LISTBOX 编辑框的变量是类 CEdit 的一个对象。

注意：当用户单击 ← 按钮时，MyList 程序要保证把 IDC_TO_LISTBOX 编辑框中的内容当作一个新项复制到列表框中。现在，必须给 ← 按钮的 Click 事件（BN_CLICKED）连接代码。

（1）打开 MFC ClassWizard 对话框。

（2）单击 Message Maps 标签。

（3）用 ClassWizard 选择事件：CMyListDlg、IDC_TO_LISTBOX_BUTTON、BN_CLICKED。

（4）单击 Add Function 按钮。

（5）单击 Edit Code 按钮，为函数 OnToListboxButton()填写代码：

```
void CMyListDlg::OnToListboxButton()
{
    // TODO: Add your control notification handler code here
    char sFromEditBox[50];
    int i;
    for(i=0;i<25;i++)
    sFromEditBox[i]=' ';
    m_ToListBox.GetLine(0,sFromEditBox,25);
    sFromEditBox[25]=0;
    m_MyList.AddString(sFromEditBox);
}
```

上面代码中大部分都是前面学习过的内容，例如：sFromEditBox[25]=0;表示将字符数组中的字符串赋予一个结束标志。这里仅对 m_ToListBox.GetLine(0,sFromEditBox,25) 函数进行简单的说明。

函数 GetLine( )中的第一个参数说明被添加到编辑框中字符串所在的行号，此程序中的"0"表示第一行；第二个参数表示存放编辑框内容的变量名；第三个参数设置为 25，表示最多有 25 个字符被复制到字符串变量 sFromEditBox 中。

执行函数 AddString( )，这样，编辑框中的内容就被复制到变量 sFromEditBox 中；然后，变量 sFromEditBox 中的内容就当作一个新项加到了列表框中。

编译连接并执行 MyList 程序，验证刚才编写代码完成的效果。

在中间的编辑框中输入 Add to List box，然后单击带有 ⟵--- 的按钮。MyList 将把编辑框的内容加到列表框中，如图 12.54 所示。

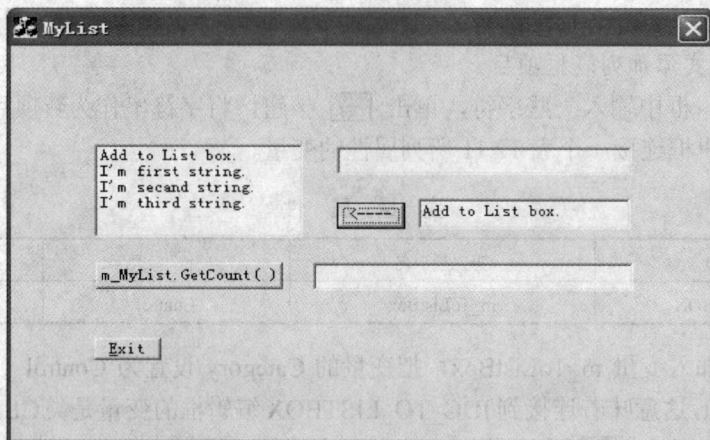

图 12.54　把编辑框中的内容加到列表框中

单击 Exit 按钮，停止程序的执行。

5. 类 CListBox 的其他成员函数

除了上述程序中用到的函数外，CListBox 还有为数众多的成员函数供我们使用，这些成员函数的使用方法需要大家在编程过程中逐渐熟悉和使用。如何在没有参考资料的情况下获得这些函数的使用说明呢？Visual C++帮助是一个不错的选择，不过要想使用帮助，系统中必须已经安装了帮助系统，可以通过安装 MSDN 得到。

（1）从 Visual C++的 Help 菜单中执行 Search 命令，打开 MSDN 窗口。

（2）搜索主题 CListBox，显示 CListBox 类的帮助窗口。

从中可以看到，类 CListBox 中有许多可用的成员函数。为了学习一个特定的成员函数，可以在想要学习的成员函数上单击鼠标左键。

（3）在 CListBox 窗口的帮助中单击成员函数 GetCount，Visual C++则显示类 CListBox 的成员函数 GetCount( )的帮助窗口，如图 12.55 所示。

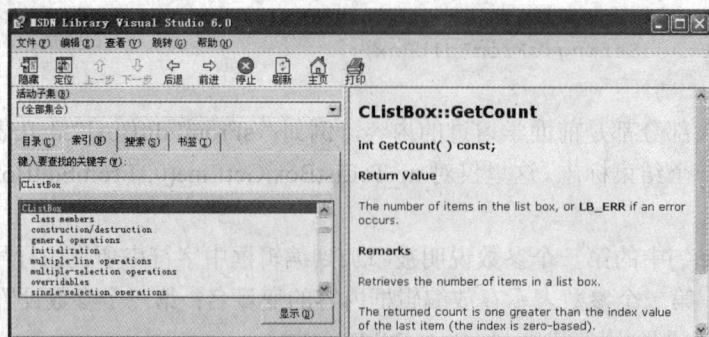

图 12.55　类 CListBox 的成员函数 GetCount( )的帮助窗口

从中可以看到 GetCount( )函数功能是：获取列表框中的项数。下面就使用该函数，在对话框最下边的编辑框中显示列表框中项数。

首先，用 ClassWizard 向对话框中最下边的编辑框 IDC_GECOUNT_EDITBOX 连接一个变量，这个变量必须具有表 12.12 所列的属性。

表 12.12   **变 量 属 性**

控 件 ID	变 量 名	种 类	类 型
IDC_GECOUNT_EDITBOX	m_GetCountEditBox	Control	CEdit

然后给按钮 GetCount 增加一个函数，不论用户什么时候单击了该按钮，该函数都能将列表框中包含项的数目在编辑框 IDC_GECOUNT_EDITBOX 中显示。

（1）打开 MFC ClassWizard 对话框。

（2）单击 Message Maps 标签。

（3）用 ClassWizard 选择事件：CmyListDlg、IDC_GETCOUNT_BUTTON、BN_CLICKED。

（4）单击 Add Function 按钮。

（5）单击 Edit Code 按钮，为函数 OnGetcountButton( )填写代码：

```
void CMyListDlg::OnGetcountButton()
{
    // TODO: Add your control notification handler code here
    char sToEditBox[50];                                     //定义一个字符串变量
    strcpy(sToEditBox,"Number of items in the list box:"); //把文本"Number of
                                                            //items in the list
                                                            //box:"复制到变量
                                                            //sToEditBox 中

    int iNumberofItems;
    iNumberofItems=m_MyList.GetCount();        //将列表框中项目数赋给变量
                                               //iNumberofItems
    char sNumberofItems[25];
    itoa(iNumberofItems,sNumberofItems,10);
    strcat(sToEditBox,sNumberofItems);
    m_GetCountEditBox.SetSel(0,-1);
    m_GetCountEditBox.ReplaceSel(_T(sToEditBox));
}
```

编译连接并运行程序，单击 m_MyList.GetCount 按钮，MyList 程序将把列表框中包含的项数在最下面的编辑框中显示。再单击其他按钮，测试程序的功能与预期结果相同，单击 Exit 按钮停止程序的运行。

12.3.6.2 MyCombo 应用程序

列表框和组合框的区别：在列表框中不能输入内容，而组合框允许用户输入自己的内容，组合框是由一个列表框和一个编辑框组合而成的。

下面编写 MyCombo 应用程序，它是使用组合框的一个例子，程序的结构依然是基于对话框的。

窗口布局如图 12.56 所示，组合框的初始状态是含有 4 项内容，每一项是一个字符串。程序的功能如下。

（1）单击组合框的下拉箭头打开组合框，选中一项，单击 →按钮，所选中的项被复制到编辑框。

（2）单击 Exit 按钮，退出程序运行。

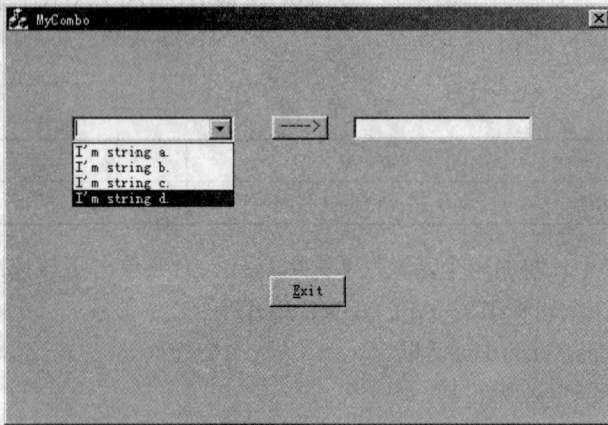

图 12.56　组合框应用程序

1. 生成 MyCombo 应用程序的项目文件及对话框的可视实现

生成 MyCombo 应用程序项目文件的操作步骤如前所述。MyCombo 应用程序基于对话框，在用 AppWizard 生成项目文件和框架文件时，AppWizard 生成一个对话框并把它作为应用程序的主窗口。命名为：IDD_MYCOMBO_DIALOG。

如图 12.57 所示为组合框工具，按表 12.13 指定的控件属性设置各个控件，可视实现后MyCombo 程序主窗口如图 12.58 所示。

表 12.13　　　　　　　　　　　　对话框中所有控件的属性

对　　象	ID	Caption
组合框	IDC_MY_COMBO	
编辑框	IDC_FROM_COMBO	
按　钮	IDC_TO_EDIT_BUTTON	---->
按　钮	IDC_EXIT_BUTTON	E&xit

图 12.57　组合框工具

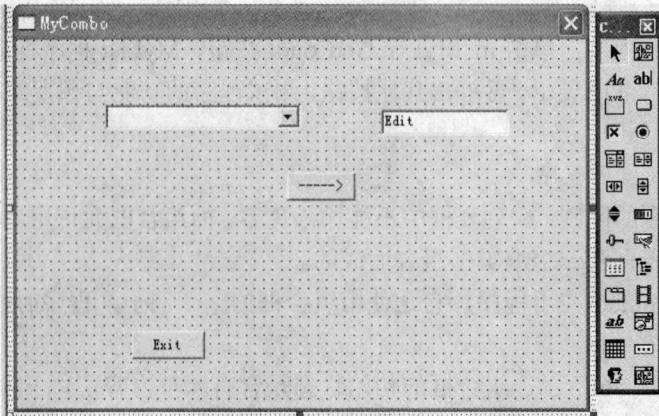

图 12.58　组合框应用程序

2. 初始化组合框

按表 12.14 给组合框和编辑框各连接一个变量。

表 12.14   **组 合 框 的 变 量**

控 件 ID	变 量 名	种 类	类 型
IDC_MY_COMBO	m_MyCombo	Control	CComboBox
IDC_FORM_COMBO	m_FromCombo	Control	CEdit

编译连接并运行程序，正如所希望的，设计的 IDD_MYCOMBO_DIALOG 对话框当作了应用程序的主窗口（如图 12.59 所示）。

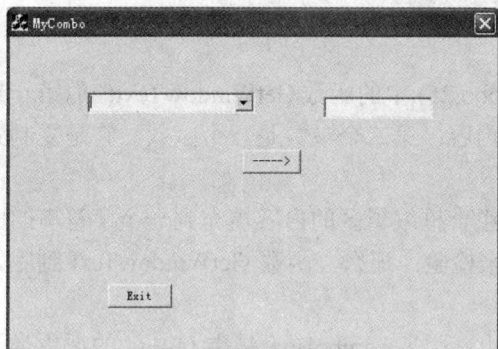

图 11.59   MyCombo 应用程序   图 12.60   没有列表项的 MyCombo 应用程序

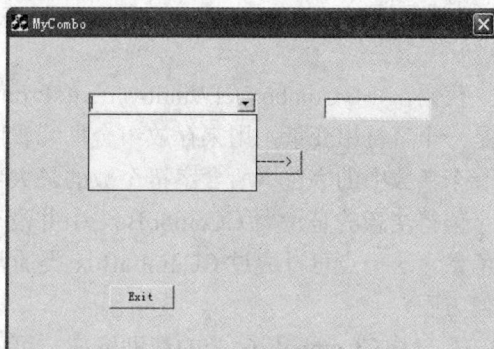

单击组合框的下拉箭头，MyCombo 应用程序将显示组合框的列表（如图 12.60 所示）。此时，组合框的列表中还没有项，因为还没有编写代码来完成这项工作。

连接一段代码到 IDD_MYCOMBO_DIALOG 对话框的 WM_INITDIALOG 事件，WM_INITDALOG 事件在显示对话框之前产生。

用 ClassWizard 选择事件：CmyListDlg、CmyComboDlg、WM_INITDIALOG。

单击 Edit Code 按钮，添加代码。在 OnInitDialog( )函数内编写如下所示的代码：

```
TODO: Add extra initialization here
m_MyCombo.AddString("I'm string a.");
m_MyCombo.AddString("I'm string b.");
m_MyCombo.AddString("I'm string c.");
m_MyCombo.AddString("I'm string d.");
```

给 Exit 按钮的 BN_CLICKED 事件连接代码：OnOK( )。

编译连接并运行 MyCombo 应用程序，单击组合框的下拉箭头后，在列表中显示了 4 行字符（见图 12.56）。

单击 Exit 按钮，终止 MyCobmo 程序的运行。

3. 从组合框列表中读取一项

在前面，我们已经给组合框中加入了 4 个字符串。下面编写程序读取组合框列表区的内容，也就是当用户单击-→按钮时，组合框中的内容将被复制到右边的编辑框中。

（1）打开 ClassWizard 对话框。

（2）单击 Message Maps 标签。

（3）用 ClassWizard 选择事件：CMyComboDlg、IDC_TO_EDIT_BUTTON、BN_CLICKED。

（4）单击 Add Function 按钮。

（5）单击 Edit Code 按钮，为函数 OnToEditButton( )填写代码：

```
void CMyComboDlg::OnToEditButton()
{
// TODO: Add your control notification handler code here
//代码开始
char sFromCombo[50];
m_MyCombo.GetWindowText(sFromCombo,25);
m_FromCombo.SetSel(0,-1);
m_FromCombo.ReplaceSel(sFromCombo);
//代码结束
}
```

代码 m_MyCombo.GetWindowText(sFromCombo,25);中的函数 GetWindowText( )的第一参数是一个字符串变量，用来存放组合框编辑区的内容；第二个参数是一个整数，它是复制到第一个参数中的字符串所含字符个数的最大值。

值得注意的是，类 CComboBox 中并没有将组合框编辑区的内容填充到一个字符串的成员函数，这一点可以通过 CComboBox 类的帮助来检验。那么，函数 GetWindowText 到底来自何方呢？

看一看 CComboBox 类的帮助窗口，可以看出，类 CComboBox 是类 CWnd 的派生类，函数 GetWindowText 是类 CWnd 的成员函数。当在一个组合框中用到 GetWindowText 函数时，这个函数将把组合框编辑框区中的内容复制到一个字符串变量中。

因为 m_MyCombo 是类 CComboBox 的一个对象，又因为类 CComboBox 是类 CWnd 的派生类，因此可以在 m_MyCombo 中使用类 CWnd 的成员函数 GetWindowText( )。

编译连接并运行 MyCombo 程序，验证代码的正确性。

（1）单击组合框的下拉箭头，MyCombo 程序显示组合框的下拉列表。

（2）在列表中单击一项，MyCombo 程序将把单击的项复制到组合框的编辑框内。

（3）单击──►按钮，MyCombo 程序把组合框编辑框内的内容复制到右边的编辑框中（如图 12.61 所示）。

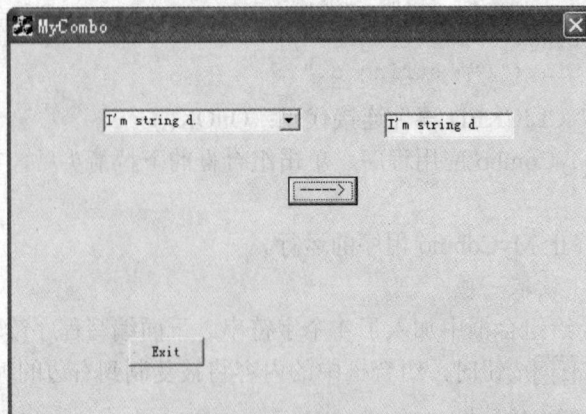

图 12.61　组合框应用程序

4. 小结

本节主要学习和掌握如下内容：

（1）如何设计带有列表框和组合框的应用程序。

（2）继续学习使用 Visual C++的帮助系统。

（3）熟练掌握对程序进行初始化。

（4）读懂别人的程序代码。

（5）所用函数及其功能。

1）GetText(int,char)获取文本函数。

其中：参数 1 表示索引号；参数 2 表示内容。

2）GetCurSel()返回当前选择项的索引。

3）GetCount()获取列表框中的项数。

4）AddString(字符串常量)将字符加到列表框中。

5）Getline(0,变量,25)获取文本函数（编辑框的）。

　　其中：参数 1 表示行号；参数 2 表示内容；参数 3 表示最大数。

6）itoa(int,char, 基数)将数值转换成字符（是标准函数）。

7）strcpy(char, 字符串常量) 字符串拷贝函数（是标准函数）。

8）strcat(char,char)字符串连接函数（是标准函数）。

12.3.7　单选按钮

本节主要学习在对话框中如何组织单选按钮。单选按钮在 Windows 用户界面中充当着重要的角色。在此主要介绍基于对话框类型的应用程序中的单选按钮设计。

应用程序的名称为 MyRadio，窗口布局如图 12.62 所示，有两组单选按钮，并且初始状态是每组按钮中有一个被选中。

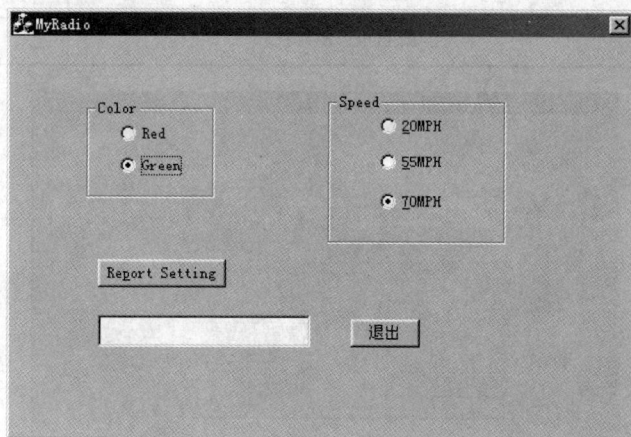

图 12.62　单选按钮应用程序

程序的功能如下。

（1）在单选按钮的 Color 组中，单击一个未被选中的按钮，MyRadio 就在被单击的单选按钮上放置一个选中标记，并清除其他单选按钮的选中标记。

（2）在单选按钮的 Speed 组中，单击一个未被选中的按钮，MyRadio 就在被单击的单选按钮上放置一个选中标记，并清除其他单选按钮的选中标记。

（3）单击 Report Setting 按钮，在编辑框中显示选择的状态。

（4）单击"退出"按钮，退出程序运行。

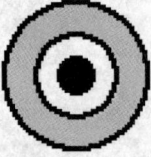

图 12.63　单选按钮工具

1. 生成 MyRadio 应用程序的项目文件及对话框的可视化实现

生成 MyRadio 应用程序项目文件的操作步骤如前所述。MyRadio 应用程序基于对话框，在用 AppWizard 生成项目文件和框架文件时，AppWizard 生成一个对话框并把它作为应用程序的主窗口。命名为：IDD_MYRADIO_DIALOG。

如图 12.63 所示为单选按钮工具，按表 12.15 指定的控件属性设置各个控件。可视实现完成后 MyRadio 程序主窗口如图 12.64 所示。

表 12.15　　　　　　　　　　　　　　对话框中所有控件的属性

对　象	ID	Caption
对话框	IDD_MYRADIO_DIALOG	MyRadio
单选按钮	IDC_RED_RADIO	Red
单选按钮	IDC_GREEN_RADIO	Green
静态框架	IDC_STATIC	Color
单选按钮	IDC_20_RADIO	&20MPH
单选按钮	IDC_55_RADIO	&55MPH
单选按钮	IDC_70_RADIO	&70MPH
静态框架	IDC_STATIC	Speed
编辑框	IDC_EDIT1	
按钮	IDC_REPORT_BUTTON	Re&port Setting

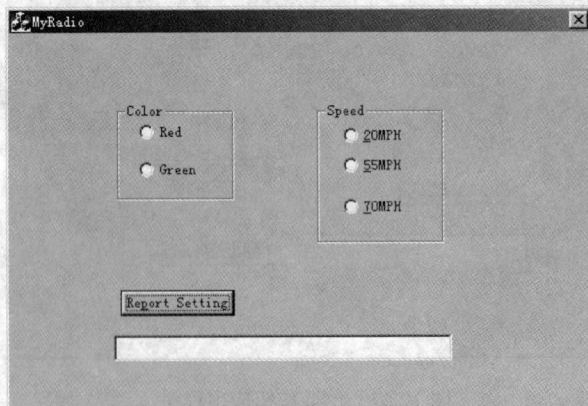

图 12.64　单选按钮应用程序的主窗口设计

在表 12.14 中，两个静态框架具有相同的 ID——均为 IDC_STATIC 这是可以的，因为在用户编写的代码中用不到静态框架。

注意，放置单选按钮时，要遵循下列步骤：

（1）顺序放置 Red 和 Green 单选按钮。

（2）放置一个静态框架（组框）控件，然后放大这个框架使它能包含 Red 和 Green 两个单选按钮。

用类似的方法放置另外 3 个单选按钮。这里强调了"顺序"放置，因为当在对话框中放置一个控件时，Visual C++就给这个控件赋一个 ID 号，ID 号是按连接顺序赋值的。比如，放置的第一个单选按钮控件被赋值 1017，那么第二个就被赋值 1018，依次类推。这一点在后面的编程过程中可以了解它的重要性。

编译连接并运行程序，测试一下完成的工作可以发现：一是初始状态没有被选中的按钮，需要初始化；二是，用户在 Color 组中单击任何一个单选按钮，然后在 Speed 组中单击任何一个单选按钮，在 Color 组中选中的按钮即被取消，也就是说，系统把这 5 个单选按钮看成了属于一个组，需要通过设置来实现分组。

分组的方法是：

（1）打开 Color 组 Red 单选按钮的属性对话框。

（2）在 Group 复选框中放置一个选中标记。

（3）打开 Speed 组中 20MPH 单选按钮的属性对话框。

（4）在 Group 复选框中放置一个选中标记。

分组时只能在每一组的第一个单选按钮的 Group 复选框中放置选中标记。

可以用下列方法查看单选按钮 ID 号所对应的值（以及对话框中其他控件 ID 号所对应的值）。

执行 View→Resource Symbols 命令，打开 Resource Symbols 对话框，如图 12.65 所示。

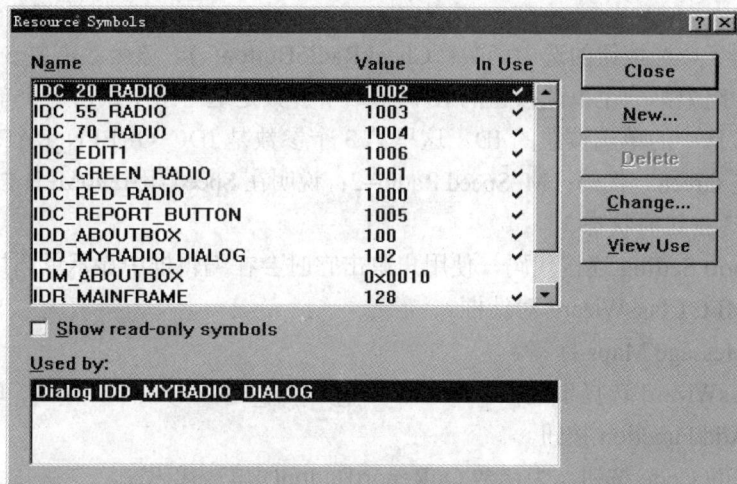

图 12.65　Resource Symbols 对话框

单击测试按钮，进行如下的操作：单击 Red 单选按钮，然后再单击 55MPH 单选按钮。可以看到，Visual C++把 Color 和 Speed 分成了两个组。

2．初始化单选按钮

先给对话框中单选按钮连接变量，变量的名称、类别及类型如表 12.16 所示。

表 12.16   **MyRodio 对话框的变量表**

控 件 ID	变 量 名	种 类	类 型
IDC_RED_RADIO	m_RedRadio	Control	CButton
IDC_20_RADIO	m_SpeedRadio	Value	Int
IDC_EDIT1	m_Edit1	Control	CEdit

值得注意的是，当给单选按钮连接变量时只能给每个组的第一个单选按钮连接变量。如表 12.15 所示，给单选按钮 IDC_RED_RADIO 连接的变量类型是 CButton，即其是类 CButton 的一个对象；而连接到 IDC_20_RADIO 单选按钮的变量的类型是 int。这说明可以用两种不同的方法来对单选按钮进行操纵。这在下面的初始化程序代码中可以看到。

初始化的目的是在每组单选按钮中有一个被选中的。

连接一段代码到 IDD_MYRADIO_DIALOG 对话框的 WM_INITDIALOG 事件，WM_INITDIALOG 事件在显示对话框之前产生。

用 ClassWizard 选择事件：CMyRadioDlg、CMyRadioDlg、WM_INITDIALOG。

单击 Edit Code 按钮，添加代码。在 OnInitDialog( )函数内编写如下代码：

```
//TODO: Add extra initialization here
//初始化 Red 和 55MPH 单选按钮
//输入代码
CheckRadioButton(IDC_RED_RADIO,IDC_GREEN_RADIO,IDC_GREEN_RADIO);
m_SpeedRadio=2;
UpdateData(FALSE);
//代码结束
```

代码中使用了单选按钮的选中函数：CheckRadioButton( )。该函数需要 3 个参数，第一个参数是在这一组中第一个单选按钮的 ID，第二个参数是这一组中最后一个单选按钮的 ID，第 3 个参数是被选中的单选按钮的 ID。这里第 3 个参数是 IDC_GREEN_RADIO，说明要选中的单选按钮是 Green。代码：M_Speed Radio=2；说明在 Speed 组中 70MPH 按钮被选中。

3. 确定单选按钮的状态

给按钮 Report Setting 连接代码，使用户单击它时会在编辑框中显示单选按钮的状态。

（1）打开 MFC ClassWizard 对话框。

（2）单击 Message Maps 标签。

（3）用 ClassWizard 选择事件：CMyRadioDlg、IDC_REPORT_BUTTON、BN_CLICKED。

（4）单击 Add Function 按钮。

（5）单击 Edit Code 按钮，为函数 OnReportButton( )填写代码：

```
void CMyRadioDlg::OnReportButton()
{//TODO: Add your control notification handler code here
//输入代码
UpdateData(TRUE);
char sRadioButtonsStatus[50];
int iWhichRadioButton;
iWhichRadioButton=GetCheckedRadioButton(IDC_RED_RADIO,IDC_GREEN_RADIO);
//使用 Control 类型变量
```

```
    if(iWhichRadioButton==0)
      strcpy(sRadioButtonsStatus,"Color: None");
    if(iWhichRadioButton==IDC_RED_RADIO)
    strcpy(sRadioButtonsStatus,"Color: Red");
    if(iWhichRadioButton==IDC_GREEN_RADIO)
    strcpy(sRadioButtonsStatus,"Color: Green");
    //使用数值类型变量
    if(m_SpeedRadio==0)
    strcat(sRadioButtonsStatus,"   Speed: 20MPH");
      if(m_SpeedRadio==1)
    strcat(sRadioButtonsStatus,"   Speed: 55MPH");
      if(m_SpeedRadio==2)
    strcat(sRadioButtonsStatus,"   Speed: 70MPH");
      m_Edit1.SetSel(0,-1);
      m_Edit1.ReplaceSel(sRadioButtonsStatus);
    //代码结束
    }
```

分析上述代码，首先使用了 UpdateData(TRUE)函数，获取按钮控件的当前状态并修改与之相连接的变量的值。在这里需要注意的是 UpdateData()函数只能用于数值型变量的控件。

当与控件连接的变量是 Control 型变量时，可以通过 GetCheckedRadioButton( )函数来获取被选中的单选按钮的 ID 号，该函数的第一个参数 IDC_RED_RADIO 是组中第一个单选按钮的 ID 号，第二个参数 IDC_GREEN_RADIO 是组中最后一个按钮的 ID 号，返回值为当前被选中单选按钮的 ID 号。GetCheckedRadioButton()函数假定组中单选按钮的 ID 号是连续的。

通过上面的两种方式，我们建立起界面控件和内部变量之间的相互关联，代码中的 if 语句对获取到的控件状态进行判断并写入 sRadioButtonsStatus 字符串（数组）中，最终将两组按钮的当前状态显示在编辑框中。

编译连接并运行程序，测试代码的功能，与预期结果相同。

4. 小结

本节主要学习和掌握如下内容。

（1）如何设计带有单选按钮的应用程序。

（2）继续学习使用 Visual C++的帮助系统。

（3）熟练掌握对程序进行初始化。

（4）读懂别人的程序代码。

（5）所用函数及其功能：

1）CheckRadioButton( )指定单选按钮选中函数。

其中：参数 1 表示组中的第一个单选按钮 ID；参数 2 表示组中最后一个单选按钮 ID；参数 3 表示组中选中的单选按钮 ID。

2）GetCheckedRadioButton( )返回当前选择单选按钮的 ID。

其中：参数 1 表示组中的第一个单选按钮 ID；参数 2 表示组中最后一个单选按钮 ID。

习　　题

1. 设计一个编辑框应用程序，程序的结构是对话框。窗口布局如图 12.66 所示。

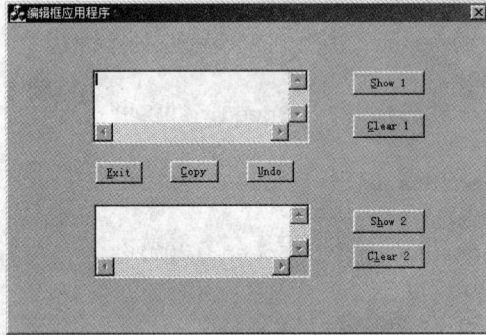

图 12.66　编辑框应用程序

界面要求：

（1）标题是编辑框应用程序。

（2）主窗口是对话框。

（3）有上下两个编辑框和 7 个按钮。

程序的功能：

（1）单击 Exit 按钮，退出程序运行。

（2）单击 Show 1 按钮，在上方编辑框中显示"这是第一个编辑框"。

（3）单击 Clear 1 按钮，上方编辑框中的内容被清除。

（4）单击 Show 2 按钮，在下方编辑框中显示"这是第二个编辑框"。

（5）单击 Clear 2 按钮，下方编辑框中的内容被清除。

（6）单击 Copy 按钮，把上方编辑框的内容复制到下方编辑框中。

（7）单击 Undo 按钮，取消编辑框中的上一次操作，再单击一次，又显示刚才的内容。

2. 设计一个菜单应用程序，程序的结构是对话框。窗口布局如图 12.67 所示。

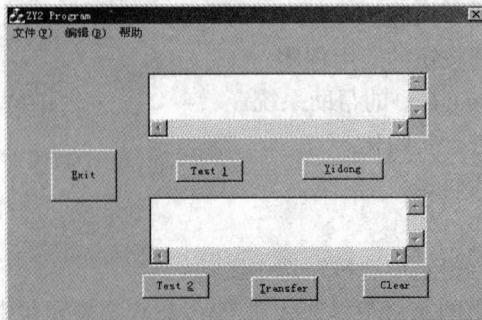

图 12.67　菜单的设计（一）

界面要求：

（1）标题是 ZY2 Program。

（2）主窗口是对话框，并带有 3 项菜单。

（3）有上下两个编辑框和 6 个按钮。

程序的功能：

（1）单击 Exit 按钮，退出程序运行。

（2）单击 Text 1 按钮，在上方编辑框中显示"这是作业 2"。

（3）单击 Yidong 按钮，上方编辑框中的内容被移动到下方编辑框中。

（4）单击 Test 2 按钮，在下方编辑框中显示"这是 Test2 按钮"。

（5）单击 Clear 按钮，下方编辑框中的内容被清除。

（6）单击 Transfer 按钮，把下方编辑框的内容复制到上方编辑框中。

菜单的要求：

"文件"菜单下有 3 个菜单项：文件→Test 1，文件→Yidong，文件→退出。

"编辑"菜单下有 3 个菜单项：编辑→Test 2，编辑→Transfer，编辑→Clear。

"帮助"菜单下有 1 个菜单项：帮助→About。

3．设计一个菜单应用程序，程序的结构是对话框。窗口布局如图 12.68 所示。

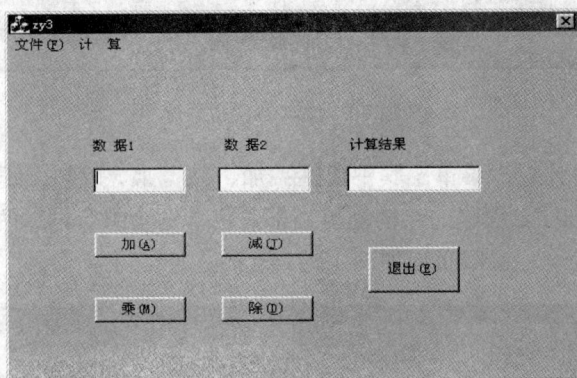

图 12.68　菜单的设计（二）

要求：在编辑框中实现算术加、减、乘和除的运算。

4．设计一个复选框应用程序。该程序是基于对话框的应用程序，窗口的布局如图 12.69 所示。

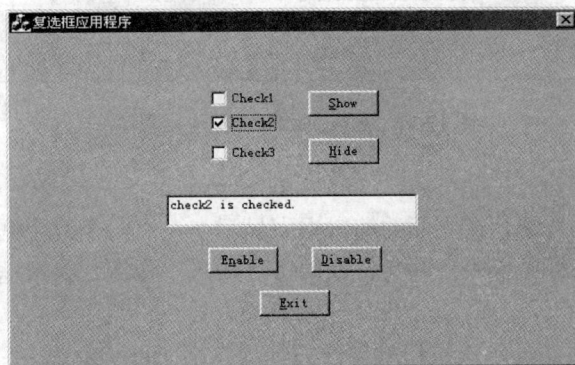

图 12.69　复选框应用程序

程序的功能：当用户单击了 3 个复选框之一时，编辑框中显示被改选的情况。其他按钮的功能，按照本章 12.3.5 节中例题所述设计实现。

5. 设计一个带有两个滚动条的应用程序，这两个滚动条用来控制 a、b 值的变化，a、b 的变化范围均是 0～100，a、b 的值分别在编辑框中显示出来，然后在"计算"菜单中选择求和或求差，计算结果放在窗口的另一个编辑框中显示出来。窗口布局如图 12.70 所示。

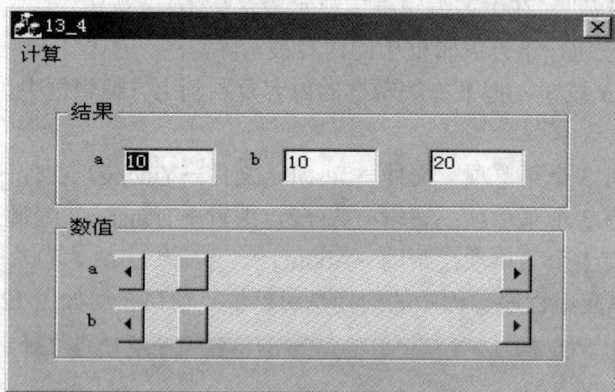

图 12.70　滚动条应用程序

要求：设计一个"计算"菜单。其中包括：加、减、乘、除以及退出菜单命令。

6. 设计一个应用程序，程序的结构是对话框，包含两个组合框、两个编辑框、一个列表框、三个按钮和两项菜单。窗口布局如图 12.71 所示。

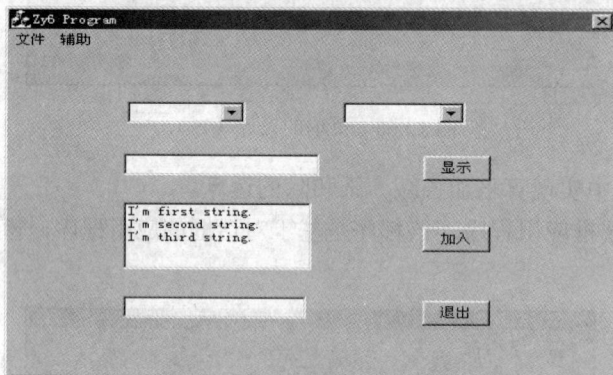

图 12.71　列表框和组合框应用程序

程序的功能：

（1）单击"显示"按钮，在上面的编辑框中显示在左右两个组合框中选中的内容。

（2）在下面的编辑框中输入一些字符，单击"加入"按钮，编辑框中的字符即被加入到列表框中。

7. 创建一个显示成绩的单选按钮控件，成绩项包括 100、90、80、70 和 60 五档；创建一个复选框控件组，复选框为每项成绩的人数；设置一个"计算"按钮和一个"退出"按钮，并设置一个编辑框；当单击"计算"按钮时，在编辑框中显示该项成绩的总分。窗口布局如

图 12.72 所示。

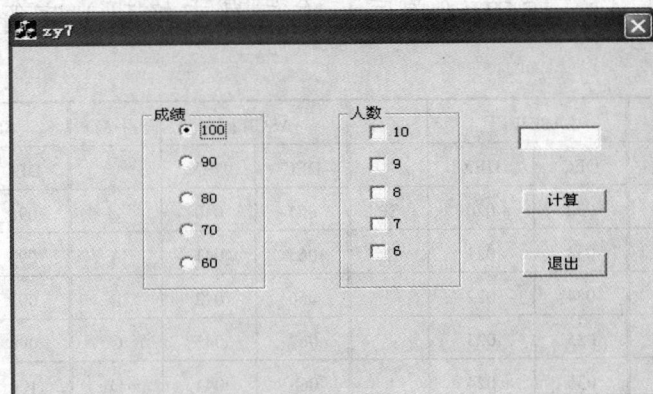

图 12.72　单选按钮和复选框应用程序

附录 A   ASCII（美国标准信息交换码）字符表

ASCII 码		字符	ASCII 码		字符	ASCII 码		字符	ASCII 码		字符
DEC	HEX		DEC	HEX		DEC	HEX		DEC	HEX	
000	000	NUL	032	020	SP	064	040	@	096	060	`
001	001	SOH	033	021	!	065	041	A	097	061	a
002	002	STX	034	022	"	066	042	B	098	062	b
003	003	ETX	035	023	#	067	043	C	099	063	c
004	004	EOT	036	024	$	068	044	D	100	064	d
005	005	ENQ	037	025	%	069	045	E	101	065	e
006	006	ACK	038	026	&	070	046	F	102	066	f
007	007	BEL	039	027	'	071	047	G	103	067	g
008	008	BS	040	028	(	072	048	H	104	068	h
009	009	HT	041	029	)	073	049	I	105	069	i
010	00A	LF	042	02A	*	074	04A	J	106	06A	j
011	00B	VT	043	02B	+	075	04B	K	107	06B	k
012	00C	FF	044	02C	,	076	04C	L	108	06C	l
013	00D	CR	045	02D	-	077	04D	M	109	06D	m
014	00E	SO	046	02E	.	078	04E	N	110	06E	n
015	00F	SI	047	02F	/	079	04F	O	111	06F	o
016	010	DLE	048	030	0	080	050	P	112	070	p
017	011	DC1	049	031	1	081	051	Q	113	071	q
018	012	DC2	050	032	2	082	052	R	114	072	r
019	013	DC3	051	033	3	083	053	S	115	073	s
020	014	DC4	052	034	4	084	054	T	116	074	t
021	015	NAK	053	035	5	085	055	U	117	075	u
022	016	SYN	054	036	6	086	056	V	118	076	v
023	017	ETB	055	037	7	087	057	W	119	077	w
024	018	CAN	056	038	8	088	058	X	120	078	x
025	019	EM	057	039	9	089	059	Y	121	079	y
026	01A	SUB	058	03A	:	090	05A	Z	122	07A	z
027	01B	ESC	059	03B	;	091	05B	[	123	07B	{
028	01C	FS	060	03C	<	092	05C	\	124	07C	|
029	01D	GS	061	03D	=	093	05D	]	125	07D	}
030	01E	RS	062	03E	>	094	05E	^	126	07E	~
031	01F	US	063	03F	?	095	05F	_	127	07F	DEL

附录 B　C/C++常用函数表

1. 输入输出函数

使用以下函数需要包含头文件"stdio.h"

函数名	函 数 原 型	函 数 功 能 说 明
fclose	int fclose(FILE *stream);	关闭给出的文件流,释放已关联到流的所有缓冲区。执行成功时返回 0,否则返回 EOF。
feof	int feof(FILE *stream);	在到达给出的文件流的文件尾时返回一个非零值。
fprintf	int fprintf(FILE *stream, const char *format, ...);	根据指定的 format(格式)将信息(参数)输出到由 stream(流)指定的文件。fprintf( )的返回值是输出的字符数,发生错误时返回一个负值。
fread	int fread(void *buffer, size_t size, size_t num, FILE *stream);	读取 num 个对象(每个对象大小为 size 指定的字节数,并把它们替换到由 buffer(缓冲区)指定的数组。数据来自给出的输入流。函数的返回值是读取的内容数量。
fscanf	int fscanf(FILE *stream, const char *format, ...);	以 scanf( )的执行方式从给出的文件流中读取数据。
fwrite	int fwrite(const void *buffer, size_t size, size_t count, FILE *stream);	从数组 buffer(缓冲区)中,写 count 个大小为 size 的对象到 stream 指定的流。返回值是已写对象的数量。
getchar	int getchar(void);	从 STDIN(标准输入)获取并返回一个字符。
gets	char *gets(char *str);	从 STDIN(标准输入)读取字符并把它们放置到 str(字符串)里,直到遇到新行(\n)或到达 EOF。
printf	int printf(const char *format, ...);	根据 format 给出的格式输出数据(参数)到 STDOUT(标准输出)。
putchar	int putchar(int ch);	把 ch 输出到 STDOUT(标准输出)。
puts	int puts(char *str);	把 str(字符串)输出到 STDOUT(标准输出)上。成功时返回非负值,失败时返回 EOF。
scanf	int scanf(const char*format, ...);	scanf( )函数根据 format 指定的格式从 STDIN(标准输入)读取并保存数据到其他参数。

2. 字符和字符串函数

使用以下函数需要包含头文件"string.h"

函数名	函 数 原 型	函 数 功 能 说 明
atof	double atof(const char *str);	将字符串 str 转换成一个双精度数值并返回结果。原型定义于 stdlib.h
atoi	int atoi(const char *str);	将字符串 str 转换成一个整数并返回结果。原型定义于 stdlib.h
atoll	long atol(const char *str);	将字符串转换成长整型数并返回结果。原型定义于 stdlib.h
strcat	char *strcat(char *str1, const char *str2);	将字符串 str2 连接到 str1 的末端,并返回指针 str1。

续表

函数名	函 数 原 型	函 数 功 能 说 明
strchr	char *strchr(const char *str, int ch);	返回指向 str 中 ch 首次出现的位置，当没有在 str 中找到 ch 则返回 NULL。
strcmp	int strcmp(const char *str1, const char *str2);	比较字符串 str1 和 str2，如果 str1>str2 时返回值>0，str1=str2 时返回值=0，str1<str2 时返回值<0
strcpy	char *strcpy(char *to, const char *from);	复制字符串 from 中的字符到字符串 to，包括空值结束符。返回值为指针 to。
strlen	int strlen(char *str);	返回字符串 str 的长度（不包括结束符）。

3. 数学函数
使用以下函数需要包含头文件"math.h"

函数名	函 数 原 型	函 数 功 能 说 明
abs	int abs(int num);	返回参数 num.的绝对值。
labs	long labs(long num);	返回参数 num 的绝对值。
fabs	double fabs(double arg);	返回参数 arg 的绝对值。
div	div_t div(int numerator, int denominator);	返回参数 numerator / denominator 的商和余数。结构类型 div_t 定义在 stdlib.h 中：
acos	double acos(double arg);	返回参数 arg 的反余弦值。参数 arg 应当在–1 和 1 之间。
asin	double asin(double arg);	返回参数 arg 的反正弦值。参数 arg 应当在–1 和 1 之间。
atan	double atan(double arg);	返回参数 arg 的反正切值。
atan2	double atan2(double y, double x);	计算 y/x 的反正切值，按照参数的符号计算所在的象限。
ceil	double ceil(double num);	返回参数不小于 num 的最小整数。
cos	double cos(double arg);	返回参数 arg 的余弦值，arg 以弧度表示给出。
cosh	double cosh(double arg);	返回参数 arg 的双曲余弦值。
exp	double exp(double arg);	返回参数 returns e (2.7182818) 的 arg 次幂。
floor	double floor(double arg);	返回参数不大于 arg 的最大整数。
fmod	double fmod(double x, double y);	返回参数 x/y 的余数。
frexp	double frexp(double num, int *exp);	将参数 num 分成两部分：0.5 和 1 之间的尾数（由函数返回）并返回指数 exp。转换成如下的科学计数法形式： num = mantissa * (2 ^ exp)
log	double log(double num);	返回参数 num 的自然对数。如果 num 为负，产生域错误；如果 num 为零，产生范围错误。
log10	double log10(double num);	返回参数 num 以 10 为底的对数。如果 num 为负，产生域错误；如果 num 为零，产生范围错误。
modf	double modf(double num, double *i);	将参数 num 分割为整数和小数，返回小数部分并将整数部分赋给 i。
pow	double pow(double base, double exp);	返回以参数 base 为底的 exp 次幂。如果 base 为零或负和 exp 小于等于零或非整数时，产生域错误。如果溢出，产生范围错误。
sin	double sin(double arg);	返回参数 arg 的正弦值，arg 以弧度表示给出。

续表

函数名	函 数 原 型	函 数 功 能 说 明
sinh	double sinh(double arg);	返回参数 arg 的双曲正弦值。
sqrt	double sqrt(double num);	返回参数 num 的平方根。如果 num 为负,产生域错误。
tan	double tan(double arg);	返回参数 arg 的正切值,arg 以弧度表示给出。
tanh	double tanh(double arg);	返回参数 arg 的双曲正切值。

4. 时间与日期函数
使用以下函数需要包含头文件"time.h"

函数名	函 数 原 型	函 数 功 能 说 明
asctime	char *asctime(const struct tm *ptr);	将 ptr 所指向的时间结构转换成下列形式的字符串: week month day hours: minutes: seconds year \n\0
clock	clock_t clock(void);	返回自程序开始运行的处理器时间,如果无可用信息,返回-1。
ctime	char *ctime(const time_t *time);	转换参数 time 为本地时间格式: day month date hours: minutes: seconds year\n\0
difftime	double difftime(time_t time2, time_t time1);	返回时间参数 time2 和 time1 之间相差的秒数。
gmtime	struct tm *gmtime(const time_t *time);	返回给定的统一世界时间(通常是格林威治时间),如果系统不支持统一世界时间系统返回 NULL。
localtime	struct tm *localtime (const time_t *time);	返回本地日历时间。
mktime	time_t mktime(struct tm *time);	转换参数 time 类型的本地时间至日历时间,并返回结果,如果发生错误,返回-1。
time	time_t time(time_t *time);	返回当前时间,如果发生错误返回零。如果给定参数 time,那么当前时间存储到参数 time 中。

5. 内存函数
使用以下函数需要包含头文件"stdlib.h"

函数名	函数原型	函数功能说明
calloc	void *calloc(size_t num, size_t size);	返回一个指向 num 数组空间,每一数组元素的大小为 size。如果发生错误返回 NULL。
free	void free(void *ptr);	释放指针 ptr 指向的空间,以供以后使用。指针 ptr 必须由先前对 malloc( ), calloc( ), realloc( )的调用返回。
malloc	void *malloc(size_t size);	指向一个大小为 size 的空间,如果发生错误返回 NULL。 存储空间的指针必须为堆,不能是栈。这样以便以后用 free 函数释放空间。
realloc	void *realloc(void *ptr, size_t size);	将 ptr 对象的储存空间改变为给定的大小 size。 参数 size 可以是任意大小,大于或小于原尺寸都可以。 返回值是指向新空间的指针,如果发生错误返回 NULL。

参　考　文　献

［1］　谭浩强．C++程序设计．北京：清华大学出版社 2004.

［2］　谭浩强．C++程序设计解题与上机指导．北京：清华大学出版社，2004.

［3］　胡也等．C++应用教程．北京：清华大学出版社，北京交通大学出版社，2005.

［4］　Timothy B.D'Orazio. PROGRAMMING IN C++ Lessons and Applications. 北京：清华大学出版社，2004.

［5］　Ori Gurewich Nathan Gurewich. 精通 Visual C++2.0 for Windows 95. 北京：学苑出版社，1995.

［6］　谭浩强．C 程序设计．3 版．北京：清华大学出版社，2005.

［7］　吴乃陵．C++程序设计．北京：高等教育出版社，2003.